Dr. A. Winter

Angelsport

II. Teil

Spinnangeln

2. Auflage

Mit 109 Abbildungen und 4 Tafeln

Verlag von R. Oldenbourg, München und Berlin 1929

Vorwort.

Unsere deutsche Anglerliteratur besitzt bis heute noch kein in sich abgeschlossenes Buch, welches das Spinnangeln und dessen wesensgleichen Zweig, das Schleppangeln, behandelt — ganz im Gegensatze zu der Literatur des Auslandes.

Von der Annahme ausgehend, daß viele Angler diesen Umstand gleich mir als schmerzlichen Mangel empfunden haben, bin ich darangegangen, diese Lücke durch mein vorliegendes Buch auszufüllen und dem Spinnangler das ihn besonders interessierende Material mit Berücksichtigung der neuesten Geräte, ihrer Verbesserungen und Handhabung, sowie der neuen Stilarten des Westens in einem zusammenfassenden Bande zu widmen.

Auch in diesem Buche habe ich vor allem die Interessen und die Bedürfnisse des Anfängers in der Kunst des Spinnangelns vor Augen gehabt und mich bestrebt, ihm die Schwierigkeiten, welche das Erlernen des Angelns nach dem Buche bietet, nach Möglichkeit überwinden zu helfen.

Eine Reihe von Abbildungen verschiedener Wurfarten und deren Phasen soll ihm neben dem erklärenden Worte eine weitere Hilfe sein.

Für die Anhänger und Freunde des Schleppangelns habe ich diesem Buche vier Tiefenkarten österreichischer Alpenseen beigegeben. Ich habe mich mit Absicht auf diese vier Seen beschränkt, weil sie einmal an sich die fischreichsten sind, sodann weil an ihnen Fischereierlaubnisse ohne vorhergehende Schwierigkeiten und Zeitverluste zu erlangen sind, und endlich weil sie durch äußerst günstige Verbindungen auch für weit weg wohnende Angler bequem erreichbar sind.

Wer je an einem größeren Wasser geangelt hat, weiß die Wohltat von Lokalkenntnissen zu würdigen. Erst recht der, welcher einen See mit wechselnden Tiefenverhältnissen als Fremder zu befahren hat.

Die Karte enthebt ihn aller Sorgen und Schwierigkeiten und erlaubt ihm, die intimen Reize des Schleppangelns voll und ganz auszukosten.

Ich will mich von vornherein gegen den eventuellen Vorwurf verwahren, durch das Gesagte Fremdenverkehrspropaganda zu treiben. Ich habe nur die eine, jeder Selbstsucht bare Absicht, unserem Sport neue Jünger zuzuführen, und jene, welche zaghaft fernestehen, aufzumuntern, sich auch dem kunstvollen Angeln mit der Spinngerte zu widmen und sich nicht durch eingebildete Schwie= rigkeiten abhalten zu lassen.

In diesem Sinne mögen meine Leser dies Buch zur Hand nehmen.

Gut Wasserweid!

Waldneukirchen, Sommer 1928.

Dr. August Winter.

Die Angelgeräte=Fabrik H. Stork, München, Residenzstraße 15, stellte aus ihrer „Gerätekunde" und ihrem Katalog die Druckstöcke zu folgenden Abbildungen des vorliegenden Buches dankenswerterweise zur Verfügung.
Abbildungen 1, 3, 4, 5, 6, 7, 8, 10, 12, 14, 15, 16a, 16b, 17, 18, 19, 21, 22, 24, 29, 30, 32, 33, 35, 38, 39, 45, 46a, 46b, 48, 55a, 55b, 60, 61, 62, 63, 65, 66, 67, 71, 72, 73, 74, 75, 76, 92, 93, 95, 96, 97, 99, 100, 105, 108.

Inhaltsübersicht.

Druckfehlerberichtigung.

S. 37, 15. Z. v. u. lies: Widelbrettchen.
S. 71, 7. Z. v. o. lies: der Haug-Spinner.
S. 76, 10. Z. v. u. lies: „Old Shikari" System.
S. 97, 9. Z. v. u. lies: Lieblingsständen.
S. 116, 17. Z. v. o. lies: Punjab.
S. 120, 8. Z. v. u. lies: Gaff statt Griff.
S. 126, 20. Z. v. o. lies: Heinz statt Hienz.
S. 137, 7. Z. v. o. lies: Feinheit statt Freiheit.
S. 142, 23. Z. v. o. lies: „Dowagiac".
S. 150, 15. Z. v. o. lies: Buckfisch.
S. 164, 13. Z. v. u. lies: Kopfdrilling statt Schweifdrilling.
S. 180, 11. Z. v. u. lies: „Weitwurf" statt Weitruf.

I. Allgemeiner Teil.

Vom Wesen der Spinnangel.

Es ist unbedingt ein Irrtum anzunehmen, daß das „Spinn-angeln" oder, kurz genannt, „Spinnen" eine Erscheinung der modernen oder wenigstens neueren Entwicklung des Angelsportes sei, vielmehr müssen wir als Beginn dieser Epoche das Erscheinen des Werkes von Izaak Walton, ungefähr um die Mitte des 17. Jahrhunderts, annehmen.

Positiv war das Spinnen schon lange vor Walton bekannt, — wenn auch vielleicht wenig geübt —, ebenso wie das Fliegenfischen schon eine uralte Kunst ist. Sicher ist das eine: daß es empirisch gefunden wurde, derart daß einmal ein Angler auf einem zufällig durchs Wasser gezogenen Fisch den Biß eines Raubfisches hatte. Diese Tatsache führte in der Folge dazu, den Köder durch irgendeine Vorrichtung zum Rotieren zu bringen. Daß meine Annahme richtig ist, beweist wohl der Umstand, daß alle Spinnsysteme, mögen sie auf dem Prinzip der axialen Rotation oder auf dem des „Wobbelns" aufgebaut sein, mit Wirbeln armiert sind. Im Grunde genommen ist die rein axiale Rotation etwas vollständig Unnatürliches, denn kein Fisch, mag er gesund oder krank sein, rollt sich um seine Längsachse, er tut es schon gar nicht mit einer Umdrehungsgeschwindigkeit, wie sie beim Spinnen in einer halbwegs kräftigen Strömung erzielt wird. Daß der Raubfisch doch auf einen Körper in dieser Bewegungsform zusteht und ihn erfaßt, muß man lediglich der Freßgier des Angreifers zuschreiben.

Eine andere Frage ist es, wieso es kommt, daß die Spinnfischerei so lange Jahrhunderte hindurch sich nicht zur Popularität durchringen konnte, während die Fliegenfischerei und teilweise sogar die Grundangelei sich doch schon eine herrschende Stellung verschafft hatten.

Man wird nicht fehlgehen, wenn man diese Tatsache auf die Mangelhaftigkeit der Geräte und die mangelhafte oder rückständige Wurftechnik zurückführt.

Es ist kaum ein Menschenalter her, daß auf diesem Gebiete Wandel geschaffen wurde, Geräte und Methoden verbessert wurden,

und das kunstvolle Angeln anglerisches Gemeingut und Gemein=
wissen zu werden beginnt.

Es ist nicht uninteressant, den Werdegang des Spinnangelns
in großen Umrissen zu zeichnen.

Noch vor 40 Jahren waren die Geräte zur Spinnfischerei
ziemlich massiv, die Gerten überlang und schwer, ebenso die Rollen.
Dicke Schnüre schienen eine conditio sine qua non; von ent=
sprechender Beschaffenheit waren die Bleie, Wirbel und Vorfächer,
wie auch die Spinnsysteme selbst. Nach und nach verringerten sich
die Dimensionen der einzelnen Geräte, doch konnte sich das Spinn=
fischen nicht einführen. Schon der Wurf war ein Hindernis, über
das die meisten nicht hinüberkamen, und wenn es schon glückte,
dann war es die geringe Fängigkeit der Systeme, das Kreuz um
die Beschaffung und Erhaltung der Köderfische. Nur wenige, ganz
wenige konnten sich durch Beharrlichkeit und Zähigkeit zu nennens=
werten Erfolgen durchringen.

Es ist eigentlich zu verwundern, wie lange die Spinnfischer
auf dem falschen Wege nach der Quelle des Mißerfolges suchten,
und wie lange man dem „System“ die Ursache des Erfolges zu=
schrieb. Jeder Angler von Rang und Namen erfand sein eigenes
„System“, — und selbst unser Altmeister Heinz wandelte lange
in dieser Bahn —, schrieb er doch in der ersten Auflage seines Buches
mit Genugtuung, „daß sein Röhrchenspinner nun so vollkommen
sei, daß er höchstens 10% Fehlbisse habe“.

Es dauerte ziemlich lange, bis man sich von den überlangen
und schweren Gerten emanzipierte, trotzdem Heushall schon lange
vorher auf den richtigen Weg gewiesen hatte. Aber noch länger
dauerte es, bis man darauf kam, daß der Rolle der Hauptanteil am
Wurfe und dessen Gelingen zukomme.

Nun gehen wir den umgekehrten Weg, — wir kehren zu
leichten und kurzen Gerten zurück, verwenden dünne Schnüre und
die einfachsten Systeme; dafür hat uns aber die jüngste Zeit jene
Rollen gebracht, die wir haben mußten, um unseren Sport mit
Vergnügen und jener Sicherheit und Präzision des Wurfes aus=
üben zu können, welche ein Teil des Erfolges ist.

Jetzt erst können wir das betreiben, was in den Büchern der
früheren Epoche „leichte Spinnfischerei“ genannt wurde, — das
Angeln mit leichten und leichtesten Ködern, das für unsere Vor=
fahren nur ein schöner Traum war.

Worin besteht nun das Wesen des „Spinnens“?

Das Grundprinzip ist, einem Raubfische einen toten Köder=
fisch an einem System oder aber einen künstlichen Köder derart
vorzuführen, daß er denselben ergreift.

Ob nun dieser Köderfisch oder der Kunstköder mit einem oder
mehreren Haken bewehrt ist, ob er sich um seine eigene Achse dreht
oder wobbelt, oder aber, wie die modernen amerikanischen Holz=
köder, wippend kreuz und quer durchs Wasser schießt, bleibt sich
gleich.

Das Prinzip ist und bleibt eben immer, daß der Köder so verlockend präsentiert wird, daß der Raubfisch zum Angriff und Erfassen verleitet wird.

Heintz nennt die Spinnangel „jene Methode, welche es erlaubt, in der kürzesten Zeit die größte Fläche Wasser zu befischen und jedem dort stehenden Fische den Köder anzubieten", und das ist unbestreitbar richtig, ebenso wie er weiter sagt: „Mit der Spinnangel werden wohl die meisten — nicht immer aber die größten Fische erbeutet."

Auch dieser Satz ist unbestreitbar, bedarf aber doch einer Erklärung. Bekanntlich stehen die größten Fische an Stellen, wo sie die meiste Deckung finden, das sind also vor allem am Grunde des Flußbettes liegende Felsen, versunkenes Holz, Faschinenbauten und dann die größte Tiefe des Wassers selbst, besonders die sogenanten „Wasserlöcher", welche oft eine Tiefe von vielen Metern haben.

Es ist ganz einleuchtend, daß man an solchen Plätzen dem ruhenden oder auf Beute lauernden Fische nicht beikommt, denn abgesehen von der Gefahr, sich in den Hindernissen zu verhängen, wird der Spinnköder meist viel zu hoch, und wenn schon in richtiger Tiefe, viel zu schnell am Raubfische vorübergeführt, als daß er Zeit hätte, ihn richtig zu erblicken oder den Entschluß zu fassen, ihn zu verfolgen und zu fassen.

Wenn man außerdem noch in Erwägung zieht, daß man einen Spinnköder unter den günstigsten Bedingungen kaum tiefer bringt als 4 m — in schwerer Strömung kaum halb so tief — und da nur bei ganz außerordentlicher Belastung mit Senkern —, so ist es leicht erklärlich, daß es nur einem glücklichen Zufalle zuzuschreiben ist, wenn man einen von den ganz Großen zum Anbiß verleiten kann, wenn man den günstigsten Augenblick erhascht, wo er außerhalb des schützenden Geheges in seichteren oder zugänglicheren Regionen auf dem Beutegang ist.

Da ein so großer Fisch in seiner nächsten und auch weiteren Umgebung keinen geringeren Artgenossen duldet, ist es andererseits einleuchtend, daß diese sich mit weniger sicheren und geschützten Standplätzen begnügen müssen, wo sie mit der Spinnangel leichter erreichbar sind und dieser daher eher zum Opfer fallen.

Und noch eines. — In Wassern, welche verhältnismäßig wenig beangelt werden, mag das nicht so auffallen, aber in stark befischten Wassern kann man die Beobachtung machen, daß speziell Kunstköder, wie Löffel oder Blinker, mit der Zeit immer mehr versagen. Heintz gibt das auch zu und sagt ganz richtig, daß ebensoviele Fische, als eventuell gefangen werden, den Kunstköder nur betrachten und davon den Eindruck erhalten, daß er etwas Ungenießbares, wenn nicht Bedenkliches sei, und diesem Köder dann ein für allemal aus dem Wege gehen. — Ja er sagt, daß es „sozusagen Mode sei, welcher Köder an dem oder jenem Wasser eben fängig wäre".

Nun muß man noch bedenken, daß diese Köder von so und so vielen Ungeübten gehandhabt werden, welche sie den Fischen so vorführen, wie sie eben nicht vorgeführt werden sollen oder dürfen, dann ist die Wahrscheinlichkeit der oben ausgesprochenen Behauptung kaum zu bezweifeln.

So stellt auch die Spinnangel den Angler vor Probleme, die er durch eifrige Beobachtung und Vertiefung in das Wesen der Materie zu lösen hat, deren Lösung ihm aber auch die gewünschte Genugtuung bereitet, um so mehr und um so verdienter, je schwieriger das Problem war, gleichgültig, ob es naturgeschichtlicher oder technischer Natur ist.

Ich will mich im folgenden bemühen, meinen Leser in das Spinnangeln einzuführen und ihm die Spinnfischerei in ihrer heutigen Entwicklung zeigen. Vorweg nehme ich aber, daß ich ihn nie zu dem einseitigen Standpunkte bringen will, daß nur diese oder jene Art zu angeln die einzig gerechte und anerkennenswürdige sei, denn man beherzige immer, daß ein solcher Standpunkt nur zu leicht zu anglerischem Pharisäertum führen kann und zu einer ganz unberechtigten Selbstüberhebung, die eines echten Anglers unwürdig ist.

Ich möchte an dieser Stelle auch noch einem Vorurteile entgegentreten, welches ich nicht nur von Anglern selbst ausgesprochen hörte, sondern das auch durch Behörden vertreten wird, — der Behauptung nämlich, daß die Spinnfischerei inhuman, sogar tierquälerisch sei. Motiviert wird diese total unsinnige Behauptung damit, daß die Verwendung von Doppelhaken und Drillingen dem Fische keine Gelegenheit gebe, freizukommen, ja daß der Fisch derart verletzt werde, daß er unbedingt eingehen müsse, wenn er z. B. das Vorfach absprenge. Es ist ja nicht zu leugnen, daß dieser bedauerliche Fall vorgekommen sei oder vorkommen könnte, aber einerseits angeln fast alle Leute, von denen ich den vorhin erwähnten Einwand hörte, unbedenklich mit dem Regenwurm und ebenso unbedenklich mit der Schluckangel, — zwei Methoden, bei denen das Verangeln fast die Regel ist, bei der letzteren zweifellos. Aber keiner will den Einwand gelten lassen, daß seine Methoden für den Fisch und sein eventuelles Weiterleben viel bedenklicher sind als die Spinnangel, bei der der Fisch in 90 von 100 Fällen nur im Rachen gehakt ist.

Und wenn man schon von Tierquälerei spricht: entschieden leidet ein an eine Schluckangel gefädelter lebendiger Köderfisch, der sich an dieser oft stundenlang abzappelt, mehr als ein toter am System.

Und wenn man schon behördlicherseits die Gefühlsduselei für tierschutzbedürftige Lebewesen ex cathedra betreibt, dann müßte man mit viel mehr Berechtigung die Jagd verbieten, bei deren Ausübung jedes Jahr so und so viele tausende Kreaturen elend zugrunde gehen und verludern, weil sie von schlechten und gewissenlosen Schützen angeschossen wurden — oder bei der das Raubwild z. B. oft stundenlang mit zerschmetterten Gliedern in Fallen und Schlageisen dem erlösenden Tode entgegensehen muß.

Daß solche alberne Schlagworte von gedankenlosen Menschen nachgeplappert und als Überzeugung wiedergegeben werden, braucht einen nicht zu wundern. Hier Wandel zu schaffen, die breite Öffentlichkeit aufzuklären und Behörden und Gesetzgeber zur Aufhebung unsinniger Beschränkungen zu veranlassen, muß Aufgabe unserer Presse und unserer anglerischen Verbände sein.

Gerätekunde.

Die Spinngerte.

Mancher Angler, besonders der Anfänger, ist sich über die Wahl seiner Gerte nicht im klaren, und viele haben die Freude am Spinnen verloren, weil sie keinen beratenden Freund zur Hand hatten, der ihnen seine Erfahrung zur Verfügung gestellt hätte. Die Angelbücher früherer Perioden gaben keine Anhaltspunkte für die Wahl einer Spinngerte. Diesem Mangel will ich bei der Beschreibung der einzelnen Gerten abhelfen. Ehe ich aber zu dieser schreite, will ich im allgemeinen über die Qualitäten einer Spinngerte, ihr Material und ihre sonstige Ausstattung Näheres ausführen.

Im allgemeinen läßt sich sagen, daß für leichte und mittelschwere Gerten hauptsächlich zwei Materialien in Frage kommen: Tonkinrohr (sowohl als Vollrohr, „Whole Cane", oder gespließt) und, wenn es sich um Holzgerten handelt: Greenheart. Eventuell auch eine Kombination von beiden, wobei das Greenheart das Material für die Spitzen liefert.

Insoweit es sich um die heute mit Recht so beliebten und allen Zwecken vom Hechtfang bis zur Forellenfischerei verwendbaren leichten Gerten handelt, welche höchstens 2 m 60 cm lang sind (Abb. 1), — früher gingen sie unter dem Namen „Henshall"-Ruten —, kann man dieselben unbedenklich ganz aus Greenheart herstellen. Sie werden dadurch immer noch nicht so schwer, um nicht ohne Ermüdung auch nur mit einer Hand geführt werden zu können; da sie meist nur zweiteilig gemacht werden, sind sie auch noch mindestens um das Gewicht des zweiten Zwingenpaares leichter, und eine solche Gerte ist nicht nur gut und dauerhaft, sondern auch verhältnismäßig recht billig, insoferne, als wirklich gutes Greenheartholz auch ziemlich hoch im Preise ist. Andererseits sollte man, wie überhaupt bei der Anschaffung einer Gerte, nicht an Pfennigen sparen, aber für den Angler mit beschränkten Mitteln ist es die billigste Anschaffung.

Wer nur auf Hechte und da mit etwas schwererem Zeuge spinnt, der wird sein Auskommen auch mit einer soliden Gerte aus gesundem Tonkinrohr finden, welche er schon zu einem Preise von weniger als 20 Mark bekommt. Für die schwere Spinnangelei tut es bei beſcheidenen Anſprüchen auch eine Gerte, welche durchaus aus Tonkinrohr gebaut iſt.

Wer aber bei den kurzen Gerten auf beſonders leichtes Gewicht Wert legt und auf hohe und höchſte Qualitäten, der wird ſich unabweislich zur Anſchaffung einer geſpließten Gerte entſchließen müſſen, deren Preis naturgemäß ein Vielfaches höher iſt.

Spinn-
gerten-
modelle

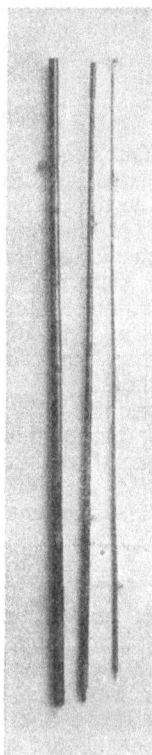

Abb. 1.   Abb. 2.

Auch bei den längeren und daher folgerichtig auch ſchwereren Spinngerten normaler Länge, d. h. ſolchen bis zu 3 m 25 cm Länge, bedeutet geſpließter Bambus eine entſprechende Gewichtsverminderung (Abb. 2).

Darüber hinaus aber geht dieſer Vorteil verloren, — man kann ſagen, mit je 3 Zoll wächſt das Gewicht augenſcheinlich —, und dort, wo die Verhältniſſe das Führen einer Gerte von 4 m und eventuell noch beträchtlich darüber bedingen, bleibt ſich das Gewicht einer Vollrohrgerte und einer geſpließten nahezu gleich, ſo daß ich in einem solchen Falle höchstens das Anbringen einer gespließten Spitze empfehlen möchte, im Interesse größerer Haltbarkeit, eventuell besseren Schwunges.

Der Aufbau gespließter Gerten bedarf großer Erfahrung und großer Solidität seitens des Erzeugers, und mein Rat geht dahin, lieber bei einer anerkannt soliden Firma etwas mehr für eine gute Gerte anzulegen, als um billiges Geld einen Schund von unbekannter Herkunft zu kaufen.

Die in der letzten Zeit stark in Aufnahme gekommenen, nur 1,60—1,80 m langen Gerten für den Überkopfwurf werden in Amerika auch aus Stahl (Abb. 3) hergestellt; trotzdem ich im allgemeinen kein Freund von Stahlgerten bin, für diesen Zweck sind die Gerten aus gezogenem nahtlosen Stahlrohr recht geeignet. Sie sind federleicht, werfen sehr gut und sind wirklich billig. Außerdem nehmen sie zusammengelegt den denkbar geringsten Raum ein. Längere Stahlgerten als in obigen Maßen sind zum Spinnen unbrauchbar, da sie zu schwippig sind und keinen guten Wurf gewährleisten.

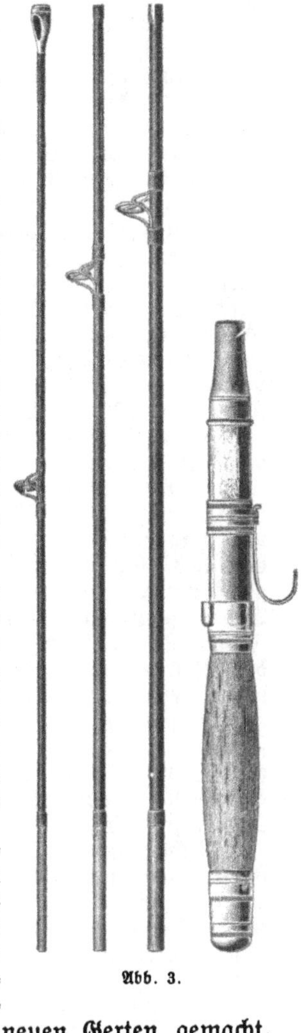

Zwecks leichteren Transportes baut man die Gerten 2-, 3- oder 4teilig. Die kürzeren, einhändigen Gerten bis zu 2,60 m Länge werden meist nur zweiteilig gebaut, und zwar sowohl im Interesse des besseren Schwunges als auch, um sie um das Gewicht des zweiten Zwingenpaares leichter zu machen. Gerten über 3 m sind am besten dreiteilig, denn Teile über 1,50 m sind unangenehm zu transportieren.

Man baut in letzter Zeit auch mehrteilige Gerten mit unsymmetrischen Teilen und rühmt diesen Gerten einen besonders guten Schwung nach sowie eine größere Haltbarkeit und Sicherheit gegen Bruch in der Zwinge, die ja immer eine Stelle verminderten Widerstandes ist. Ich habe persönlich noch keine Erfahrung mit diesen neuen Gerten gemacht, doch zweifle ich nicht daran, daß die Idee möglicherweise gut sein kann; aber die Zeit zwischen ihrem Erscheinen am Markte und der Niederschrift des Buches ist zu kurz gewesen, um mir ein abschließendes Urteil zu gestatten.

Abb. 3.

Neu ist die Idee gerade nicht, denn ein alter Rutenbauer in Prag hat solche ungleichteilige Gerten schon vor 35 Jahren gemacht, und diese waren recht gut; auch eine englische Firma führt eine spezielle Spinngerte für Lachse mit unsymmetrischen Teilen.

Im allgemeinen kann man aber sagen: wenn eine Gerte solid gemacht ist, d. h. zu ihrem Aufbau das beste Material verwendet wurde und ihr Erbauer ein Mann ist, der weiß, um was es sich handelt, so kann man sein Vertrauen einer solchen Gerte ruhig schenken, wenn sie auch aus symmetrischen Teilen besteht.

Meiner bescheidenen Ansicht nach ist es nicht minder wichtig, daß erstens die Hülsen aus bestem Material bestehen, und zweitens, was noch wichtiger ist, daß dieselben korrekt auf das Holz oder Rohr aufgesetzt sind, d. h. daß sie weder einen mit irgendeinem Kitt verschmierten und durch Bindungen kaschierten Zwischenraum zwischen Metall und Gertenteil besitzen, noch daß andererseits dieselben auf diesen so aufgezwängt sind, daß die Faser des Rohres oder Holzes förmlich abgewürgt wird. Das führt von selbst früher oder später zum Bruche an der Würgstelle. Im ersten Falle aber wird die Verbindung von Teil und Zwinge in absehbarer Zeit schlotterig oder locker, und es kommt entweder zur Lösung der beiden Teile oder aber es fault in der Hülse das Holz und eines schönen Tages ist der Bruch da.

Solche Fehler kann man beim Ankauf nicht sehen, wenn sie nicht gar zu augenfällig sind, und auch dazu gehört viel Kenntnis und Erfahrung; man entdeckt sie gewöhnlich erst im Laufe des Gebrauches. Schützen kann man sich wie gesagt gegen solche Schädigungen nur durch Ankauf von Qualitätsware bei reellen Erzeugern. Ein bei gespließten Gerten unsolider Herkunft oft zu beobachtender Fehler ist unsaubere Arbeit an den Spließen; dieselben klaffen oder die Ränder stehen übereinander. Im letzteren Falle werden dieselben bei unreellen Erzeugern einfach verhobelt, wodurch die kieselharte Epidermis entfernt wird und der die Gerten mordenden Feuchtigkeit das Tor zum Eindringen geöffnet wird, denn an solchen Gerten ist die deckende Lackschichte auch danach. Klaffende Spließen werden meistens mit Kitt verschmiert, meistens liegt irgendeine überflüssige Bindung darüber, um den Fehler zu verschleiern.

Richtig sitzende Hülsen müssen so gut verschliffen sein, daß beim Auseinanderziehen ein lauter Knall entsteht, etwa wie bei einer Stöpselbüchse. Man macht auch die innere Hülse mit Zapfen, welche in eine Aussparung oder Bohrung des anderen Gertenteils eingreifen und angeblich größere Haltbarkeit verbürgen sollen. Ich bezweifle das. Denn erstens bedeutet jede Ausbohrung eine Schwächung, — wenn sie auch hundertmal von der Hülse umschlossen wird —, und zweitens gestattet sie der Feuchtigkeit den Zutritt zum Material der Gerte. Es genügt mir, wenn die Zwingen exakt verschliffen sind und die richtige Länge haben, vor allem nicht zu kurz sind. Unbedingt aber soll jede Gerte Verschlußstopfen für die offenen Hülsen haben, welche ebenso stramm passen sollen wie die gegenseitige Zwinge, sonst sind sie wertlos. Diese Stopfen schützen einmal die offene Hülse gegen das Verschlagenwerden und Deformation am Transport, und zweitens vor dem Eindringen von Feuchtigkeit und Sand oder Staub.

Das Handteil der Spinngerte trägt einen sog. Endknopf (Abb. 4); bei billigeren Gerten aus Holz; die besseren haben einen Knopf aus Gummi, von 3—5 cm Durchmesser. Dieser Knopf verhindert das Abgleiten, wenn die Gerte nach dem Werfen in die Hüfte gestemmt wird. In neuerer Zeit hat man in England zu den schwereren Spinngerten auf Lachse, Masheer usw., einen pneumatischen Endknopf ziemlich großen Formates in Verwendung, der mir recht gut gefällt, zumal er auch nicht einmal besonders teuer ist. Jedenfalls kann er dem empfohlen werden, der gegen den Druck des gewöhnlichen Vollgummikopfes empfindlich ist.

Abb. 4.

Am Handteil der Gerte wird die Rolle befestigt.

Die älteren Spinngerten hatten fixe Rollenlager, d. h. die Rolle konnte nur an diesem Punkte und in dieser unveränderbaren Entfernung vom Endknopfe angebracht werden. Es hat ziemlich lange gedauert, bis wir, d. h. die große Mehrzahl der Spinnangler, uns von dem Dogma der 28 cm Entfernung der Rolle vom Endknopfe frei gemacht haben, welche diese Vorschrift kritiklos hinnahm, ganz ungeachtet dessen, ob dieser Rollensitz für den Einzelnen bequem und handlich sei oder nicht.

Eine Gerte, ganz einerlei, welcher Form oder Bestimmung, muß gut in der Hand liegen, andernfalls wirkt sie störend auf die anglerische Tätigkeit und ermüdend. Es ist das ebenso wie bei einer Flinte, deren Schaft ein Teil meiner selbst sein muß — etwas Individuelles; statt dessen läßt sich der Großteil der Jäger eine Flinte, und sei sie noch so kostbar, mit „Normalschaft" aufschwätzen und wundert sich baß, daß die Leistung im Felde mit der garantierten „Höchstleistung" der Läufe nicht übereinstimmt.

Also vor allem: Die Rolle muß sich an jedem beliebigen Punkte des Handteiles sicher und unverrückbar ansetzen lassen, dort, wo ihre Handhabung und Kontrolle am bequemsten ist. Das ist eine sehr wichtige Sache, wie ich später bei der Beschreibung der Wurftechnik eingehend beweisen werde. Um das aber machen zu können, muß der Handteil bzw. Griff unter allen Umständen parallel sein, gleichgültig, ob er aus Kork oder aus Holz ist. Die die Rolle haltenden Ringe müssen aus bestem Material sein und vor allem nicht aus einem weichen, das sich aufbiegt, und müssen den Rollenfuß soweit umschließen, daß eine Lockerung oder ein Gleiten ausgeschlossen ist. Solid gearbeitete Dinge entsprechen auch dieser Bedingung; wer ganz sicher gehen will, muß sich die Schraubringe von Hardy (Abb. 5) anbringen lassen, sie sind zwar etwas teurer, aber dafür unbedingt verläßlich und wirklich empfehlenswert.

Von der Rolle weg läuft die Schnur durch die Ringe entlang der Gerte zum Endring und durch diesen dann hinaus.

Die Ringe, ihre Beschaffenheit und Qualität, nicht minder ihre Zahl und Anordnung spielen gerade bei der Spinngerte eine große Rolle.

Vielfach sieht man selbst heutzutage noch die alten Schlangenringe (Abb. 6), selbst an besseren Gerten, — zu ihrer Zeit waren sie den alten Stehringen aus Messing weit überlegen —, heute sind sie durch den Brückenring (Abb. 7) längst überholt; ganz abgesehen davon, daß der glattpolierte Ring der Schnur eine ideale Führung gibt und es verhindert, daß sich eine etwa feucht gewordene Leine an den Stock anklebt, wie das bei Verwendung von Schlangenringen gerne geschah, ist auch an ihm eine Reibungsmöglichkeit fast ausgeschlossen, besonders dann, wenn man, wie es heutzutage fast allein üblich ist, mit den Ringen nach oben wirft, da die Schnur dann nahezu im Zentrum des Ringes läuft. — Die Abbildungen zeigen den einfachen und den mit Achat gefütterten Brückenring (Abb. 8).

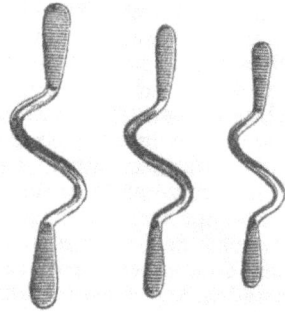

Abb. 5.

Abb. 6.

Abb. 7.

An den leichten und kurzen Gerten verwendet man fast ausschließlich Ringe mit Achatfütterung. Für die längeren und über-

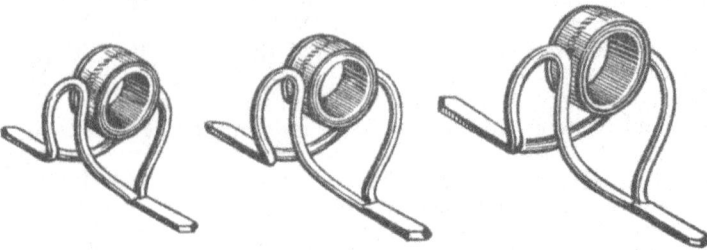

Abb. 8.

normal langen Gerten möchte ich sie nicht empfehlen, da sie das Gewicht der Gerte erheblich steigern, ja sogar Vorschwere erzeugen können. Für solche Gerten genügt es, den ersten Ring am Handteile und den Endring mit Achat gefüttert zu haben; bei billigeren Gerten verwendet man derlei Ringe mit einem federnden Innenringe aus Stahl, die ebenfalls sehr empfehlenswert und vor allem billig sind.

Porzellangefütterte Ringe sind nicht schlecht, aber Porzellan ist gegen das Anschlagen der Steine u. dgl., wie es draußen oft bei größter Vorsicht passieren kann, sehr empfindlich und bricht. Es werden zwar porzellangefütterte Ringe in den Handel gebracht, bei denen die Porzellaneinlage durch eine Gummiumhüllung, die als Puffer wirkend gedacht ist, vor Stoß und Bruch geschützt sein soll. Ich habe, ehrlich gestanden, nicht viel Vertrauen dazu und ziehe einen soliden Brückenring aus Stahl vor. Unter allen Bedingungen schon, wenn ich die Gerte zum Angeln im Winter verwende und Eis von den Ringen abzuklopfen habe, wie es beim Huchenfischen meist der Fall ist. Dabei kann man nur zu leicht die Porzellaneinlage mit absprengen, auch Achateinlagen sind durch diesen Vorgang gefährdet.

Eine Rolle spielt auch die Zahl der Ringe. Für die kurzen Gerten bis zu 2,60 m genügen 4, höchstens 6 Ringe vollauf, aber auch für die langen Gerten läßt sich die Zahl sehr beschränken; fast die meisten Gerten tragen zu viele Ringe. Diese wirken unter Umständen hemmend auf die Wurftätigkeit, besonders im Winter, wenn die Schnur vereist, und häufig um so mehr, als sie vielfach zu eng sind. Wenn ich auch zugebe, daß zu große Ringe dem Wurfe bzw. der Wurffähigkeit der Gerte nicht allzu zuträglich sind, so halte ich zu enge und zu kleine Ringe auch für einen Fehler.

Abb. 9.

Ein guter Gertenbauer wird auch hierin das richtige Maß zu halten wissen, und ein erfahrener Angler wird seinem Fabrikanten selbst Zahl, Sitz und Weite der Ringe vorschreiben können. Am Ende des Handteiles war früher ein sog. Leitring (Abb. 9) beliebt, heutzutage ist er durch die Brückenringe überflüssig geworden und durch unsere moderne Wurftechnik erst recht.

Dagegen ist dem Bau und der Form des Endringes an der Spitze mehr Beachtung zu schenken. Gut und wenig zum Umschlingen geneigt ist der Glockenring (Abb. 10), noch weniger aber der in Abb. 11 gezeigte Ring; allerdings nur, wenn er die seitlichen

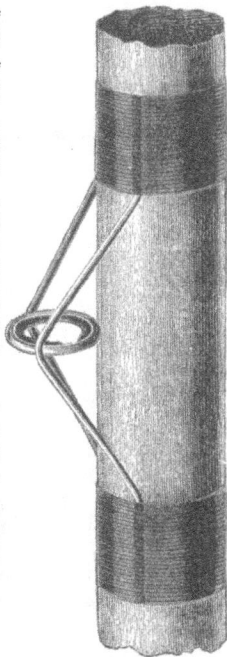

Spreizen besitzt, welche außerdem viel zu seiner Haltbarkeit bei-
tragen. Der ohne diese frei heraußtehende Ring allein ift geeignet,
hie und da von der Schnur umschlungen zu werden.

Man hat, ob mit Recht oder Unrecht, will ich hier nicht untersuchen, den Endring beschuldigt, die Schnur durch die an ihm er-
folgende Reibung zu stark zu scheuern, und hat einen Vorschlag
gemacht, ihn durch eine in allen Achsen drehbare Rolle auß Stahl
oder Achat zu ersetzen. Ich weiß nicht, ob das für unsere zahme
Süßwasserfischerei von besonderem Werte ift, denn schließlich verbraucht sich jede Schnur früher oder später und muß durch eine
neue ersetzt werden, was vorsichtige Angler ohnedies beizeiten

besorgen. An-
ders liegen die
Verhältnisse für
die Angelei im
Meere, beson-
ders auf die
großen und
größten Meeresbe-
wohner. Für diese
Angelei ift ein solcher
Endring berechtigt, ja
sogar notwendig. Ich
bin gewiß der letzte,
der sich gegen eine
Neuerung oder Ver-

Abb. 10.

Abb. 11.

besserung auflehnt, aber ich glaube, ein gut konstruierter Endring
mit Achateinlage tut es für unsere Verhältnisse vollauf.

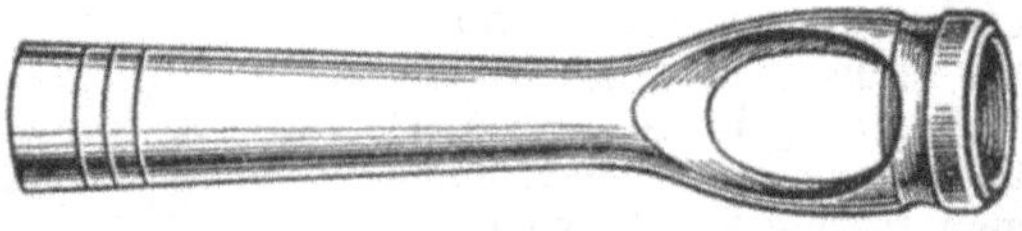

Das Gefährlichfte für die Schnur ift die Bildung von Eis-
kriftallen an ihr und am Ringe. Dadurch wird die Schnur am meisten
beim Einrollen und Drillen gescheuert, — nicht beim Wurfe —,
wenn vielleicht eine Rolle das durch ihren eigenen Lauf paralysieren
könnte, so ift andererseits mit Sicherheit anzunehmen, daß sie durch
das abtropfende Wasser auch festfriert. Dann reibt an ihr die Leine
ebenso wie am Ring, wodurch ihr ganzer Vorzug illusorisch wird.

Von einer guten Spinngerte verlangen wir als oberste Eigenschaft die Fähigkeit, einen guten Wurf zu geftatten; das kann aber
eine Gerte nur, wenn sie einmal richtig balanciert ift und vor allem
vom Handteil bis zum Spitzenring richtig verjüngt ift, und das
andere Mal den nötigen Grad von Steifigkeit besitzt, wobei Steifigkeit nicht mit Mangel an Elaftizität identifiziert werden darf, ebensowenig wie diese mit Weichheit.

Eine richtig balancierte Gerte hat mit angesetzter Rolle das
ganze Gewicht im Handteil. Im anderen Falle hat sie Vorschwere;
es ift dasselbe wie bei einer richtig balancierten Flinte, bei der
scheinbar das ganze Gewicht im Schafte liegt.

Manchmal läßt sich die Vorschwere korrigieren, wenn sie durch
zu lange und schwere Verbindungshüllen und zu viele und massive

Ringe verursacht wurde, oft aber ist das nicht möglich, wenn der
Aufbau der oberen Teile an sich von Haus aus fehlerhaft ist.

Solche Gerten ermüden ungemein beim Wurfe und Führen
und gestatten keinen sicheren Wurf, da die Schwere der vorderen
Teile den Schwung ungünstig beeinflußt.

Ein noch viel schwererer Fehler aber als die Vorschwere ist
die Kopfschwere. Diese zeigt sich in einem Abhängen der Spitze,
ohne daß die Gerte eine Belastung zu tragen hätte, wenn man
sie wagrecht vor sich hält. Bei kopfschweren Gerten ist das oder
eines der Mittelstücke fehlerhaft verjüngt; an dieser fehlerhaften
Verjüngungsstelle entsteht dann das ominöse Abbiegen der weiter
nach vorne liegenden Teile. Eine solche Gerte ist direkt wertlos,
denn mit ihr kann man weder korrekt werfen noch anhauen noch
drillen.

Weiter muß eine gute Gerte, wenn man mit ihr die Bewegung
des Anhiebes macht, nach dem ersten Ausschlage in derselben Ebene
noch einige wenige ganz kurze Ausschläge machen und dann wieder
gerade liegen.

Ist die Spitze falsch verjüngt, dann folgen dem ersten Ausschlage noch eine Reihe weiterer gleich langer in allen möglichen
Ebenen; der Endring beschreibt in ganz extremen Fällen fast einen
Kreis, in weniger ausgesprochenen zeigt er Pendelbewegungen
nach den Seiten. Auch das ist ein Fehler, der sich aber durch eine
richtig gebaute Spitze beheben läßt. Kaufen soll man aber solche
Gerten nicht, d. h. wenn man den Fehler erkennt.

Viele haben in Unkenntnis dieses Fehlers mit ihrer Gerte
nicht werfen gelernt, weil die ominösen seitlichen Vibrationen der
Spitze, die auch beim Wurfe auftreten, diesen empfindlich beein-
trächtigen, besonders wenn leichte Gewichte auf größere Distanz
geworfen werden sollen.

Des weiteren soll man bei Ankauf einer Gerte auf eine sorgfältige Lackierung achten. Auch eine billige Rohrgerte soll wenigstens einen doppelten Überzug von bestem Bootslack erhalten, und
ich kann nur jedem raten, wenn er eine Gerte kauft, auf diesen
Punkt besonderes Gewicht zu legen, eventuell noch eine Lackierung
selbst vorzunehmen oder anzuschaffen, denn guter Lack erhält und
verlängert das Leben einer jeden Gerte.

Gespließte Gerten werden behufs Verstärkung auch mit einer
Seele aus Federstahl hergestellt. Ich zweifle nicht, daß das, bestes
Material und sorgfältigste Arbeit vorausgesetzt, geeignet ist, eine
Gerte für schwerste Fischerei wirklich zu verstärken, — unbedingt
notwendig ist es nicht. Ich erwähne es nur der Vollständigkeit
halber. Wer sich darauf kapriziert, mag sich immerhin eine solche
Gerte kaufen, wenn er die ziemlich bedeutende Mehrauslage nicht
scheut.

Welche Gerte soll sich nun der angehende Spinnangler kaufen?

Diese Frage legt sich wohl jeder vor, der einer werden will;
dasselbe fragt er seine Freunde.

In erster Linie richtet sich die Anschaffung, abgesehen von den zur Verfügung stehenden Mitteln, nach dem vorhandenen Bedarfe.

Vor allem halte man sich vor Augen, daß es eine „Universal"= Gerte nicht gibt. Man kann wohl eine längere leichte Gerte durch Aufsetzen eines kürzeren Teiles für das Angeln vom Boote oder zum Schleppfischen adaptieren. Deshalb aber wird aus einer Forellengerte nie eine Huchengerte, ebensowenig wie diese zum Angeln auf Forellen taugt, in unseren Gewässern wenigstens, in denen die Vier= und Sechspfünder schon so ziemlich Museums= objekte geworden sind.

Die überwiegende Mehrzahl meiner Leser wird es zumeist mit dem Fange von Hechten zu tun haben, und auch hierbei mit dem soliden Mittelgewichte von 6—8 Pfund. Zu diesem Zwecke ge= nügt für die meisten Gewässer die leichte, einhändig oder zwei= händig zu führende Spinngerte von 2,60—3 m, je nachdem ganz aus Tonkinrohr oder aus diesem und Spitze von Greenheart, oder bei höheren Ansprüchen aus gespließtem Bambus, je nach Geschmack oder Bedürfnis zwei= oder dreiteilig. Die Abb. 2 und 3 zeigen solche Gerten. Die alte Form der Henshallgerte, deren Bild ich in Abb. 1 brachte, möchte ich im allgemeinen für unsere Verhält= nisse nicht empfehlen, außer man läßt sie sich mit parallelem Hand= griffe anfertigen. Ich möchte an dieser Stelle einen Vorwurf ent= kräften, den seinerzeit Heintz gegen die kürzeren Gerten als 3,20 m erhob: nämlich daß man mit ihnen den sog. Unterhandschwung nicht ausführen könne, d. h. einen Köder durch einfachen Ausschwung in der Körperebene einem nicht zu weiten Ziele zuzuschwingen. Ich habe oft und viel mit kurzen Gerten geangelt, aber nie gefunden, daß man mit ihnen den Unterhandschwung nicht machen könne, auch habe ich die Behauptung, daß es ihnen zu diesem Zwecke an Elastizität mangle, nicht bestätigt gefunden.

Wer mehr Forellen als Hechte oder nur die ersteren zu be= angeln hat, der wird mit Vorteil eines der vorstehenden Modelle in noch zarterer Ausführung wählen. Ein geübter und kaltblütiger Angler wird sich ohne weiteres getrauen, mit diesem scheinbar zarten Zeug auch einen größeren Hecht anzugehen, besonders mit einer gespließten Gerte.

Ich gebe jedem den aufrichtigen Rat, sich von Anfang an lieber mit einer leichteren Gerte auszustatten, als mit einer schwereren. Erstens wird er sich weniger abmühen und leichter werfen lernen, zweitens wird er sich von Haus aus an einen sorgfältigen und kunst= volleren Drill gewöhnen, der ihm dann bei einem zufälligen Zu= sammentreffen mit einem außergewöhnlich starken Fische wohltätig zustatten kommen wird. Ich habe leider nur zu oft die Wahr= nehmung gemacht, daß insbesondere Anfänger sich durch das Führen schwerer Gerten verleiten ließen, jeden Fisch im Vertrauen auf die Stärke ihres Gerätes zu forcieren, und gerade diese erlebten dann eine schmähliche Niederlage, wenn sie einmal einen wirk= lich schweren Fisch gehakt hatten. Ebenso muß aber leider auch ge=

sagt werden, daß solche Angler den Fehler nicht in sich und ihrem Ungeschick suchten, sondern in ihrem Geräte, was sie veranlaßte, zu noch schwereren Ausrüstungen ihre Zuflucht zu nehmen.

Dem, welcher Gewässer zu befischen hat, deren Beschaffenheit es erlaubt oder erfordert, die Überkopfwurfgerte zu führen, kann ich nur zur Anschaffung einer Überkopfwurfgerte dringendst raten. Es ist wirklich ein Vergnügen, mit dieser federleichten winzigen Gerte absolut zielsichere Würfe auf weite Distanzen zu machen, wie man sie mit dem Seitenschwunge nie mit der gleichen absoluten Sicherheit herausbringt, auch wenn man noch soviel Übung hat. Ich will damit absolut nicht dem Rekordwerfen zu Angelzwecken das Wort reden, aber ich will einmal sehen, ob die absoluten Gegner des Überkopfwurfes imstande sind, mit Seitenschwung ein Gewicht von 10 g, gezielt auf nur 20 m, auf einen bestimmten Punkt zu werfen, was für einen halbwegs geübten Überkopfwerfer eine Kleinigkeit ist.

Daß die Überkopfwurfgerte nicht immer und überall am Platze ist und sich bei uns wenigstens teilweise Einschränkungen in ihrer Verwendbarkeit gefallen lassen muß, gebe ich ohne weiteres zu. Daß man sie aber in Bausch und Bogen als „amerikanisches Invasionsprodukt" ablehnt, das finde ich zuweit gegangen und unbegründet.

Ebenso unbegründet ist der Vorwurf eines älteren Autors, daß man mit der kurzen Gerte einen schwer kämpfenden Fisch nicht richtig drillen könne. Was tun denn die Black bass=Angler, die diesem lebendigsten aller Kampffische nur mit diesen kurzen Gerten bewaffnet gegenüberstehen? Und erst jene Angler jenseits des Teiches, die den Großhecht, den Muscalonge, der bis zu 60 Pfund schwer wird und der sich wie ein Teufel an der Angel wehrt, ausschließlich mit Überkopfwurf angeln?

Abb. 12 zeigt eine Überkopfgerte aus gespließtem Bambus neuerer Art mit ungleich langen Teilen. Die amerikanische Stahlrute ist in Abb. 3 abgebildet. Obzwar ich sonst für „Kofferruten" gar keine Vorliebe habe, muß ich doch sagen, daß mir die dreiteilige Stahlgerte wegen ihrer Kompendiosität sehr sympathisch ist.

Eine Mittelstellung zwischen diesen vorbeschriebenen einhändigen und den im folgenden zu beschreibenden zweihändigen Spinngerten nimmt eine Gerte ein, welche bei einer Länge von nur 3 m

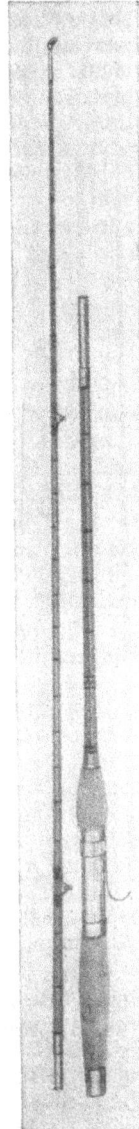

Abb. 12.

ein Gewicht von ungefähr 300 g besitzt. Sie muß zu diesem Zwecke natürlich aus gespließtem Material hergestellt sein, denn nur dieses gestattet den Aufbau in so leichtem Gewichte. Sie ist in England bekannt unter dem Namen „Corbet"-Gerte und dient dem Angeln mit leichten bis mittelschweren Ködern von maximal 20 g Gewicht. Trotz ihrer Zartheit ist sie ungemein stark und erlaubt den Fang jeder Fischgattung von der Forelle bis zum schweren Hechte. Sie ist für einen Angler, der sich mit einer Gerte für europäische Durchschnittsverhältnisse ausrüsten will, sehr zu empfehlen.

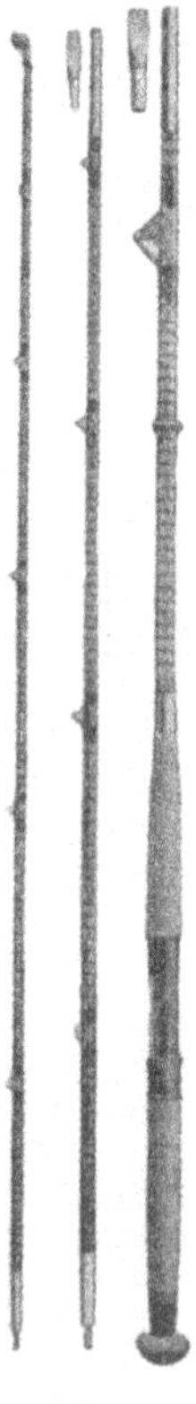

Wer seinen Bedarf mit leichten und kürzeren einhändigen Gerten oder der Corbetgerte nicht für gedeckt erachtet oder unter Verhältnissen angelt, welche eine längere Gerte zur Bedingung machen, muß sich entschließen, sich mit einer schwereren doppelhändigen Gerte auszurüsten.

Von diesen erwähne ich die den meisten Anglern geläufigen sog. „Heintz"-Gerten in der Normallänge von 3,20 m. Ich habe sie lange geführt und, wie schon erwähnt, nur den unverstellbaren Rollensitz bei ihnen als Mangel empfunden, der sich aber durch Anbringen eines parallelen Handgriffes beheben läßt. Die leichte Hecht- und Huchengerte hat sich mir im Kampfe mit sehr schweren Fischen stets bewährt, so daß ich gar kein Bedürfnis hatte, die schwereren Modelle in Gebrauch zu nehmen.

Nur mit der „leichten Forellen- und Fischchengerte" habe ich mich nie befreunden können, denn 600 g sind schon ein respektables Gewicht und für eine Forellengerte viel zu viel.

Im allgemeinen wird diese Gertenlänge auch für die meisten Uferangler ausreichen, außer dort, wo die Ufer ganz besonders ungünstig sind und Uferbauten, Uferbewuchs u. ä. den Gebrauch einer besonders langen Gerte zur unabweislichen Notwendigkeit machen. Auch die Spinnangler an den großen Strömen, besonders die Huchenangler, sind auf längere Gerten angewiesen, wenn sie, wie es meist der Fall ist, nur vom Ufer aus fischen können.

Abb. 13.

In einem solchen Falle bleibt nichts übrig, als eine speziell lange Gerte zu bestellen und das unvermeidlich höhere Gewicht mit in Kauf zu nehmen. Ich zeige in Abbildung 2 meine eigene Huchengerte, die nach speziellen Angaben in Deutschland gebaut wurde. Sie ist aus Tonkinrohr mit einer Spitze aus gespließtem Bambus. Trotz ihrer Länge von 5 m ist sie verhältnismäßig leicht und sehr handlich; um bequemer transportiert werden zu können, müßte sie eigentlich vierteilig gemacht werden.

Die Rolle.

Wenn ein Gerät je zur Verfeinerung des Angelsportes und speziell des Spinnangelns beigetragen hat, so ist es die Rolle, der ich meiner Anschauung nach den Vorrang vor der Gerte gebe. Denn mit einer minderwertigen Gerte kann man noch werfen, aber von einer minderwertigen oder falsch konstruierten Rolle nicht.

Wenn man die Entwicklung der Spinnangelei kritisch verfolgt, so findet man, daß dieselbe wenigstens bei uns — England nicht ausgenommen — noch vor wenigen Dezennien auf einem toten Punkte angelangt war, der sich in der Superiorität des heute fast vergessenen „Themse"-Stiles manifestierte.

Der von Henshall inaugurierte Wurf von der Rolle fand am Kontinent keine oder nur wenige Anhänger, während er über dem Atlantik weiterkultiviert wurde und im Überkopfwurf seinen kunstvollsten Ausdruck fand.

Der altehrwürdige „Thames"-Stil, über den ich bei Behandlung der Wurftechnik des näheren sprechen will, ergab sich als Naturnotwendigkeit aus der Inferiorität der früheren Rollen, und trotzdem er begeisterte Anhänger hatte, gaben die nicht allzu fanatischen gern und unumwunden zu, daß ihm trotz seiner Vorzüge eine viel größere Menge sehr schwer wiegender Nachteile anhafte.

So ging man langsam daran, die Rollen zu verbessern und für den direkten Wurf von dieser brauchbar zu machen; aber der Lebensweg des „Nottingham"-Stiles war ein langer und dornenvoller.

Und der Weg von der alten, schweren Nottingham-Rolle aus Walnußholz bis zur modernsten Speichenrolle aus Aluminium war auch ein recht langer.

Es ist noch gar nicht lange her, daß man das eigentliche Prinzip der brauchbaren Spinnrolle erkannt hat. Ich spreche hier von den Rollenformen, welche eine Trommel besitzen, die sich beim Wurfe um eine Achse dreht, die senkrecht zu der des Angelstockes steht und deren Drehungsebene in dieser liegt, also alle Modifikationen der Grundform, welche von der alten Nottinghamrolle mit oder ohne Gehäuse vorgestellt werden. In dieser Zeit schwebte allen Konstrukteuren das Ideal vor, die „leichtestlaufende" Rolle herzustellen, und dieses Ideal war verkörpert in einer Rolle, die wie ein Perpetuum mobile auf einen leichten Impuls hin überhaupt nicht mehr zu laufen aufgehört hätte. Das wäre vielleicht in der Theorie richtig gewesen, in der Praxis erwies sich aber gerade die leicht- bzw. langelaufende Rolle als Quelle vieler Übel und vielleicht als Ursache davon, daß die meisten Lernenden den Wurf von der Rolle nie lernten, entweder die Spinnfischerei ganz aufgaben oder sich wieder dem Themsestil zuwandten. An dieser Tatsache änderte weder die Einführung von Kugellagern noch die des Aluminiums und seiner Legierungen etwas.

Das Überlaufen war und blieb der ewige Stein des Anstoßes, die Quelle unsäglichen Ärgers und ungezählter Mißerfolge.

So kam man darauf, Rollen zu bauen, die durch sinnreiche Bremsvorrichtungen dem Überlaufen steuern sollten. Es entstanden die Rollen vom Typ „Silex" und ähnliche, mehr oder minder komplizierte Mechanismen, die dem gedachten Zwecke, den Ablauf des geworfenen Köders zu regulieren und das Überlaufen der Rolle zu verhindern, ziemlich gerecht wurden, aber ihn doch nie voll erreichten.

Eine bei uns auch heute noch gangbare Rolle mit Bremsung ist die Marston=Croßle=Rolle und verschiedene auf dem gleichen Prinzip aufgebaute Rollensysteme, wie die „Reuß"=Rolle u. a.

In England ist die Marston=Rolle ein Ding der Vergangenheit, — warum sie bei uns noch vielfach das Ideal des Spinnanglers und des Fabrikanten ist, weiß ich nicht zu erklären. — Jedenfalls ist sie nicht ideal und dafür nicht einmal billig zu nennen. Abgesehen von der als Klotz wirkenden Schraubbremse ist sie zu dem, was wir von einer wirklich guten Rolle verlangen, nämlich zum sicheren Wurfe leichter und ganz leichter Köder, effektiv unbrauchbar, in den kleinen Nummern noch mehr als in den größeren.

Das Warum ist leicht erklärt, trotzdem es so lange gebraucht hat, bis man es gefunden hat: das Trägheitsmoment der Masse des Trommelkörpers und das zu große Gewicht desselben, welches das erstere verstärkt.

In der ersten Erkenntnis dieser Umstände versuchte man das Gewicht der Trommel durch die an den meisten massiven Rollen sichtbaren Ausbohrungen am Rande zu vermindern, — ein lächerliches Beginnen, denn das Minus an Materialgewicht ist direkt verschwindend klein.

So kam man dazu, Rollen zu bauen, welche nicht mehr massive Körper hatten, sondern nur einen Kranz aus Leichtmetall, der mit der sehr leichten Achsenbüchse durch Speichen verbunden ist.

Das war der richtige Weg, denn nur so allein konnte man einen Trommelkörper herstellen, dessen Eigengewicht minimal bei trotzdem hervorragender Stabilität nicht verstärkend auf das Trägheitsmoment wirkte.

Dadurch, daß man ferner die Bremsregulierung von der Trommel auf die Achse verlegte, erzielte man eine äußerst empfindliche Regulierung.

Das erste dieser Rollenmodelle vom Speichentyp war die Coxon=Rolle, die allerdings noch einige Mängel hatte, wie die meisten Neuerungen; vielleicht war sie etwas zu zart geraten, aber sie war unleugbar gut, und ich habe sie lange mit Erfolg geführt, habe mich auch nie mit der Ansicht befreunden können, daß sie für praktische Angelbedürfnisse unbrauchbar und daher vor ihr zu warnen sei.

In den letzten Jahren ist nun aber die Speichenrolle derart vervollkommnet worden, daß sie tatsächlich das Ideal einer Spinnrolle darstellt, — stabil, mit einer federleichten Trommel, einer bis aufs feinste abstimmbaren Bremse und, was ich an ihr besonders schätze, mit einer ausschaltbaren Knarre, welche beim Einrollen nahezu lautlos und widerstandslos dem Schnur abziehenden Fische einen enormen Widerstand entgegensetzt.

Überhaupt die Knarre der alten Rollen war ein sehr wunder Punkt. Schon ihre Anordnung war unglücklich, die Feder war

Abb. 14¹).

leicht dem Brechen ausgesetzt bzw. wurde nach längerem Gebrauch schlaff, der Bremsteil hatte vielfach die unangenehme Eigenschaft, mit der Zeit schlotterig zu werden, gar nicht einzugreifen oder, was noch unangenehmer war, sich zu verklemmen, wodurch mancher gute Fisch verloren ging. Alles das ist bei der neuen Anordnung der Knarre ausgeschlossen.

Dadurch, daß diese wirklich hervorragende Rolle jetzt auch in der Heimat erzeugt wird, ist ihre Anschaffung jedem Angler, der auf wirklich hohe Qualität seiner Geräte Gewicht legt, leicht ermöglicht.

Ich selbst führe jetzt ausschließlich diese Rolle, und zwar in der einen Größe von 10 cm Durchmesser (Abb. 14) für alle Zwecke

¹) Der Hebel an der abgebildeten Rolle betätigt insbesondere die auf die Peripherie der Trommel wirkende Bremse zur Unterstützung bei besonders schwerem Drill starker Fische.

2*

der Spinnfischerei, von der Forelle bis zum Huchen, und habe es
nur nötig, die jeweils meiner Absicht entsprechende Schnur auf=
zuwinden und beim Angeln selbst die Regulierungsbremse dem
Köbergewichte anzupassen. Meine Erfahrungen und die meiner
Freunde, welche mit dieser Rolle angeln, berechtigen mich dazu,
sie jedem aufs wärmste zu empfehlen, denn sie ist unstreitig die beste
Rolle, die wir derzeit haben. Da wir heutzutage fast nur noch
mit Rollen aus Leichtmetall arbeiten, darf ich eine Sache nicht
unerwähnt lassen, die in älteren Büchern in bezug auf Metall,
speziell die durchbrochenen, zu denen die Speichenrollen und die
später besprochene Magnalium=Rolle gehören, behauptet wird: es
handelt sich um das Gefrieren der Schnur bei Frostwetter. Ich
glaube, soviel ich davon erfahren habe, dieser Prozeß ereignet sich
bei einer gewissen Temperatur unter Null — ungefähr bei —5° —
ganz gleichmäßig bei Metall= wie bei Holzrollen, denn nicht die
Leitungsfähigkeit des Metalles führt zum Ein= bzw. Anfrieren der
Leine, sondern der Grad der Durchnässung derselben. Gut gefettete
Schnüre saugen weniger Wasser bzw. lassen dieses rascher von ihrer
glatten Oberfläche ablaufen als schlecht oder nicht gefettete.
An sich glatt geklöppelte Leinen, gute Fettung vorausgesetzt, neigen
weniger zum Frieren als rauhe bzw. filzig gewordene und locker
geklöppelte Schnüre. Zudem friert die Schnur schon auf dem Wege
zwischen Wasseroberfläche und Rolle, so daß das Material und die
Bauart derselben wohl nicht von besonderem Einfluß sein dürfte.

Die Rolle für die Spinnfischerei muß eine gewisse Breite der
Trommel besitzen, denn sie hat eine entsprechende Menge — regulär
100 m — Schnur aufzunehmen. Dieser Forderung entspricht die
Speichenrolle vollauf, trotz ihres scheinbar flachen Raumes für
die Schnur. Wichtig ist es, daß der Rand der Trommel entsprechend
breit und glatt ist, damit die bremsenden Fingerspitzen eine Auf=
lagsfläche haben. Auch die Griffe verdienen eine Beachtung: sie
müssen günstig angeordnet sein, nicht zu groß, aber auch nicht zu
klein sein, auf ihren Achsen drehbar, diese aber müssen im Rollen=
körper so verankert sein, daß sie beim Angeln nicht locker werden
oder gar herausfallen, was bei schlechten, billigen Rollen gerne
vorkommt.

Eine viel umstrittene Sache ist der Schnurleiter. Es gibt eine
Menge Modelle davon, — verstellbare und unverstellbare —. Die
einen schwärmen dafür, die anderen nicht; ich gehöre zu den letz=
teren. Bei Rollen von dem Typ der vorbeschriebenen ist er meiner
Meinung nach entbehrlich, — mir persönlich hinderlich —, aber
das ist Ansichtssache. Einen Wert hätte er nur, wenn er gleich=
zeitig als Transporteur dienen würde, d. h. als Vorrichtung, welche
das gleichmäßige Aufspulen der Leine so bewirken möchte, wie es
bei den amerikanischen Rollen, welche ich im folgenden beschreiben
werde, der Fall ist.

Wie ich eingangs erwähnte, hat sich die Wurfmethode Hens=
halls, ursprünglich ein Seitenwurf, mit der Zeit zum Überkopf=

wurf weiter entwickelt. Da die alte Nottinghamrolle zu diesem
Behufe einfach unverwendbar ist, hat man in Amerika schon seit
langem spezielle Rollen konstruiert und diese bis zur heutigen Vollkommenheit immer weiter verbessert. An diesen Rollen ist bereits
das Prinzip des möglichst gewichtslosen Trommelkörpers selbst
bei den alten Modellen gefunden und festgehalten. Allerdings sind
diese Rollen, um handlich zu sein und doch große Längen Schnur
fassen zu können, nicht hoch und mit großem Durchmesser, sondern
lang und mit kleinem Durchmesser gebaut. Dies erfordert wiederum
zwei weitere Zutaten: erstens, um ein rasches Aufwinden zu ermöglichen, was bekanntlich bei Rollen mit so kleinen Durchmessern wie

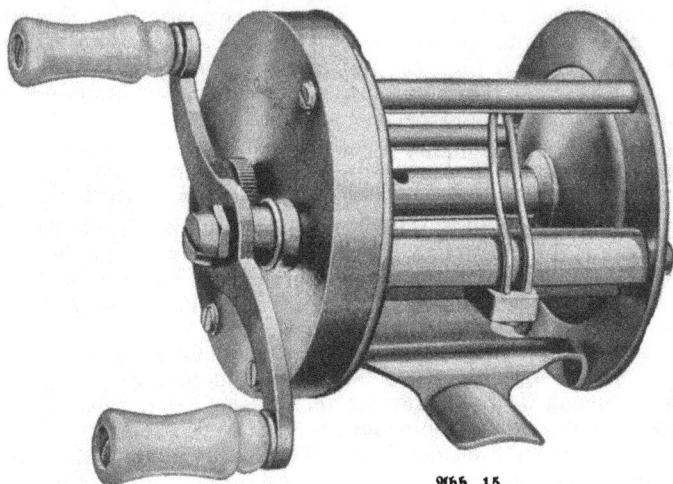

Abb. 15.

4—5 cm sehr schwer ist, mußte man diese mit Multiplikator, b. i.
einer Übersetzung, versehen; zweitens mußte man einen Schnurleiter konstruieren, welcher das Aufwinden so glatt und ebenmäßig
besorgt wie auf einer Zwirnspule. Ist es schon nicht ganz leicht,
für den Ungeübten wenigstens, die Schnur auf einer 2½ cm breiten
Rolle leidlich gleichmäßig aufzuwinden, ohne daß sich Windungen
überlagern, so ist das auf der langen Spindel noch schwieriger. Mit
einer Schnur aber, die nicht Lage neben Lage aufgespult ist, kann
man nicht werfen, ohne jedesmal eine sog. „Perücke" zu haben.
Das also führte dazu, diese Rollen mit einer selbsttätigen Aufspul-
vorrichtung zu versehen. Dies ist so präzis gearbeitet, daß ein Versagen nicht zu befürchten ist. Der Erzeugung solcher Rollen hat
sich die heimische Industrie bisher aus unerklärlichen Gründen
ferngehalten; allerdings, als billige Massenware sind sie nicht herzustellen, aber bei der zunehmenden Verbreitung und Beliebtheit
des Unterkopfwurfes wird es wohl doch eines Tages dazu kommen

müssen, daß die Rollen auch in der Heimat in bester Qualität her=
gestellt werden (Abb. 15).

Wenn in älteren Veröffentlichungen vor der Anschaffung und
Verwendung von Multiplikatorrollen eindringlichst gewarnt wird,
so kann dies wohl nur in bezug auf billige Schundware berechtigt
sein, nicht aber Geltung haben für die tadellosen, wenn auch nicht
gerade billigen Qualitätsfabrikate.

Ich möchte nur den Anfänger im Überkopfwurfe dahin unter=
richten, daß diese Rollen in zwei Ausführungen auf dem Markt
sind: solche, bei denen die Spule eine Freilaufvorrichtung besitzt,
die sich automatisch beim Wurfe ein= und ausschaltet, daher beim
Wurfe mit den Fingern gebremst werden muß, und solche, bei denen
der Lauf der Spule durch eine sinnreiche Bremsung im Verhältnis
zum Ködergewicht derart reguliert ist, daß im Momente, da der
Köder aufs Wasser fällt, der Ablauf der Schnur steht, so daß Über=
laufen und die daraus unvermeidlichen „Perückenbildungen" aus=
geschlossen sind, vorausgesetzt, daß die Bremsung korrekt durch=
geführt wurde. Die Rollen der letzten Art tragen die Bezeichnung:
Antibacklash=Rollen und stellen in Verbindung mit der automatischen
Spulvorrichtung geradezu das Nonplusultra in diesen Rollen dar.

Ich möchte dem Anfänger entschieden abraten, sich von den
scheinbaren Vorzügen der „Freilaufrollen" blenden zu lassen, —
er wird viel mehr Ärger und Schwierigkeiten als Freude damit haben
und den Wurf viel schwerer und später erlernen als derjenige, der
ihn mit der „Antibacklash" lernt.

Ich brauche wohl nicht besonders zu betonen, daß man mit
diesen Rollen auch den Wurf mit Seitenschwung tadellos betreiben
kann und daß sie daher für die im vorigen Kapitel beschriebenen
leichten einhändigen Spinngerten eine ideale Ergänzung bilden,
da man von ihnen die leichtesten Köder mit Sicherheit auf weite
Distanzen werfen kann.

Die Unvollkommenheit der alten Spinnrollen mit ihren Mängeln
und der Schwierigkeit, mit ihnen von der Rolle zu werfen, wohl
auch die Erkenntnis, daß die Überwindung des Trägheitsmomentes
des Trommelkörpers und des Beharrungsvermögens die Haupt=
ursache sei, führte schon vor 50 Jahren den Schotten Malloch zur
Benützung einer im Wurf starren Trommel, von der sich die Schnur
einfach abspulte und der fliegende Köder nur sein eigenes Gewicht
und das der hinter ihm folgenden Leine zu führen hat. Er erfand
einen neuen Typ, die sog. „Wenderolle".

Wie ihr Name sagt, wird sie derart betätigt, daß die Trommel
auf einem Pivot — auf einem drehbaren Fuße — aufmontiert ist;
zum Wurfe gibt man ihr eine Drehung von 90° nach rechts oder
links; nach Beendigung desselben bringt eine ebensolche Drehung
zurück die Rolle wieder in die Ausgangsstellung. Die alten Rollen
dieses Systems hatten verschiedene Mängel, welche die anfäng=
liche Begeisterung rasch abkühlen ließen, trotzdem das Ideal des
mühelosen und sicheren Wurfes von der Rolle gefunden war.

Ja, noch mehr — diese gute Sache geriet beinahe in Vergessenheit und erst in den allerletzten Jahren griff man diese gute Idee wieder auf und durch Beseitigung der ursprünglichen Mängel wurde eine vorzügliche, brauchbare Rolle geschaffen.

Die Hauptmängel der alten Wenderollen waren ursprünglich zwei: erstens, die Versicherung des Drehfußes war nicht exakt, die Rolle kippte aus ihrer jeweiligen Stellung aus, was oft recht unangenehm war; aber noch unangenehmer war die Tatsache, daß die Schnüre jener Epoche, die an und für sich schon die unangenehme Neigung hatten, sich zu verdrehen und zu rollen, dies noch mehr taten, da ihnen der Impuls zum

Abb. 16 a.

Verdrehen schon durch das Abspulen allein gegeben wurde, wozu dann noch eine Verstärkung dieser Neigung durch die Drehbewegung des Köders hinzutrat. Beide Fehler hat man heute ausgeschaltet, der Drehfuß ist sicher festgelegt und das Verdrehen paralysiert man durch Umlegen der Trommel und Einrollen und Abspulen in verkehrter Richtung, wodurch die Verdrehungen wieder ausgeglichen werden. Die Abb. 16a und b zeigen die Rolle a) in der Stellung zum Einrollen, b) die Umkehr-

Abb. 16 b.

vorrichtung der Trommel. Das Umkehren erfolgt, indem man die Schnur zur Gänze ablaufen läßt, die Trommel von der Achse hebt, den Griff und das vordere Verschlußblatt abnimmt. Die Trommel wird nun verkehrt wieder aufgesteckt, Verschlußblatt und Griff wieder an ihre Stelle ge= bracht und die Schnur wieder auf= gerollt. Selbstredend muß nun das Aufrollen in verkehrter Rich= tung vorgenommen werden, also

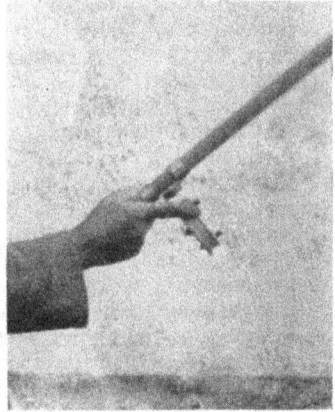

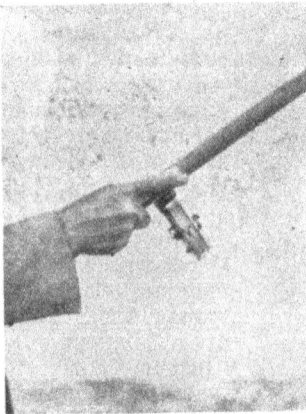

Abb. 17a.

Abb. 17b.

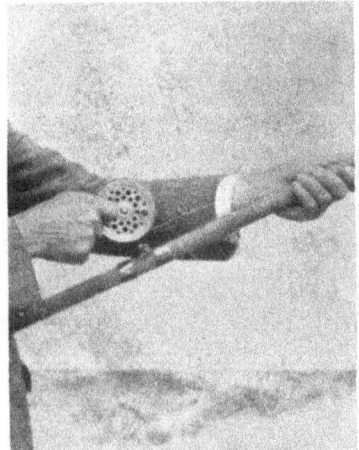

Abb. 17c.

Abb. 17d.

zum Angler hin, wenn vorher vom Körper weg aufgerollt wurde. Zum Zweck der leichteren Spinnfischerei und zum Werfen leichtester Köder sind diese Rollen in kleinerem Formate ebenso hervorragend wie in größerer Ausführung für die schwere Spinnangel.

Ich habe für den ersteren Zweck eine Wenderolle konstruiert, die ich untenstehend abbilde (Abb. 17). Ihr großer Durchmesser erleichtert das rasche Aufwinden und der besonders angeordnete Schnurleiter verhindert das falsche Aufrollen, da der Trommelkörper besonders flach gehalten ist, um die Rolle möglichst leicht zu gestalten. Er faßt aber trotzdem reichlich 60 m einer feinen Leine. Mit dieser Rolle kann ich Köder von 5 g Gewicht sicher auf 15 bis 20 m hinausbringen. Die Abb. 17a zeigt die Rolle in der Stellung zum Einrollen, 17b die Rolle fertig zum Wurf, — Finger am Trommelrand, die Leine festhaltend. 17c Der Finger hat die Leine freigegeben, der Köder fliegt aus. 17d Das Einrollen.

Abb. 17. Wenderolle mit quergestellter Trommel zum Wurf.

Selbstredend muß man vor dem Wurfe, ehe man die Trommel dreht, die Schnur aus dem schneckenförmigen Führungsring aus- und nach dem Zurückdrehen der Trommel wieder einhängen, was man mit Hilfe von Daumen und Zeigefinger in einem Augenblicke besorgen kann; bei einiger Übung geht es auch nur mit einem Finger allein.

Eine Rolle der allerjüngsten Zeit, die eine ganz eigene, an keine andere anlehnende Konstruktion besitzt, ist die nach ihrem Erfinder genannte „Illingworth-Rolle" (Abb. 18). Ihr Prinzip ist folgendes: Von der starren Spindel spult sich beim Werfen die Leine ab, nachdem sie zuvor aus dem Schnurleiter, welcher zugleich das korrekte Wiederaufrollen besorgt, herausgenommen wurde. Wieder in denselben eingeführt, dreht sich die Trommel durch Drehung der Kurbel durch eine Kegelübersetzung im Verhältnis 1:4. In dem Moment, da der Fisch eine Flucht macht, dreht sich die Trommel allein und eine stellbare Knarre verhindert das Überlaufen. Das Auf- und Abspulen der Schnur erfolgt mit größter

Akkuratesse, da die Trommel bei dieser Bewegung steigt und fällt. Durch Zwischenschaltung von Korkscheiben läßt sich die Trommel= breite bzw. ihr Fassungsraum so regulieren, daß man immer die Trommel gut gefüllt hat, also wenn man die Schnur durch Aus= merzen verbrauchter Teile kürzen muß, braucht man keine Ver= längerung zu unterlegen wie bei den anderen Rollen, wenn man das richtige Maß der Füllung erhalten will. Diese geniale Kon= struktion ermöglicht es, mit Schnüren von Nähfadenstärke und maximal 3 Pfund Tragkraft zu fischen — die Normalleine hat nur

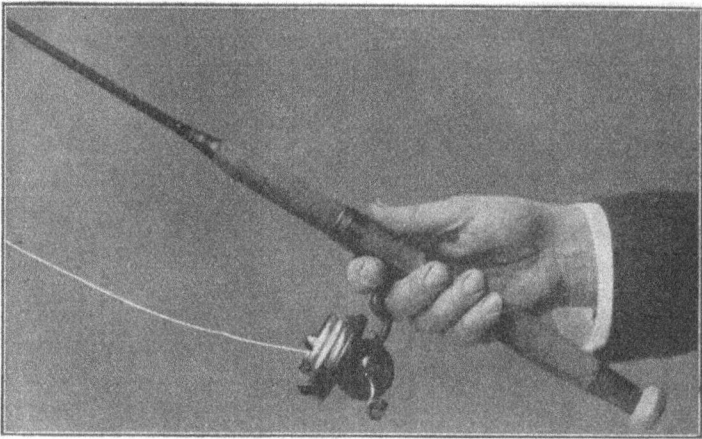

Abb. 18.

1¾ lb Bruchfestigkeit — und doch mit ihr schwere Fische zu besiegen. Sind doch an diesem feinen Zeug sogar Lachse von 20 Pfund ge= landet worden.

Jedenfalls stellt die Illingworth=Rolle den Gipfel erreichbar feinsten Angelgerätes und Fischerei mit feinstem Zeuge vor, dessen allgemeiner Einführung leider sein immens hoher Preis ent= gegensteht.

Wer aber über Gewässer verfügt, in denen Gelegenheit für diesen feinsten Sport geboten ist, und der gewillt ist, den hohen Preis für dieses Idealgerät anzulegen, dem sei es empfohlen. Nur wer selbst damit geangelt hat und die Summe der Aufregungen miterlebt hat, weiß, was es heißt, an einem Zwirnsfaden einen mehrpfündigen Fisch zu drillen und zu landen, welcher anderen Anglern an vielfach stärkerem Geräte schon zu drillen und zu landen schwierig vorkam.

Ich lehne von vorneherein den Vorwurf ab, daß ich etwas befürworte, das unter gegebenen Umständen naturgemäß den Verluft des Fisches herbeiführen müsse, oder den Vergleich mit dem Schützen, der mit einem Blasrohr auf Hirsche schießt. Alles an seinem Platze, — gewiß ist das kein Gerät zum Huchenfischen in einem Wildwasser, aber in klaren Flüssen und Seen, welche große Forellen usw. beherbergen, die scheu und vorsichtig sind, wird es seinen Platz und Zweck ausfüllen. Schließlich kommt es auch darauf an, wer hinter dem Steuer steht. Ein erfahrener und kaltblütiger Angler wird sich nicht fürchten, damit den Kampf mit einem schweren Gegner aufzunehmen, und der Andere hat alle Chancen, ihn auch an einer Tarponleine zu verlieren. Denn wenn's das Unglück will, reißt diese auch.

Die Schnur.

Zu den Faktoren, die sich vereinten, um die Spinnfischerei so lange Zeit hindurch unpopulär zu machen, gehörte auch die Schnur. Ich will gar nicht von denen der alten Zeit reden, die einfach gedreht waren, und schon dadurch, wenn auch nicht zum Angeln überhaupt, so doch ganz sicher zum Spinnen völlig untauglich waren. Heutzutage sind sie aus dem Rüstzeug des Anglers, soweit dieser höheren Sport treibt, vollständig verschwunden und von den geklöppelten Leinen endgültig verdrängt worden. Die Leine aus Hanf findet meist nur noch als Handleine bei der Schleppfischerei, wie später besprochen werden soll, Anwendung, auf der Rolle des Spinnanglers wird man sie wohl nur noch selten finden, außer an der einiger der alten Schule, vorzugsweise Huchenfischer, welche immer noch mit dicken Schnüren im alten Themse-Stil fischen und sich auf keinen Kampf mit dem Fische einlassen wollen. Diese Kategorie Angler brauche ich hier nicht zu berücksichtigen; zwar ich kenne einen sehr guten Angler, der auf Huchen besonders bei Eisbildung am Wasser partout nur mit einer amerikanischen Baumwollschnur von erheblichem Volumen angelt und auf sie schwört. Allerdings nimmt er jedesmal eine neue Schnur zu jedem Ausfluge, denn sie ist lächerlich billig. Aber deswegen gehe ich doch von meiner Seidenschnur nicht ab und rate jedem ehrlichst, es auch nicht zu tun.

Unsere heutigen Spinnschnüre sind ausschließlich aus Seide geklöppelt. Im Aussehen sind sich viele Schnursorten gleich, aber ihr wirklicher Wert zeigt sich erst im harten Gebrauch in rauher Praxis, wo manches Erzeugnis, für das eine unsinnige Reklame betrieben wird, versagt und enttäuscht.

Vor allem kommt es auf die Qualität der verarbeiteten Rohseide an, die von der edelsten Sorte sein soll, aber, leider muß man sagen, gibt es immer noch Erzeuger, die mindere Sorten verarbeiten, teils um dem Drängen jenes Publikums, welches „nur billig" kaufen will, gerecht zu werden, teils aus anderen Motiven, die ich nicht weiter diskutieren will.

Schließlich kommt ja der Käufer darauf, daß Qualitätsware nicht „billig" sein kann, aber bis dahin hat er schweres Lehrgeld gezahlt.

Ich kann an dieser Stelle nur das eine wiederholen, was ich anderwärts schon des öfteren betont habe: Es ist die falscheste Ansicht, gerade an der Schnur sparen zu wollen, und wer von dieser Ansicht nicht bekehrt ist, der soll nur die Nachteile falscher Sparsamkeit am eigenen Leibe empfinden.

Wir haben heute gottlob schon in deutschen Landen hervorragende Fabrikate und sind nicht mehr auf das Ausland allein angewiesen. Speziell eine Schnursorte ist es, für deren Herstellung ich mich stark interessiert habe, welche nach vielen Versuchen zu einer Vollkommenheit gediehen ist, welche sie der besten englischen Schnur vollkommen gleichwertig macht.

Was müssen wir von einer Angelschnur verlangen bzw. welche Bedingungen muß sie erfüllen, um auf den Namen einer Qualitätsmarke Anspruch zu haben?

Erstens und vor allem: sie muß durch und durch geklöppelt sein, d. h. sie darf weder einen Hohlraum noch eine sog. Seele oder einen Innenfaden haben. Die solid, d. h. vollgeklöppelte Schnur hat einen mehr oder weniger quadratischen Querschnitt, der aber weder beim Wurf noch beim Laufe durch die Ringe stört.

Wenn die Klöppelung einer solchen „Vollschnur" ganz ebenmäßig ist, d. h. Zoll für Zoll gleichmäßig dicht ist, ist das „Rollen" und „Verdrehen" der Schnur ausgeschlossen. Ist dagegen ein Teil fest und der andere locker geklöppelt, so bilden sich nach kurzem Gebrauche infolge der verschiedenen Dehnungsfähigkeit und Dehnungseinwirkung jene ominösen Ringe und Schlingen, welche einen Wurf unmöglich und die Leine wertlos machen. Außerdem dehnen sich derlei ungleichmäßig gearbeitete Stellen auch ungleichmäßig und die lockeren Teile werden dünner und bandartig.

Unsere Schnüre älterer Art waren selbst in den besten Qualitäten ziemlich locker geklöppelt, hatten daher die Neigung, sich rasch mit Wasser vollzusaugen und beim Lauf durch die Reibung an den Ringen rasch rauh und filzig zu werden, im Winter natürlich durch das Gefrieren noch schneller als im Sommer.

Unsere heutigen Schnüre sind durchwegs sehr eng geflochten, wodurch sie auch im nichtimprägnierten Zustand wenig Wasser aufnehmen und viel glätter sind. Durch die enge Klöppelung sind sie bei gleicher Tragkraft viel dünner als die alten.

Das Bestreben, drehrunde Schnüre zu erzeugen, führte dazu, dieselben hohl, d. h. mit einem lichten Innenraum, also schlauchartig zu klöppeln. Im ersten Moment bestechen solche Schnüre, aber zu bald zeigen sich ihre Schwächen und Mängel. Schon nach kurzem Gebrauche werden sie bandartig flach und, was das Schlechteste an ihnen ist, sie verfaulen trotz aller Pflege und allen Imprägnierens — oder vielleicht eben wegen des letzteren — unheimlich schnell. Die Sache ist physikalisch leicht erklärlich: der offene Innenraum wirkt als Kapillare, in welcher das Wasser in die Höhe gesaugt wird. Daher werden von innen her solche Schnurteile naß, die überhaupt nicht im Wasser waren. Es ist also einleuchtend, daß solche Schnüre von innen her verstocken und verfaulen, erst recht, wenn eine oberflächliche Imprägnierung dem Verdunsten der Feuchtigkeit hinderlich ist, und dann reißt eine solche Schnur überraschenderweise bei irgendeiner Gelegenheit dort, wo sie nie im Wasser war.

Noch gefährlicher als die Hohlschnur ist die, welche eine Seele hat, d. h. wo über einen Innenfaden die Schnur als Mantel geklöppelt wurde. Ich habe solche Schnüre gesehen, wo der Innenfaden sogar statt aus Seide aus Baumwolle bestand. Aber selbst angenommen, er sei aus Seide: in den meisten Fällen ist es, wie ich mich durch Untersuchungen vieler Schnüre überzeugen konnte, nur ein nicht gezwirnter Strähn. Was kann dieser dem Mantel für eine Festigkeit geben? Weniger als keine; dafür wirkt er im Wasser als Docht, der die Feuchtigkeit noch höher hinaufsaugt als die Kapillare der Hohlschnur, so daß diese Leinen in noch kürzerer Zeit verstocken und verfaulen als die ersteren.

Man hat versucht, bei stärkeren Schnüren den Innenfaden durch eine geklöppelte feine Vollschnur zu ersetzen und über diese dann den Mantel zu klöppeln. Diese Fabrikate wurden unter dem hochtrabenden, aber ganz falschen und den Käufer irreführenden Namen „Doppelvollschnüre" in den Handel gebracht und ihnen alle möglichen Vorzüge angedichtet, welche sie nie hatten und nie haben konnten.

Eine einfache Betrachtung beweist das.

Erstens ist die Bezeichnung „Doppel"-Vollschnur unwahr. Denn es ist nur die sehr dünne Innenschnur eine Vollschnur, der auf ihr gleitende Mantel eine Hohlschnur. Zweitens, beide Schnüre besitzen verschiedene Elastizitäts- bzw. Reißkoeffizienten. Unterwirft man eine solche Schnur einem starken Zug, wie er z. B. bei schweren Hängern oft von Nöten ist, um loszukommen, so wird man die unangenehme Wahrnehmung machen, daß die äußere Umklöppelung sich an manchen Stellen geradezu in Falten legt wie eine Harmonika, eine Folge der Überdehnung ihrer Fasern. Wo der Innenfaden aber überdehnt wurde bzw. bei Überschreitung seines Zerrungsoptimums bereits gerissen ist, das kann man weder sehen noch auch vermuten, und auf einmal reißt die ganze Schnur an einem Punkte, wo man nie an die Möglichkeit eines solchen Geschehens denken würde. Man hat solche Produkte seinerzeit als Kletterseile zu alpinistischen Zwecken hergestellt; Reißversuche haben das oben Gesagte bestätigt und ein Kletterseil ist doch noch massiver als eine Angelschnur.

Man soll sich daher nie zum Ankauf solcher Schnüre verleiten lassen, mögen sie unter noch so schönem Namen und mit noch so viel Reklame angepriesen werden, sondern stets und immer nur wirkliche Vollschnüre kaufen.

Des weiteren verlangen wir von einer guten Gebrauchsschnur, daß sie in allen Teilen gleichmäßig elastisch, zerrfähig und vor allem knotenfest sei.

Die ersten beiden Eigenschaften resultieren aus der Qualität des eingearbeiteten Materials und seiner exakten Verarbeitung, über die ich im vorhergehenden ausführlich geworden bin. Ich habe aber bisher noch in keiner Anpreisung einer Schnur ein Wort gehört, welches die „Knotenfestigkeit" hervorgehoben hätte, und gerade dieser messe ich einen ganz besonderen Wert zu, ganz speziell für Schnüre, die zum Spinnangeln dienen sollen. Denn gerade hierbei werden die Knoten viel mehr auf Haltbarkeit beansprucht als bei allen anderen Arten des Angelns: scharfe Anhiebe — schwere Hänger — das sind die Prüfsteine für die Knotenfestigkeit, und in meinen Augen ist eine Schnur, selbst wenn sie auf 30 Pfund Reißfestigkeit geeicht sein sollte, wertlos, wenn sie im Knoten ohne Anstrengung reißt. Ich habe mich nur immer gewundert, daß selbst alte Angler diesem wichtigen Erfordernis geradezu verständnislos gegenüberstehen und unbedenklich solche Schnüre weiterverwenden trotz allen bösen Erfahrungen.

Es ist zwar ein altes Gebot der Vorsicht, vor jedem Angeln und selbst während desselben die Einhängschleife für den Wirbel oder den Verbindungsknopf mit diesem zu erneuern, zum mindesten nach schweren Hängern und nach langem scharfem Drill, wie ja doch selbst in der knotenfesten Schnur dieser immer der Ort des schwächsten Widerstandes ist, um so mehr, je dünner die Schnur ist, weil im Knoten die Faser der Schnur sozusagen abgewürgt wird. Daß man einmal darauf vergißt, das kann im Eifer vorkommen, aber an einer neuen Schnur darf diese eben nicht im frischgebundenen Knoten reißen wie Zunder. Darum soll man jede neue Schnursorte, welche man in Verwendung nimmt, sorgfältigst auf Knotenfestigkeit prüfen, ehe man sie auf die Rolle zieht, und lieber auf ihre Verwendung verzichten, wenn sie keinen Knoten hält, sonst erlebt man unangenehme Überraschungen.

Im allgemeinen gebe ich jedem den wohlgemeinten Rat, seine Schnüre nur bei einer Firma zu kaufen, die ihm einerseits durch ihren Ruf Gewähr für solide Ware bietet, andererseits aber auch einen solchen Umsatz hat, daß man sicher ist, keine abgelegene Leine zu erwerben, wie es oft in Geschäften der Fall ist, welche nebenbei Angelgeräte führen und oft nicht einmal der richtigen Lagerung der Schnüre ein Augenmerk schenken. Denn Seide verliert schon durch das lange Lagern an und für sich ihre Haltbarkeit, und werden solche Schnüre womöglich noch in feuchten Kammern oder der atmosphärischen Feuchtigkeit zugänglich — wie in Schaufenstern usw. — gelagert, dann darf man in ihre Haltbarkeit kein besonderes Vertrauen setzen.

Früher verwendete man fast allgemein rohweiße Schnüre. Heutzutage sind meist solche in einer Schutzfarbe, grau oder grün, beliebt. Ich habe eine besondere Vorliebe für silbergraue Schnüre, welche im Wasser ziemlich unsichtig sind, dafür aber z. B. beim Angeln in der Dämmerung gut erkennbar sind, was z. B. in einem Wasser mit verschiedenen Hindernissen mitunter ein Vorteil ist.

So sehr ich für eine Schutzfärbung eingenommen bin, halte ich es andererseits für einen Unsinn, daß eine und dieselbe Schnursorte von ihrem Fabrikanten in einem halben Dutzend Farbennuancen hergestellt wird.

Die Stärke der Schnüre wird fast allgemein noch immer mit Nummern bezeichnet, welche rein willkürlich und bei jedem Fabrikat verschieden sind.

Nun liegt es in der Natur der Sache, daß eine Schnur, sagen wir von Nr. 2, welche A erzeugt, dünner, aber viel tragfähiger sein kann als die von B. Das liegt schon in der Art des verarbeiteten Materials und seiner Herstellungsweisen.

Man hat eine Einheitlichkeit zu schaffen versucht und die Tragfähigkeit in Pfunden als Maß für die Schnurstärken substituiert, aber auch das gibt dem Käufer, der auf die Bestellung nach dem Katalog angewiesen ist, keine Vorstellung über die Dicke der Schnur, wie ich vorhin erklärt habe, ebensowenig wie es Abbildungen von Stärkenskalen geben können.

Ich glaube, es wird noch lange dauern, bis wir in diesem Artikel eine Normalbestimmung finden werden. Bis dahin wird man immer noch gezwungen sein, sich die zu wählende Schnur bemustern zu lassen, wenn man auf den Bezug von auswärts angewiesen ist.

Bei vielen Spinnfischern herrschen immer noch Zweifel darüber, wieviel Schnur sie auf die Rolle nehmen sollen. In den älteren Büchern stehen Anweisungen, wie z. B. für Huchen 45 m, für Hechte 30 m; ich halte das für falsch, ebenso wie den Rat, die eigentliche Rollschnur mit einer anderen, eventuell minderwertigen zu unterlegen, damit die Rolle ausgefüllt ist. Ich habe es immer noch für das beste gefunden, von einer einheitlichen Schnur 100 m, also eine Vollänge, auf der Rolle zu haben, was meist genügen wird, um diese völlig zu füllen; meinetwegen bei sehr dünnen Schnüren kann man eine ältere zwecks Füllung des Raumes unterlegen, aber sonst muß ich gestehen, bin ich kein Freund von Knoten in der Leine, denn Knoten sind immer eine bedenkliche Sache. Abgesehen von Wurfstörungen, die sie sehr gerne machen, weil nur zu leicht eine Windung Schnur unter einen Knoten rutscht, — und dann ist das Malheur schon fertig —, verstocken sie sehr gerne und leicht, ohne daß man es ahnt, weil aus ihnen die Feuchtigkeit schwer abdunstet. Darum vermeide ich es, wo immer ich nur kann, in der Leine einen Knoten zu haben. Viele nehmen zu viel Schnur auf die Rolle, so daß diese in der Mitte einen dicken Strähn überflüssige Schnur zeigt. Das ist schlecht; man soll die Rolle höchstens soweit füllen, daß 5 mm freier Rand übrigbleibt, sonst kann man es erleben, daß eine zufälligerweise locker aufgerollte Schnur von der Rolle fällt und sich in der tollsten Weise verwirrt.

Immer sei man bestrebt, die Schnur gleichmäßig und fest aufzuwinden, sonst hat man dann beim Wurfe Störungen, wie ich später zeigen werde.

Neue Schnüre, welche meist auf Kartons aufgeschlagen sind, ziehe man nicht derart auf die Rolle, daß man den Karton am Boden liegen hat und von ihm so abhaspelt, daß er auf- und niedertanzt. Das bringt von Haus aus schon eine verdrehte Schnur auf die Rolle. Man durchbohre den Karton mit einer Stricknadel der Quere nach, dann rollt sich auch die Schnur von ihm gut und ohne Verdrehung ab, wenn er um die Nadel, welche eine zweite Person in den Händen wagrecht hält, als Achse rotiert.

Ebenso hüte man sich, die Schnur mit der Hand auf die Rolle zu wickeln, sonst hat man lauter Verdrehungen und macht sich das Werfen unmöglich. Das richtige wäre, wenn unsere Fabrikanten sich entschlössen, ihre Schnur in der Aufmachung auf Holzrollen zu liefern, wie es die Engländer tun. Die Rolle hat in der Mitte eine Durchbohrung; ein Bleistift hindurchgesteckt bildet die Achse und mühelos und tadellos rollt sich die Schnur hinüber auf die Rolle.

Ich glaube, bei einer Schnur von Qualität, die doch ohnehin nicht „billig“ sein kann, spielen die paar Pfennige für die ideale Aufmachung auch für den Käufer keine Rolle.

Eine „verdrehte“ Schnur wird am besten gestreckt, wenn man sie vor oder während des Angelns ohne Blei oder Köder in der Strömung anslaufen läßt und dann exakt wieder einrollt, indem man die Gerte in der Schnurrichtung senkt, so daß die Schnur ohne eine Knickung geradeaus durch die Ringe zur Rolle läuft. Am besten macht man das von einem Boot oder einer Brücke oder einem in den Strom ragenden Vorsprung aus.

Die Spinnschnüre werden teils imprägniert (dressed), teils ohne Imprägnierung (undressed) gehandelt. Bei uns sind meist nur die letzteren üblich, während in England die ersteren vielfach bevorzugt werden.

Ich will zuerst die bei uns üblichen nichtimprägnierten Schnüre besprechen. Man kann dieselben so verwenden, wie man sie kauft. Es ist jedoch aus vielen Gründen besser, ihnen eine Tränkung mit einem Gleitfett zu geben, das sie teilweise oder wenigstens zeitweise wasserdicht macht und ihnen eine größere Glätte verleiht, was dem Wurfe zugutekommt. Nur will ich im vorhinein betonen, daß dieses Einlassen bei den vorerwähnten „wolligen“ Schnüren gar keinen Effekt hat, im Gegenteil: die Wollhaare bilden mit dem Fett Klümpchen, die sich nicht entfernen lassen, die Schnur klebt und bleibt rauh. Das Einlassen geschieht entweder auf kaltem Wege durch Einreiben oder auf heißem Wege durch Tränken in der geschmolzenen Masse.

Bei ersterer Prozedur spannt man die Schnur gut aus, reibt sie zuerst mit guter Vaseline vom niedrigsten Schmelzpunkt gut ein und entfernt dann durch wiederholtes Abstreifen mit Leinenfleckchen das überflüssige Vaselin. Es ist am besten, diese Imprägnierung an einem recht heißen Sommertag in der Sonne zu machen. Wenn die Schnur gut abgestreift ist, dann reibt man mit den Fingern Zoll für Zoll das Gleitfett ein und schließlich streift man mit weichen Leinen- oder Lederläppchen alles Überschüssige ab, bis sich die Schnur wieder trocken anfühlt. Wenn das sorgfältig gemacht ist, hält die Leine eine Saison wasserdicht, nur muß man die untersten Meter, die immer im Wasser sind, hie und da wieder einmal nachfetten, was aber ohne vorhergehende Vaselineeinreibung geschieht.

Das Tränken in der geschmolzenen Einlassungsmasse ist einfacher, aber vielleicht nicht so gleichmäßig, wenn anders man sich nur mit dem Abtropfen des Überschüssigen begnügt und die Masse nicht mit den Fingern nachher in die gespannte Schnur verreibt. Zum Tränken rolle man die Schnur vorerst auf die Rolle und dann erst von ihr auf eine entsprechende Holzspule. Diese legt man dann in die geschmolzene heiße Masse und rollt von ihr auf die Rolle zurück, die getränkte Leine wieder durch einen Leinwandlappen laufen lassend. Nach Beendigung des Tränkens rollt man die Leine wieder ab und wiederholt das Abstreifen, denn auf der Oberfläche darf nichts stehen bleiben, sonst würde die Schnur kleben. Am besten ist auch hier das gründliche Einreiben der ausgespannten Schnur zwischen den Fingern und nachher mit Leder.

Wenn die Schnur richtig getränkt ist, darf sie auf der Rolle nicht kleben, sondern bei rückläufiger Bewegung derselben muß sie sich allein abwickeln.

Bei den Engländern erfreut sich die in gleicher Weise wie die Flugschnüre imprägnierte Schnur großer Beliebtheit. Aber alle ihr nachgerühmten Vorzüge zugegeben als da sind: enorme Glätte, absolute Wasserdichtigkeit, geringste Neigung zum Rollen usw. usw., — sie hat dafür eine Menge anderer Nachteile.

Abgesehen von dem hohen Preise — solche Schnüre erfordern eine monatelange Arbeit, wenn sie gut und brauchbar sein sollen, und das erfordert Geld — hat sie die unangenehme Neigung zum Kleben, wenn sie längere Zeit auf der Rolle liegt, und muß dann peinlich nachbehandelt werden, was ziemlich umständlich und zeitraubend ist. Ferner: durch die Imprägnierung verliert sie das, was ich am meisten an der Schnur schätze — ihre Dünne. Sie bekommt mehr Körper und wird schwerer und endlich und schließlich, früher oder später, wird sie auch wie ihre nichtimprägnierte Schwester rauh und unansehnlich und muß ausgemerzt und endlich ersetzt werden, so daß sich die Vorteile eigentlich nur in einer etwa doppelten Lebensdauer äußern, wofür sie aber fast viermal so teuer ist als eine nichtimprägnierte Schnur.

Warnen aber möchte ich vor „billigen" Schnüren dieser Art, und besonders vor jenen mit der „lackartigen" Oberfläche. Diese sind meistens nur mit Zelluloidlack angestrichen, Schnüre, deren Lack binnen kurzem abblättert und dann dem Eindringen des Wassers an diesen Stellen keinen Widerstand mehr leisten kann; dafür verhindert er an den bedeckten Stellen das Abdunsten und diese Leinen verrotten unglaublich rasch.

Von großer Wichtigkeit ist besonders bei Spinnschnüren die sorgfältige Pflege derselben. Selbst an trockenen warmen Tagen ist es unvermeidlich, daß auch jene Teile der Rollschnur, welche nicht im Wasser waren, von den anderen Feuchtigkeit anziehen, was ja nicht zu verwundern ist, da gerade beim Spinnangeln große Längen Schnur immer im Wasser sind und direkt von diesem wieder auf die Rolle zurückkommen. Es ist daher ein bringendes Gebot sowohl im Interesse der Erhaltung der Schnur als auch in dem der

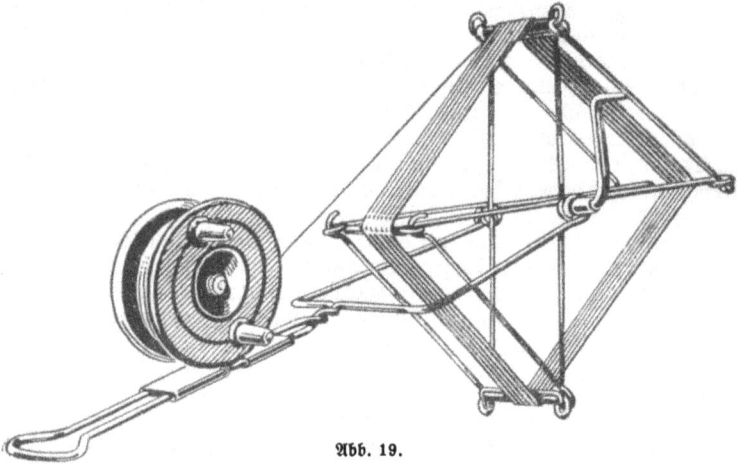

Abb. 19.

Sparsamkeit, seine Schnur so rasch als möglich nach dem Angeln zu trocknen, aber nicht nur die beiläufig gebrauchten Teile, sondern die ganze Schnur, was am besten mit Hilfe eines Schnurtrockners geschieht (Abb. 19). Als Ersatz bewährt sich auch ein sog. Garnhalter ausgezeichnet. Die Schnur soll auf diesen etwas straff aufgewunden werden, das bewahrt sie vor Verdrehungen.

Das hie und da auch empfohlene Auslegen der Schnur in großen Ringen auf dem Boden möchte ich nicht empfehlen, höchstens in irgendeinem Notfalle, und dann auch nur dort, wo bestimmt keine Mäuse sind, welche gern nasse oder gefettete Leinen anknabbern, wie es mir zu meinem Leidwesen einmal selbst passierte. Und wenn schon das nicht, so nimmt die fette Leine den Staub und Schmutz vom Boden auf, was auch nicht von Vorteil ist.

Es ist immer gut, auch auf Angelfahrten, namentlich wenn sich diese auf einige Tage ausdehnen, den flach zusammenlegbaren

Schnurwinder mitzunehmen, der das Gepäck nur unwesentlich belastet, dafür aber ein verläßlicher Gefährte ist. Zudem ist er sehr billig und macht sich bald bezahlt durch die Schonung der immerhin nicht billigen Schnüre.

Wenn es aber möglich ist, soll man während einer längeren Rast die Schnur ausrollen und in ihrer ganzen Länge trocknen lassen und die kleine Mühe des Aus= und Wiedereinrollens nicht scheuen. Die Leine wird es durch eine längere Lebensdauer vergelten.

Nie aber lasse man seine Schnur auf der Rolle in Räumen, wo die feuchte Außenatmosphäre freien Zutritt hat, wie auf Veranden, unter Vordächern usw., durch lange Zeit, wie man es leider in Anglerquartieren und Sommerfrischen häufig sieht, wo man ohnedies am Wasser wohnt, aber die wenigen Minuten nicht versäumen darf, die Schnur zu trocknen, — „da man ja ohnedies morgen wieder fischen geht" — das bedeutet den sicheren Tod der besten Schnur, weil sie rapid verstockt, ganz gleich, ob sie eingelassen ist oder nicht, ja sogar nicht einmal mit Öl imprägnierte Schnüre halten so eine Mißhandlung aus. Man bedenke immer, daß die Qualität des Anglers auch danach gemessen wird, wie er seine Geräte behandelt, und bedenke auch immer, daß wir erzieherisch auf unseren Nachwuchs und unsere Sportgenossen zu wirken haben. Und gerade solche scheinbare Kleinigkeiten sind es, die sich in unberechenbarer Weise auswirken.

Das Vorfach.

Unsere alten Spinnfischer kannten nur zwei Materialien zur Herstellung ihrer Vorfächer: Gut und Gimp.

Um mit dem letzteren zu beginnen: Noch vor 25 Jahren spielte es eine bedeutende Rolle, soweit es sich um den Fang von Hechten und Huchen handelte. Einen Vorzug konnte man ihm nicht absprechen: den der großen Schmiegsamkeit und Unempfindlichkeit gegen Knickungen; aber das war auch alles. Im Grunde genommen ist ja Gimp nichts anderes als ein mit Metalldraht umsponnener Strähn Rohseide — eine Saite.

Wie ich im vorigen Kapitel bei den Schnüren mit Innenfaden nachwies, ist dieser die Ursache des frühzeitigen Verderbens solcher Schnüre, bei denen die Umhüllung noch wenigstens mehr oder wenige eng geklöppelt und teilweise wenigstens der Hauptträger der Belastung und Inanspruchnahme beim Fischen ist. Beim Gimp aber ist nur der armselige Innenfaden der tragende Teil, die Drahtumspinnung in nebeneinander liegenden Windungen nur der Schutzmantel.

Daraus kann jeder leicht entnehmen, wie bald Gimp, selbst ohne je im Wasser gewesen zu sein, an Haltbarkeit und Wert verliert, lediglich durch lange Lagerung allein, erst recht aber beim Angeln selbst. In feinen Stärken war seine Haltbarkeit sehr zweifel-

3*

haft; wollte man halbwegs verläßliches Material haben, so mußte es schon ziemlich dick genommen werden und das wieder war in halbwegs hellem Wasser sehr sichtbar. Und noch sichtbarer waren die Bindungen der Schleifen und an den Haken und zudem auch nicht verläßlich. Kein Wunder, daß man eifrig bemüht war, einen brauchbaren und verläßlichen Ersatz zu finden. Heute ist Gimp eine vergangene Sache, eine Erinnerung, aber aus dem Rüstzeug des modernen Anglers verschwunden.

Dagegen hat sich Gut noch immer in seiner Stellung behauptet und man kann ruhig sagen, für das Angeln in klarem Wasser auf scheue Fische hat es bis heute von keinem anderen Material auch nur erreicht, geschweige denn übertroffen werden können. Gegen seine universelle Verwendung sprechen aber einige Momente. Zum Spinnen auf große Fische muß man ein Vorfach aus dem allerbesten und stärksten Gut verwenden, wenn es unsichtig bleiben und die Verknotung der einzelnen Längen nicht voluminös und plump sein soll. Derartiges Gut ist aber immens teuer, und leider muß es gesagt werden: im Verhältnis zu seinem exorbitanten Preise hat es doch nur eine sehr beschränkte Lebensdauer. Kostet doch eine einzige Länge besten Lachsgutes zwischen 65 Pfennig bis 1 Mark, so daß der Verlust eines solchen Vorfaches den einiger Mark bedeutet. Feinere Gutfäden zu nehmen kann man höchstens zum Spinnen auf Forellen oder kleinere Hechte wagen. Zugegeben, man kann Gutfäden zusammenspinnen, zweifach, dreifach, — aber mit zunehmender Fadenzahl geht der Hauptvorteil, die fast völlige Unsichtlichkeit, verloren und die Knoten werden immer unförmlicher. Diesem letzteren Übelstande läßt sich zwar durch Verspließen der Enden begegnen, aber das ist eine Kunstfertigkeit, welche wohl die wenigsten Angler exakt beherrschen, und die fabriksmäßig erzeugten mehrfachen Gutvorfächer sind nicht immer aus dem einwandfreiesten Material hergestellt, und sind sie es, dann sind sie fast ebenso teuer wie das vorerwähnte einfache Lachsgut.

Ein weiterer Übelstand ist das Knoten an und für sich, denn jeder Knoten ist eine ständige Gefahrenquelle, selbst bei sorgfältigster Pflege und Behandlung des Vorfaches. Und trotzdem, entbehrlich wird uns das Gut als Vorfachmaterial niemals werden. Nur geht mein Rat dahin, zum Verbinden der einzelnen Längen nur den Pufferknoten zu verwenden, und auch diesen immer von Zeit zu Zeit auf seine Verläßlichkeit zu prüfen, andererseits rücksichtslos jedes schadhaft gewordene Stück auszumerzen und durch ein einwandfreies zu ersetzen.

Ich möchte bei dieser Gelegenheit betonen, daß kaum ein Raubfisch unserer Gewässer imstande ist, einen Gutfaden von selbst mittlerer Stärke durchzubeißen. Hingegen kann man sehr leicht einen sehr starken, selbst einen doppelt gedrehten Faden an seinen Zähnen, namentlich beim Hecht, durchscheuern bzw. beim Anhieb absprengen. Dem ist aber leicht zu begegnen, wenn man zwischen

Haken und Gutvorfach ein bloß 10—15 cm langes Stück feinen Stahldrahtes einschaltet.

Sehr empfindlich ist das Gut gegen Einbinden in Wirbel. Die beste Methode dafür ist wohl die mit dem als Herkules= oder Dreadnought=Knoten bekannten Knoten, jedoch empfiehlt es sich, das Gut vor Schürzung des Knotens zweimal durch die Öse des Wirbels zu ziehen. Trotzdem kontrolliere man nach einigem Ge= brauche, besonders nach Hängern und schwerem Drill, sorgfältig diese Verknüpfungen, weil nur zu leicht hier das empfindliche Material durchgescheuert wird.

Auch vergesse man nie, Gutvorfächer vor Gebrauch gut anzu= feuchten und nach Gebrauch gründlichst zu trocknen. Man vergesse nie, daß die Knoten viel schwerer durchtrocknen als die freien Längen. Ältere Gutvorfächer aus dem Vorrat lege man vor dem Gebrauche durch einige Stunden in eine Lösung von 10% Glyzerin und mög= lichst weichem Wasser, wodurch sie wieder geschmeidig werden. Ohne diese Vorsichtsmaßregel kann man beim einfachen Anwässern des Vorfaches einen Bruch erleben, den älteres, lange gelagertes Gut selbst der allerbesten Sorte wird gerne brüchig und spröde. Auch vor dem Knüpfen weiche man Gut in obige Glyzerinlösung gründlichst ein und vergesse vor allem nicht, darauf die geschürzten Knoten erst dann festzuziehen, wenn man das halbfertig geknüpfte Vorfach in der Lösung gut angefeuchtet hat. Nur so bleiben die Gutstücke in den Knoten rund und dadurch haltbar, andernfalls ziehen sie sich bandartig flach und solches Gut verliert seine Festig= keit. Vor allem aber hüte man sich, eine Länge einzuknüpfen, welche auch nur eine kleine flache Stelle in ihrem Verlauf oder einen Knick zeigt, und zögere nicht, lieber ein Stückchen oder eventuell die ganze Länge zu opfern, sonst erlebt man draußen am Wasser unliebsame Dinge.

Auch hüte man sich, trockene Vorfächer in diesem Zustande auf ein Wickelbrettchen zu winden oder von diesem abzuwickeln, sonst knickt und bricht es über den Kanten. Ich bin überhaupt kein Freund der Winkelbrettchen, auch nicht der aus Metall, selbst wenn sie runde Enden haben, und ziehe es vor, meine Vorfächer zu Ringen gewunden, jedes in einem Pergamentpapiersäckchen zu verwahren und alle Säckchen zusammen in einem Etui aus Sämischleder. Überhaupt mache man es sich zum Prinzip, keinen größeren Vorrat an Gutvorfächern anzulegen, als man in einer Saison verbraucht. Man erspart sich viel Geld, aber auch viel Ärger und Mißgeschick.

Als Ersatz für Gut verwenden manche Angler das in den letzten Jahren stark in Aufnahme gekommene Silk=Cast=Gut, auch Her= kulesfiber, Japanhaar, Jagut u. ä. genannt. Es ist in feuchtem Zustand sehr schmiegsam, fast zu weich, hat aber vor Gut den Vor= teil der Knotenlosigkeit, ist aber nicht transparent, infolgedessen viel sichtlicher als Gut. Was ihm aber entschieden fehlt, ist die Elastizität, und deshalb reißt es sehr leicht bei etwas scharfen An= hieben u. dgl., viel leichter als Gut. Auch seine Qualität ist nicht gleich. Ich habe schon solches gehabt, das unvergleichlich gut war, und wieder eines von derselben Sorte, das direkt unbrauchbar war. Ich empfehle es nicht und verwende es selbst auch nicht mehr.

Wer es wegen seiner Billigkeit verwenden will, dem rate ich, jeden Zoll vorsichtig zu prüfen und es nicht allzu lange in Verwendung zu haben, denn trotz aller gegenteiligen Versicherungen ist seine Lebensdauer eine recht beschränkte.

Besonders achte man auf die Knoten und sei vorsichtig beim Schürzen. Infolge seiner anfänglichen Glätte gleiten nämlich die Knoten gerne auf, weshalb es sich dringendst empfiehlt, sie alle ohne Ausnahme doppelt zu machen. Auch rate ich, nicht allzu dünne Sorten zu verwenden, wenn man halbwegs rauhes Wasser zu beangeln und größere Fische zu erwarten hat. Alles in allem: es ist eben ein Ersatz und deshalb nichts Vollwertiges.

Das Bestreben, das Gut, aber noch viel mehr das ganz unverläßliche und dabei plumpe Gimp zu ersetzen, brachte die Einführung des Galvanodrahtes, ein Gespinst von feinsten Bronzefäden. Aber auch dieses Erzeugnis erfüllte die darauf gesetzten Hoffnungen nicht, in den dünnen Stärken war es weder unsichtlich noch besonders reißfest, und die dicken Sorten waren nur wenig dünner als Gimp. Dazu kam noch die gefährliche Eigenschaft zu oxydieren und infolgedessen an den Oxydationsstellen zu brechen, und die unangenehmere, sich bei starkem Zug zu ringeln, eine Folge der ungleichmäßigen Spannung der einzelnen Fäden beim Zusammenspinnen. Des öfteren reißen auch einzelne Fäden durch Zug und die ganze Länge franst sich auf.

Das konnte natürlich die guten Eigenschaften der verhältnismäßig großen Schmiegsamkeit und teilweisen Unempfindlichkeit gegen Knickung nicht aufwiegen. Heute wird Galvanodraht nur mehr in sehr beschränktem Umfange zum Spinnangeln verwendet, vielleicht nur mehr mit Rücksicht auf seinen verhältnismäßig niedrigen Preis. Am meisten dürfte er noch Verwendung zur Herstellung von Schleppangelschnüren finden, aber auch da dürfte er durch die viel bessere Stahlseide, von der ich später sprechen will, bald verdrängt werden.

Mit der zunehmenden Verbesserung der Stahlerzeugung war es naheliegend, daß sich auch die Angler diesem neuen Produkte mit Interesse zuwandten und versuchten, den Stahldraht ihren Zwecken nutzbar zu machen. Vor etwa 20 Jahren brachte als erste die Firma Hardy den „Punjab-Draht" heraus, der aus 2 bis 9 feinsten Stahldrähten gesponnen war. Er war und ist sehr unsichtig, auch in feinen Nummern enorm stark und sehr gleichmäßig, aber ihm haftet des Übel aller gedrehten Schnüre an, er kräuselt, die neueren Erzeugnisse zwar weniger als die alten, aber doch.

Auch die deutsche Industrie wendete sich bald dieser Erzeugung zu und bei der Höhe der deutschen Stahltechnik können wir in der Heimat ein dem ausländischen ganz ebenbürtiges Produkt erhalten.

Bei einigem Geschick kann man sich sogar seine Drahtvorfächer selbst spinnen. Man braucht dazu nur den erstklassigen Klaviersaitendraht Stärke 0,15 mm, von dem eine kleine Rolle genügt, um für einige Jahre seinen ganzen Vorrat zu decken. Das Selbstspinnen, dessen Technik Herr Bornhuse in der Deutschen Anglerzeitung (Oktober=Novemberheft 1925) sehr faßlich und ausführlich beschrieb, erlaubt es, ein gekräuseltes Vorfach ohne große Bedenken wegzuwerfen, da es lächerlich billig ist. Wen der Glanz des Stahldrahtes stört, der kann seine Vorfächer kinderleicht mit Gewehrlaufbeize dauerhaft schwarz brunieren. Die Beize erhält er bei jedem Büchsenmacher um ein paar Pfennige. Ein Fläschchen von 50 g Inhalt reicht für einige hundert Vorfächer.

Ich verwende diese Vorfächer fast ausschließlich eben wegen ihrer Billigkeit; sie haben vor den meisten Fabrikaten meist das eine voraus, daß sie trotz der eventuellen Ringelung keine Neigung zum Knicken haben, was bei einem Stahlvorfach neben dem Rosten die größte Gefahr ist.

Die hohen Anschaffungspreise der Vorfächer aus gesponnenem Drahte führte dazu, mit einfachem Drahte Versuche zu machen, die nicht ganz unbefriedigt waren.

Vor allem war der einfache Draht bedeutend billiger bei gleicher Haltbarkeit hinsichtlich des Zuges, aber die anfängliche Begeisterung hat schon merklich nachgelassen. Der einfache Draht hat doch Verschiedenes an sich, was ihn mit Vorsicht aufzunehmen gebietet. Da ist erstens einmal seine ureigenste Beschaffenheit: Es gibt Stahldraht und Stahldraht — ein wenig zu viel oder zu wenig gehärtet — und er ist unbrauchbar. Sein wundester Punkt sind die Schleifen, besonders wenn man sie, wie es bisher Usus war, lötet. Ich gestehe, daß ich auch einmal, als das Löten publik wurde, von seinen scheinbaren Vorzügen entzückt war. Gibt es doch scheinbar nichts Einfacheres als das! Und doch hat mich die Praxis und vor allem verschiedene Mißerfolge und Mißgeschicke darauf geführt, auf die Löterei ganz und für immer zu verzichten. Doch davon später! Ich will hier nur bemerken, daß namentlich beim einfachen Stahldraht das Löten eine höchst bedenkliche Sache ist, besonders an den Schleifen, sonst hätte man nicht lange schon nach allen möglichen Auskunftsmitteln gesucht, wie z. B. die Kombination mit Ösen aus Kupferdraht u. a. m.

Entsprechend seiner inneren Struktur und seiner verschiedenen Härtung verhält sich aber auch der Stahldraht verschieden gegen Beanspruchung durch Zug. Spröder oder überhärteter Draht bricht wie Glas bei einem etwas brüsken Zug oder Anhieb; ungleichmäßig gehärteter Draht wird wellig und neigt enorm leicht zum Knicken. Am leichtesten aber bricht er in und an den Schleifen selbst. Deshalb habe ich seine Verwendung aufgegeben und bin wieder zum gesponnenen Draht zurückgekehrt.

In der allerletzten Zeit ist ein gesponnener Stahldraht auf den Markt gekommen, der mir sehr gut gefällt — bis auf den französischen Namen; man könnte ihn ja auch ganz gut deutsch benennen und „Stahlseide" heißen. Diese Stahlseide besitzt eine enorme Feinheit, die dünnste Nummer hat eine Bruchfestigkeit von 7 kg, also soviel wie das allerbeste und allerdichteste Lachsgut, ist aber kaum halb so stark. Das Gespinst ist sehr gleichmäßig und tatsächlich ist die Neigung zum Rollen und Kräuseln nahezu minimal. Im Wasser ist das Vorfach fast unsichtbar, jedenfalls ist das Produkt empfehlenswert und brauchbar.

Nun muß ich aber noch einmal auf das Anbringen von Schleifen und die Bebindung des Vorfachmaterials mit Bleien, Wirbeln usw. zu sprechen kommen. Wie ich vorhin bemerkte, bin ich ein Gegner des Lötens geworden, weil ich damit soviele böse und unangenehme Erfahrungen gemacht habe, nicht nur mit Sachen, welche ich selbst gelötet hatte, bei welchen ich mir eventuell hätte den Vorwurf mangelhafter Kenntnis, Technik und Sorgfalt machen können, sondern auch bei Erzeugnissen erstklassiger Firmen. Es ist ja leicht begreiflich, wenn man den Vorgang beim Löten verfolgt, einzusehen, wie leicht da etwas vorbeigehen kann, wenn es sich um ein so heikles Material wie Stahl handelt. Ein etwas zu heißer Lötkolben und das innere Gefüge des Stahles ist verändert, sein Härtungszustand alteriert — das Resultat ist ein Bruch. So ist es zu erklären, daß beim einfachen Stahldraht die Schleifen brechen, und wenn schon nicht diese, dann die Stelle an oder unterhalb der Lötung selbst.

Ich bin nun darauf verfallen, statt zu löten, Schleifen, Wirbel, Haken u. dgl. einfach anzudrehen, und ich sehe zu meiner Genugtuung, daß dieser Weg der richtige ist. Seit jener Zeit habe ich keinen Bruch mehr, und seit ich darauf verfallen bin, die Wickelungen mit Zelluloiblack dick zu überlegen, habe ich auch keine Sorgen mehr wegen des Rostens in denselben, was mir vordem hie und da passierte.

Das Andrehen ist ebenso rasch durchgeführt wie das Löten, sogar draußen am Wasser. Vor allem brauche ich weder Feuer noch Lötmasse noch Kolben, sondern nur ein winziges Uhrmacherschraubstöckchen, dasselbe, welches ich zum Fliegenbinden benütze, und eine kleine Flachzange, die ich ohnedies immer im Rucksack mit habe.

Nur darf man unter Andrehen nicht ein zwirnartiges Zusammenspinnen der beiden Teile im Auge haben, sondern das, was der Ausdruck tatsächlich beinhaltet, d. h. das kurze Ende muß sich in ebenmäßig angezogenen, parallelen Windungen, die senkrecht zur Achse des langen stehen, um dieses herumlegen. Eine solche Andrehung hält, ist glatt und unsichtlich und gleitet auch nicht. Da sie weder die Struktur des Materials noch seine Elastizität, Geschmeidigkeit oder Härtung irgendwie beeinflußt, bleiben alle diese Eigenschaften desselben voll erhalten und die so hergestellten Vorfächer, Zwischenfächer und Angelfächer sind durchaus verläßlich.

Dasselbe bestätigen mir alle Angelkollegen, unter ihnen Männer von überlegener Kenntnis und Erfahrung.

Vielleicht bei den allerdünnsten und geschmeidigsten Stahl=gespinsten mag es für den Anfang schwierig sein, das Andrehen korrekt durchzuführen. In diesem Falle rate ich lieber Schleifen usw. nach der alten Weise mit Seide zu binden und gut zu lackieren, als die Anwindung schlecht oder schleuderhaft zu machen. Wegen der Lebensdauer der Seidenbindung braucht man sich keine Skrupel zu machen, sie hält bestimmt so lange wie das Vorfach selbst, wenn man sie nur sorgfältig herstellt und mit gutem Zelluloidlack gut ab=deckt. Die alte Schellacküberdeckung ist natürlich nicht dauerhaft.

Über die zu wählende Länge des Vorfaches gehen die Ansichten stark auseinander. Die einen behaupten, es müsse unbedingt min=destens 100 cm, wenn nicht noch länger sein, die anderen kommen mit kürzeren aus. Schließlich, zum Spinnen mit Verwendung des Überkopfwurfes, nimmt man ein Vorfach von genau 15 cm Länge und zum Seitenwurfe mit der Henshallgerte braucht es auch nicht länger zu sein als 30—35 cm. Ich gestehe unumwunden die Be=rechtigung der langen und feinen Vorfächer für die Schleppangel zu, aber zum landläufigen Spinnfischen genügen mir vollauf 50 bis 60 cm lange Vorfächer.

Seit ich mich vom Zwischenfach vollständig emanzipiert habe, stelle ich meine Vorfächer in einer Einheitslänge von 40—50 cm her, oben mit einer Schleife für den Einhängewirbel an der Roll=schnur, unten mit einem Einhängewirbel. Dazu habe ich noch einige etwa 25—30 cm lange Vorfächer, ebenso wie die ersteren mit Schleife und Wirbel versehen.

Ich liebe nämlich das Blei auf dem Köder selbst in Form einer Kappe oder in ihm verborgen als Schlundblei, weil viele Fische, namentlich Forellen, auch Huchen, im klaren Wasser mit Vorliebe das Blei attackieren. Muß ich aber ein Blei nehmen, dann soll es soweit wie möglich vom Köder weg. Seit ich die in einem späteren Absatz beschriebenen, so unendlich praktischen Einhängebleie be=nütze, kommen diese an die Rollschnur, die ich meistens in schwer strömendem Wasser immer mit einem Doppelwirbel verbinde. Will ich mein Vorfach verlängern, so hänge ich einfach eines der längeren oder kürzeren oben ein.

Im Notfalle mache ich mir für einen speziellen Bedarf direkt am Wasser etwas zurecht; Draht, Schraubstöckchen und Zange habe ich ohnedies mit, auch Wirbel, und in ein paar Minuten habe ich fertig, was ich brauche. Ich kann jedem Spinnangler nur wärm=stens empfehlen, ein paar Längen Draht oder Stahlseide, Schraub=stöckchen und Zange in einer flachen Blechschachtel, wie sie zum Ver=packen von Zigaretten oder Tabak gebräuchlich sind, in der Tasche zu haben; das geringe Mehrgewicht wird reichlichst aufgewogen durch das beruhigende Bewußtsein, jeder Situation gewachsen zu sein. Man bekommt eine solche Ausrüstung auch komplett zu kaufen, aber sie ist teuer, und meine Anordnung tut es bei bescheidenen Ansprüchen auch.

Wichtig ist es, seine Drahtvorfächer vor Rost zu schützen — die Brunierung allein tut es nicht. Wie ich schon sagte: die Andrehungs= stellen lackiert man ausgiebig mit Zelluloidlack, die fertigen Vor= fächer legt man in eine gut schließende Blechdose zwischen Flanell= lappen, die mit Ballistol getränkt sind; das schützt sogar gegen See= wasser. Wer in diesem angelt oder im Brackwasser, der tut gut, seine Vorfächer nach dem Angeln in warmem Süßwasser gründ= lichst zu waschen, dann zu trocknen und nachher in die mit Ballistol getränkten Lappen einzuschlagen.

Ich habe im vorhergehenden angedeutet, daß Drahtvorfächer mit verschiedenen Mängeln behaftet sind, die sich im Laufe des Ge= brauches bemerkbar machen.

Ich will es jetzt an dieser Stelle betonen, daß es eine falsche Sparsamkeit ist, mit einem nicht mehr vollständig einwandfreien Vorfach, sei es aus diesem oder jenem Material, weiterzufischen. Gewöhnlich geschieht ein Unglück; das kleinere ist der Verlust des Vorfaches, — das größere und nahezu regelmäßig damit verbun= dene — der Verlust eines meist guten Fisches.

Aber auch ein ganz tadellos aussehendes Vorfach soll man unbedingt vor dem Angeln und auch während desselben wiederholt revidieren, eine Vorsicht, welche manchen Ärger und Schaden zu verhüten imstande ist, leider aber so wenig gehandhabt wird. Da= gegen ist aber als sicher anzunehmen, daß fast in allen Fällen das Fabrikat und sein Erzeuger der Mangelhaftigkeit beschuldigt werden statt des eigenen Unbedachtes.

Haken, Wirbel und Senker.

Der Haken oder die Haken, ihre Qualität und Form, nicht zu= letzt ihre Anordnung bzw. Kombinationen, spielen in der Spinn= fischerei eine große Rolle. Hier ist die Domäne der Mehrhaken, also Doppelhaken und Drillinge aller Formen.

Aber auch der Einhaken behauptet seine Stellung, wenn auch nicht so uneingeschränkt wie in den anderen Zweigen der Angel= fischerei.

Wenn wir bei dem letzteren anfangen, so sind es meist die grö= ßeren und größten Nummern, die da in Verwendung kommen, und von diesen wieder hauptsächlich die Sorten mit breiten Bogen, also Rund= und Sneckbendhaken.

Im allgemeinen kommen diese mehr in Betracht zur Fischerei auf Forellen und deren Anverwandte, während man zum Fange von Hechten und Huchen und anderen großen Fischen des Süß= wassers nahezu stets Doppelhaken und Drillinge bevorzugt. Die Idee, auch diesen wie den großen Räubern in der See nur mit einem einzigen Haken nachzustellen, ist zwar schön, hat angeltechnisch

viel für sich, aber durchzubringen hat sie bisher in der Praxis nicht
vermocht, weil eben die Verhältnisse da und dort zu verschieden
sind. Dagegen hat sich eine Form des Einhakens bestens eingeführt,
welche sich teils allein, teils in Kombination mit Mehrhaken zur
Herstellung von Angelfluchten recht eignet, das ist der sog. „Gabel=
haken", der von Farlow in der Form eines Limerickhakens aus Vier=
kantstahl in gewöhnlicher Stärke (Abb. 20), von
Hardy als „Masheer"=Haken in Sneckbendform
erzeugt wird. Beiden liegt das Prinzip zu=
grunde, daß die Gabel sowohl den Haken beim
Anbiß des Raubfisches vor dem Umkippen
schützen als auch seine Stellung am Köderfisch
unverrückbar festlegen soll. Das einzige, was ich
an dem Farlowschen Haken bemängle, ist, daß
die Gabel zu zart ist und sehr leicht bricht.

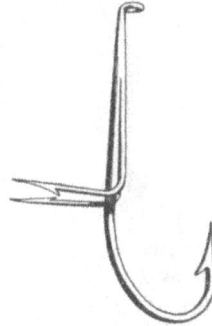

Doppelhaken und Drillinge werden so=
wohl in den normalen Drahtstärken als auch
aus extrastarkem Drahte bzw. als „Masheer=
Drillinge mit und ohne Ohr herstellt. Ihre
Größenskala ist gleichlaufend mit der der Ein=
haken, und alle Formen dieser finden Anwen=
dung bei der Zusammensetzung der Mehrhaken,

Abb. 20.

welche auch mit den Namen der Einhakensorten bezeichnet werden
als Limerick=, Sneckbend= usw. Doppelhaken bzw.=Drillinge (Abb. 21).

In der englischen Literatur wurde viel über die Wertigkeit
und Fängigkeit der einzelnen Sorten geschrieben und debattiert,

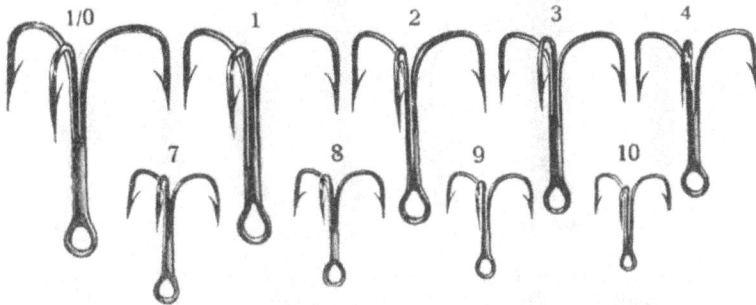

Abb. 21.

namentlich in der Pennellschen Ära. Man hat sich so ziemlich auf
die Sneckbendform als beste geeinigt. Mir persönlich ist sie die liebste.
Die Rundbogen= und die Limerick=Drillinge finde ich nicht so
fängig, ebensowenig wie jene Drillinge, welche lange, nach außen
gerichtete Spitzenteile und enge Bogen besitzen.

Für sehr verwendbar habe ich einen Drilling gefunden, welcher
sich mühelos in jede Flucht einhängen läßt (Abb. 22), der nur den

einen Nachteil hat, ziemlich teuer zu sein. Drillinge und Doppel=
haken sind sowohl blank wie bronziert im Handel; ich ziehe die letz=
teren wegen der geringen Rostgefahr vor.

Interessant ist es zu beobachten, wie sich hinsichtlich der Größen=
wahl die Ansichten im Laufe der Jahre geändert haben. In der
Kinderzeit des Spinnfischens arbeitete man mit sehr großen Haken;
später ging man, besonders ange=
regt durch die Publikationen Pa=
nells, zu kleinen Haken über, —
heute geht man im allgemeinen
einen Mittelweg, aber die Ten=
denz, möglichst nur einen einzigen
Drilling zu führen, ist augenschein=
lich. Ich werde bei der Be=
sprechung der Spinnsysteme und
Kunstköder noch ausführlich über
dieses Thema reden und mich jetzt mit den Wirbeln befassen. Diese
sind das Um und Auf der Spinnangelei, soweit es sich um rotierende
Köder handelt. — Ihre Aufgabe ist es, sowohl ein einwandfreies und
ungestörtes Spinnen desselben zu gestatten, als auch zu verhindern,
daß sich die Rotation der Schnur mitteile. Aber sie haben auch
noch eine Aufgabe, nämlich die, das Wälzen des gehakten Fisches

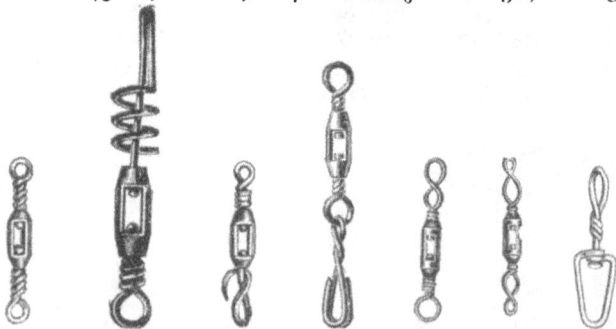

Abb. 22.

Abb. 23.   Abb. 24.   Abb. 25.   Abb. 26.   Abb. 27.   Abb. 28.

zu paralysieren und zu verhindern, daß er Fluchten oder einzelne
Haken abbrehe. Zu letzterem Behufe werden auch die verschiedenen
Haken der Angelfluchten an Wirbeln angebracht.

Die Wirbel aus älterer Zeit waren durchwegs aus Messing
gefertigt und wie das übrige Zeug stark, groß und vielfach plump. —
Auch hier hat die Verbesserung des Stahles und seiner Bearbeitung
eingreifenden Wandel geschaffen und den Messingwirbel wenig=
stens bei der sportlichen Fischerei im Süßwasser ganz verdrängt.
Zum Angeln im Salz=oder Brackwasser ist es aber wegen seines
Nichtrostens immer noch beliebt. Es gibt eine Menge Wirbelarten,
— von denen ich aber nur die besten im Bilde vorführen will.

Abbildungen: Geschlossener Wirbel (Abb. 23), Schlangenwirbel (Abb. 24), Labyrinthwirbel (Abb. 25), Springwirbel (Abb. 26), Wirbel mit achterförmigem Ohr (Abb. 27), Nadelwirbel (Abb. 28), mit und ohne Einhänger. Geschlossene Wirbel verwendet man vielfach in langen Vorfächern — meist zwischen mittlerem und letztem Drittel; durch die Art und Weise der Anordnung meiner Vorfächer sind sie mir entbehrlich geworden, nur bei der Schleppfischerei kann ich ihrer nicht entbehren. Die Schlangenwirbel sind gut, gestatten ein leichtes Ein- und Aushängen auch der starken Drahtösen und eignen sich besonders als Verbindung zwischen Rollschnur und Vorfach. Bei schlechtem Lichte oder in der Dunkelheit sind sie viel besser zu handhaben wie alle anderen Wirbelarten. Der Labyrinthwirbel ist sehr beliebt wegen seiner gedrungenen Form und des sicheren Haltes der eingehängten Ösen, Ringe usw. und sehr zu empfehlen. Sicher hält auch der Springwirbel, doch ist das Ein- und Aushängen bei Dunkelheit oder schlechtem Lichte, auch mit froststarren Fingern äußerst unbequem, weshalb ich für meinen Teil für diesen Wirbel nicht sehr schwärme. Ganz ausgezeichnet sind die Wirbel, dessen Öse die Form eines Achters besitzt, ganz besonders wenn man Draht-vorfächer benützt. Diese Öse gestattet es, den Draht so einzuführen, daß das unangenehme Schlenkern zwischen Draht und Öse behoben ist.

Die Nadelwirbel erfreuen sich großer Beliebtheit besonders bei der Herstellung von Spinnfluchten und zur Armierung an Haken. Sie sind äußerst haltbar und unsichtlich, und wer über etwas Finger-fertigkeit verfügt, kann sie selbst machen. Angesichts ihrer einfachen Herstellungsweise finde ich ihren Ladenpreis, da sie doch als Massenartikel erzeugt werden, reichlich hoch. Zur Verbindung des Vorfaches, besser Zwischenfaches, mit dem Köder bedient man sich gerne der sog. „Einhänger" — das sind Vorrichtungen, welche eine sichere Verbindung mit dem Kopfwirbel des Systems oder der Flucht ermöglichen, selbst aber nicht rotieren. Ein sehr beliebter und guter Einhänger ist der in Abb. 29 abge-bildete, der wohl den meisten Anglern geläufig sein wird. Auch der sog. „Lyra"- oder Springeinhänger wird viel ver-wendet, er hält sicher, ist aber nicht so leicht ein- und Abb. 29. auszuhängen wie der vorige, besonders im schlechten Lichte des Abends und Morgens sowie in der kalten Jahreszeit, wenn man steife Finger hat.

In der letzten Zeit erfreut sich der von Amerika hereingebrachte Einhänger in Form einer Sicherheitsnadel (Abb. 30) großer Be-liebtheit — und auch mit Recht.

Abb. 30.

Er ist zwar etwas sichtlicher wie die beiden vorigen, dafür aber sehr einfach zu bedienen und dabei doch tadellos fest haltend; die exzentrische Form der Nadel bedingt ein sehr gutes Spinnen; zum Gebrauche der amerikanischen Holzköder ist er direkt unentbehrlich, denn er trägt dazu bei, daß diese Köder die richtigen Bewegungen im Wasser ausführen. Ich verwende ihn jetzt ausschließlich an meinen Vorfächern und kann ihn als gut und verläßlich bestens empfehlen.

Ehe man einen Wirbel in Verwendung nimmt, sehe man zu, daß er in beiden Gelenken gut läuft, denn sonst ist er zwecklos. Ferner achte man darauf, daß die Knöpfchen gut geformt sind, be= sonders nicht zu klein sind, sonst kann es geschehen, daß sie durch die Ausbohrung hindurchrutschen. Stahlwirbel trockne man nach Gebrauch gut ab und öle sie mit Ballistol.

Der Bleie oder Senker bedienen wir uns, um den Köder in die Tiefe zu bringen. Viele von diesen sind schon an und für sich bleibeschwert, andere wieder aus so schwe= rem Metalle erzeugt, daß sie allein in ziemliche Tiefen gelangen; aber in manchen Fällen muß man doch noch einen der im folgenden beschriebenen Senker beifügen.

Um das Verdrehen der Schnur zu ver= meiden, kam man darauf, dem Blei exzen= trische Formen zu geben; die alten durch= bohrten Pennellbleie sind heute nicht mehr in Verwendung. Dagegen erfreuen sich die sog. Archer Bleie (Abb. 31) noch immer der Beliebtheit in Anglerkreisen, da sie leicht an= und abzumontieren sind, ohne daß man sein Zeug auseinandernehmen müßte. Man schlingt die Schnur oder das Vorfach um die Rinnen im Blei, führt es durch die Spiralen — und biegt dann das Blei mit den Fingern zur gewünschten Form.

Abb. 31.

Die Bleie nach Farow mit Wirbeln sind nicht unpraktisch, wenn man mit den Vorfächern alter Form fischt und noch die sog. Zwischenfächer benützen muß. Ich finde sie aber etwas zu teuer, — man erreicht dasselbe, wenn man zwei Wirbel mit einem Träger aus starkem Messingdraht versieht, über welchen man dann nach Bedarf verschieden große und dicke Platten aus Bleiblechen, welche man sich selbst mühelos schneiden kann, aufquetscht. Eine solche Vorrichtung hat noch den Vorteil, daß man jeden Moment die Schnur und Größe des Senkers wechseln kann, und noch den, sehr billig zu sein, da man sie ohne besondere Mühe selbst herstellen kann.

Wie ich schon sagte, — ich bin von dem alten Vorfache ganz abgekommen und habe mich auch vom Zwischenfach losgesagt.

Wenn ich schon Blei nehmen muß, dann will ich es recht weit vom Köder haben. — Aber noch ein anderer Umstand ist es, der mich zu diesem Schritte bewog. Ich will die Wirbel, welche ich am Vorfach habe, auch arbeiten lassen. Wenn ich aber ein Zwischenfach benütze und ein Farlowblei mit Wirbeln, — dann arbeitet nur der nach dem Köder schauende Wirbel am Blei und der Wirbel am System. Der obere Wirbel des Bleies und der an der Rollenschnur müssen aber stillstehen, weil das Blei, wenn es richtig funktioniert, nicht mehr mitrotieren darf.

Ich verwende daher nur mehr die Einhängebleie, welche nebenstehend abgebildet sind. Wie die Figur zeigt, hängt der Arm des Bleies in der Öse des Wirbels — und die Rollschnur läuft durch die Spirale (Abb. 32). Durch das Einhängen ist der obere Umlauf des Wirbels blockiert, — es dreht sich nur der untere allein, und auf die Schnur kann keine Rotation übertragen werden. Auch diese Bleie kann man sich in einfachster Weise aus Bleiblech und Messingdraht selbst herstellen, wodurch sich ein ganzer Vorrat aller Größen auf kaum soviel stellt, als zwei Bleie im Laden kosten. Die schmale kahnförmige Form dieses Senkers leistet dem Auftriebe keinen Widerstand und bringt den Köder viel tiefer als alle anderen Bleie.

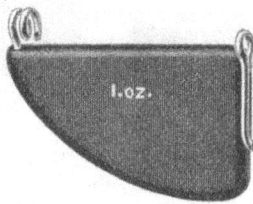

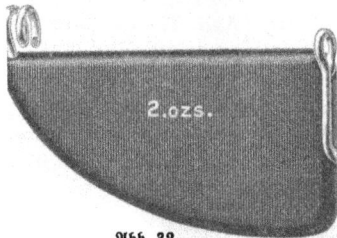

Ein hervorragend guter Senker ist das sog. „Hillmann-Blei" (Abb. 33), welches eine Kugel ist, die einen federnden Einhänger besitzt, mit Hilfe dessen sie in einen Wirbelring eingehängt wird.

Abb. 32.

Diese Kugelbleie sind recht unsichtlich und haben den Vorteil, nicht wie die langen und großen Bleie von den Fischen statt des Köders angenommen zu werden. Man kann auch einfach gewöhnliche durchbohrte Rundkugeln mit Draht in den Wirbel einbinden, was im Notfalle auch am Wasser geschehen kann; — natürlich muß man beim Wechseln des Bleies den Draht abschneiden und von neuem einbinden, was beim Originalblei entfällt. Ich kann den Gebrauch dieser absolut exzentrischen und sehr bequemen Senker nach meinen guten Er-

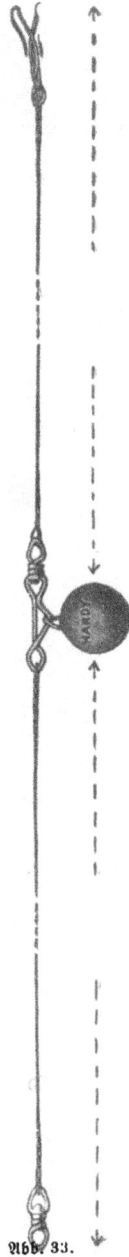

Abb. 33.

fahrungen, welche ich mit ihnen gemacht habe, nur nachdrücklichst
empfehlen.

Die Größe und Schwere des Senkers richtet sich nach dem
Wasser, in welchem man angelt, nach seiner Reinheit, Tiefe und

Abb. 34.   Abb. 35.   Abb. 36.   Abb. 37.

Strömung, auch nach der Größe des Köders. Im allgemeinen wird
man mit Bleien von 10—20 g auskommen und nur in sehr schwerem,
strömendem Wasser wird man größere Gewichte anbringen müssen.
Ich halte es aber auch da für besser, wenn es halbwegs möglich ist, den
Köder durch Aufsetzen einer Bleikappe (Abb. 34) zu beschweren, als

Abb. 38.

ein großes auffälliges Blei zu verwenden, besonders wenn das
Wasser hell ist. Unsere feinen Schnüre und Vorfächer von heute erlauben es uns, kleinere Senker zu benützen als in früheren Zeiten.
Für die Schleppangel verwendet man Oliven (Abb. 35) bzw.
die oben beschriebenen Einhängebleie, wenn man hoch schleppt,

dagegen kegelförmige Bleie für das Fischen in großen Tiefen (Abb. 36). Diese Bleie werden auch geteilt hergestellt, um durch Zusetzen oder Abnehmen einzelner Teile das Gewicht beliebig vergrößern zu können. Ein sehr einfaches und praktisches Blei ist das von Heintz angegebene (Abb. 37).

Für das Schleppen nahe der Oberfläche, wo keine oder nur wenig mehr Beschwerung als das Ködergewicht nötig oder erwünscht ist, wurde in den früheren Anleitungen das Anbringen eines „Antikinkers" empfohlen, der dem lästigen Verdrehen der Schnur vorbeugen soll (Abb. 38). Er hat aber den Nachteil, beim Anstreifen an ein Hindernis die Leine freizugeben und dann nicht mehr zu funktionieren. Ich verwende heute statt seiner nur mehr die oben beschriebenen Einhängebleie.

Angelfluchten und künstliche Spinnköder.

Es ist nahezu mit Sicherheit anzunehmen, daß die ersteren die älteren sein dürften, wenn auch zweifellos die künstlichen Köder auf ein respektables Alter zurückblicken können. Leider gibt uns die Literatur wenig Anhaltspunkte dafür. Die einfachsten Systeme

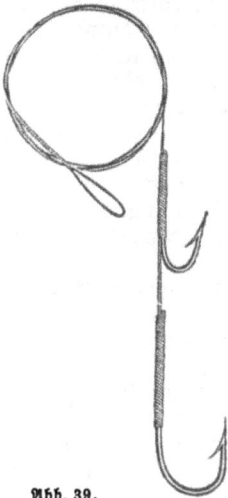  

Abb. 39.   Abb. 40 a.   Abb. 40 b.

sind unbedingt die ältesten. Beschreibt doch schon Izack Walton vor 300 Jahren die heute noch beliebte und brauchbare Anköderung einer Pfrille am einfachen Haken. Diese Anköderungsweise, verstärkt durch einen Lipphaken, ist bekannt unter dem Namen „Schottisches System" (Abb. 39), eine Verbesserung dieser Köderung ist die von Heinz angegebene, bei welcher der Haken mit einem Wirbel verbunden ist und eine Klammer anstatt des Lipphakens den Fisch an seinem Platze festhält (Abb. 40a und 40b). Diese Systeme genügen für den Fang von Forellen und Barschen vollauf, — vorausgesetzt, daß der Köderfisch die richtige Krümmung bekommt — und behält, um flott weiterzuspinnen. Allerdings will ich dazu bemerken, daß man speziell auf Forellen bessere Erfolge hat, wenn man den mit einer Bleikappe beschwerten Köder bis zum Grunde tauchen läßt und dann ruckweise wieder zur Oberfläche spinnt, das solange wiederholt, bis man die ganze zu beangelnde Stelle abgesucht hat.

Ein sehr einfaches System ist auch der Aalschwanzköder, der in seiner Urform allerdings mehr zum Fange des Lachses berechnet war. Um auf Hechte usw. verläßlich fängig zu sein, würde ich empfehlen, einen Drilling zu verwenden und über den Fleischstumpf eine Bleikappe zu stülpen, über welche dann die überstehende Haut gebunden wird. Der so montierte Aalschweif spinnt und taucht ganz nach Belieben, je nachdem wie er geführt wird; auch die Montierung mit dem später beschriebenen Turbinensystem von Rauser halte ich für empfehlenswert. Ob sich diese Köderung auch auf Huchen bewährt, kann ich aus eigenen Erfahrungen nicht bestätigen. Ich habe es versucht, auf ihn mit dem Aalschwanz, allerdings nach einem anderen System, zu angeln, hatte aber keinen Erfolg, was ich aber nicht dem Köder, sondern den damals herrschenden ungünstigen Verhältnissen zuschreibe, denn ich hatte auch auf alle anderen versuchten Köder und Blinker nicht einen einzigen Anbiß. Heintz war der Meinung, daß Aalraupen an der Pennell-Bromley-Flucht zum Huchenfange geeignet seien, — leider aber sagt er nirgends, daß er diese Anköderung in der Praxis versucht hätte.

Ich möchte, ehe ich das Thema der verschiedenen Anköderungsmittel und Methoden weiter ausfüße, die Bezeichnungen „System" und „Flucht", welche wahllos durcheinander gebraucht werden, etwas genauer umschrieben wissen.

Nach meinem Begriffe ist es nur dann richtig, von einem System zu sprechen, wenn dieses eben nur aus einem einzigen Haken, gleichgültig, ob Ein- oder Mehrhaken besteht, wobei ich einen eventuellen Lipphaken, der mit dem Fange des Fisches nichts zu tun hat, da er lediglich zur Fixierung des Köderfisches dient, unberücksichtigt lasse.

Wird nun ein solches Einhaken-„System" mit einem zweiten Haken zur Erhöhung der Hängigkeit kombiniert, — sei es starr oder nach dem Prinzip der „Fliegenden" Haken —, dann sprechen wir von einer „Flucht".

Eines der bekanntesten und ältesten Systeme ist das „Dee"-System, in seiner ursprünglichsten Form nur aus einem einzigen Drilling bestehend. Nach meinen Erfahrungen ist in dieser Form, wenn man den Drilling einerseits nicht zu klein, andererseits aber der Größe des Köderfisches angepaßt, wählt, eine der fängigsten Anköderungen. Während bei den vorerwähnten Systemen die Krümmung des Fischleibes dadurch erreicht wird, daß dieser wie ein Wurm, Kopf voraus, auf den Haken gezogen wird, und dann in der gebogenen Form entweder durch die Krümmung des Hakenbogens oder durch Bindungen an denselben erzielt wird, erreicht man die Krümmung des Fischchens beim Dee-System dadurch, daß er der Länge nach, vom After bis zum Bauche heraus mit einer Ködernadel durchstochen und auf das System aufgefädelt wird, bis der Körper auf dem Drilling reitet. Wenn man nun vom Kopfe her den Körper fest auf die Hakenbogen herabschiebt, krümmt sich der Rücken des Fischchens je nach Wunsch und Bedarf mehr oder weniger, — und in dieser Stellung wird er durch eine die Lippenränder angreifende Bindung festgehalten. Eine Bleikappe, deren jeweilige Größe und Gewicht von den oben vorhandenen Umständen bestimmt wird, stülpt man dann über den Kopf des Fisches und die Anköderung ist beendet. Ich halte diese Form des Dee-Systems mit nur einem Drilling für die weitaus beste, besonders wenn man keine größeren Köderfische hat oder verwendet als von 8—12 cm Länge.

Abb. 41.

Die beim englischen Originale verwendeten Bleizapfen mit Einkerbungen mag ich nicht, die Bleikappe ist viel besser und zerreißt vor allem den Köder nicht wie der Zapfen.

Mancher wird dagegen einwenden, daß die Kappe unter

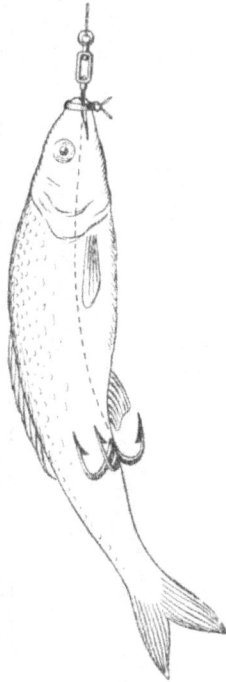

Abb. 42.

Umständen nicht am Kopfe des Fischchens festsitzt, sondern hin und her rutscht, — das ist richtig, wenn man das Dee-System in der alten Form verwendet, bei dem der Drilling an einem langen Zwischenfach befestigt war. Bei meinem Dee-System ist der Drilling nur an ein so langes Stück Punjabbraht befestigt, daß die Öse noch so weit aus dem Maule des Fischchens heraussieht, daß ich bequem die Kappe aufstülpen und dann die Öse in den unteren Wirbel des Vorfaches einhängen kann. Dieser verhindert das willkürliche Gleiten der Kappe radikal. Andererseits erreiche ich durch den Fortfall des langen Zwischenfaches ein viel schöneres und exakteres Spinnen. Die Abb. 41 und 42 zeigen meine Montierung des Hakens und eine fertige Anköderung.

4*

Durch Hinzufügen von Haken kann man das Dee-System zur Flucht ausgestalten. Die älteste Manier war und ist heute noch die, hinter dem ersten Drilling einen zweiten, meist etwas kleineren anzuschalten. Es sei mir gleich erlaubt zu sagen, daß ich diese Kombination für schlecht halte, erst recht dann, wenn die Haken starr verbunden sind. Eher wäre ich noch dafür, den zweiten Drilling in einem Nadelwirbel rotierend anzuhängen, wenn er wirklich notwendig wäre, was er aber de facto nicht ist.

Ich gestehe ganz offen, daß ich, solange ich noch an der alten traditionellen Grundform festhielt, bedauerliche Verluste von guten Fischen hatte, welche vom hinteren Drillinge allein gefaßt, diesen wiederholt absprengten und abbrehten. Das letztere, namentlich zu jener Zeit, als ich noch angelötete Haken verwendete. So verlor ich außer anderem eben durch das erwähnte fatale Abbrehen eine kapitale Isonzoforelle und einige Huchen.

Deigelmair versucht eine erhöhte Fängigkeit zu erreichen, indem er den Schlundzapfen mit einem wirbelnden Drilling versah. Die Idee ist gut, — der Kopfdrilling erhöht ja die Fängigkeit —, aber mir ist der Schlundzapfen nicht sympathisch, zudem ist diese an sich ja einfache Sache unverhältnismäßig teuer. Wenn man einen Kopfdrilling nötig hat oder liebt, dann läßt sich dieser ohne Schwierigkeiten in der einfachsten Weise durch einfaches Aufsetzen auf den Kopf des Köderfisches anbringen. Die dann aufgestülpte Bleikappe hält ihn in seiner Lage fest und verhindert das unangenehme Schleudern bzw. Überschlagen desselben. Ich stelle meine Kopfdrillinge so her, daß ich einen Ringdrilling mit einem Nadelwirbel verbinde; wenn man die im Kapitel „Haken" erwähnten Einhängedrillinge (Abb. 22) verwendet, kann man das sogar am Wasser machen. Wie ich schon erwähnte, kommt man bei Ködern bis zu 12 cm vollständig

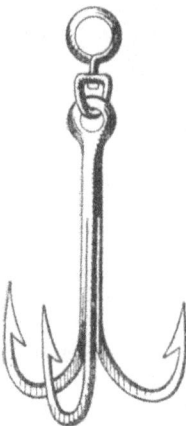

Abb. 43.

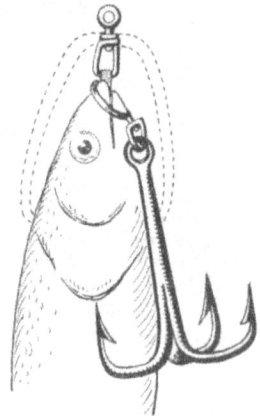

Abb. 44.

mit dem einen Drilling aus; anders aber, wenn man große Köderfische verwenden will, z. B. für den Fang von Huchen. Da ist der Kopfdrilling am Platze und berechtigt. — Abb. 43 zeigt einen Ringdrilling am Nadelwirbel, Abb. 44 den aufgesetzten Kopfdrilling.

Das Dee-System ist unbedingt eines der fängigsten und unsichtlichsten Systeme und besonders im klaren Wasser sehr zu empfehlen. Wenn man nach meinem Verfahren die Bleikappe wechselt, kann man damit in große Tiefen gelangen, ja unter Umständen den Köder direkt bis zum Grunde tauchen lassen, wobei er noch seine Spinnbewegung beibehält. Ich habe auf diese Weise wiederholt aus tiefen Gumpen und Wasserlöchern Fische herausgeholt, denen ich mit anderen Köderungen nicht beikommen konnte.

Jedenfalls ist seine Verwendbarkeit eine universelle, von der Forelle bis zum schwersten Raubfisch, und ein weiterer Vorteil ist seine geringe Neigung, sich zu verhängen. Die Bleikappe erspart mir ein Blei am Vorfach und das Ganze ist entschieden eines der billigsten Geräte, erst recht, wenn man es sich selbst anfertigt, wozu keine außerordentliche Handfertigkeit gehört.

Ich möchte nur raten, den Punjabdraht für die Montierung des Drillings nicht zu fein zu nehmen, auch nicht für Forellen, — er ist ja im Leibe des Köderfisches verborgen und daher unsichtbar —, aber auch nicht von einer zu starren Sorte, damit dem Fischchen eine gewisse Elastizität bleibe. Zu dünner Draht schlitzt mitunter den Fisch auf, besonders wenn man weichere Fische wie Lauben oder Hasel verwendet. Im allgemeinen eignen sich für das Anködern mit dem Dee-System am besten frische Köderfische, jedoch kann man, wie ich mich hundertfach überzeugte, mit bestem Erfolge auch gesalzene Fische anködern. In Formalin konservierte Köder, besonders wenn diese lange eingelegt waren, sind weniger brauchbar, weil zu steif, und nur als Notbehelf zu verwenden.

Eines der allereinfachsten und unter Umständen höchst wirksamen Anköderungssysteme ist das von Heintz und Fellner beschriebene, bei dem nur ein einfacher Haken irgendeiner Form dem Köderfisch schief von einer Mundseite her von unten nach oben durch die entgegengesetzte Augenhöhle geführt wird. Allerdings eignen sich hierfür nur kleine und schmale Fische, wie Gründlinge, Ellritzen, Koppen oder Lauben, und nur frische, nicht dagegen die breiteren Formen wie Rotaugen usw. und Formalinköder. In der Not tut es auch ein Streifen aus einer weichen, selbstredend ungekochten Schweinsschwarte geschnitten, ein Köder, der sich übrigens in Amerika großer Beliebtheit erfreut.

Man kann mit diesem System sogar mit einer Fluggerte angeln, und ich verdanke ihm manche schwere Forelle, sogar große Äschen und Döbel, die mir nicht auf die Fliege zustehen wollten. Das so geköderte Fischchen spinnt eigentlich meist nicht im Sinne des Wortes, es macht vielmehr meist die Bewegungen der später zu beschreibenden amerikanischen „Oreno"-Köder, wenn es gegen den Strom geführt wird.

Von den älteren Spinnfluchten ist wohl die bekannteste und selbst heute noch häufigst verwendete die nebenstehend abgebildete (Abb. 45), mit und ohne Lipphaken. Die Anköderung ist recht einfach: man zieht dem Köderfisch das Zwischenfach durch die Kiemen ein und beim Maul heraus, bis der erste Drilling hinter dem Kiemendeckel liegt; dann gibt man dem Fisch die Krümmung durch Versenken eines Hakens des Mitteldrillings in den Rücken. Der dritte Drilling hängt frei, wird aber auch eventuell um des besseren Haltes willen oder zur Verbesserung des Spinnens in das Schweifende eingestochen.

Bei Verwendung eines Lipp= hakens sticht man diesen durch beide Lippen des Fischchens, wodurch die= ses seine richtige Stellung behalten soll. Nach den schlechten Erfah= rungen, welche ich im Laufe der Jahre mit Lipphaken aller mög= lichen Konstruktionen gemacht habe, verzichte ich gerne auf seine An= wesenheit; wenn ich ihn schon nicht durch Anbringung einer Kopfklam= mer ersetzen kann (Abb. 46), dann

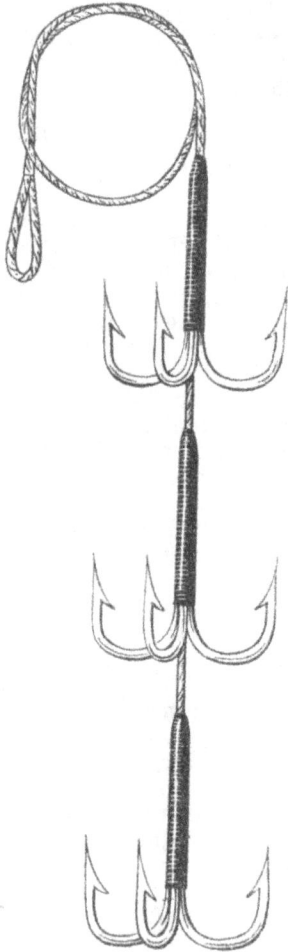

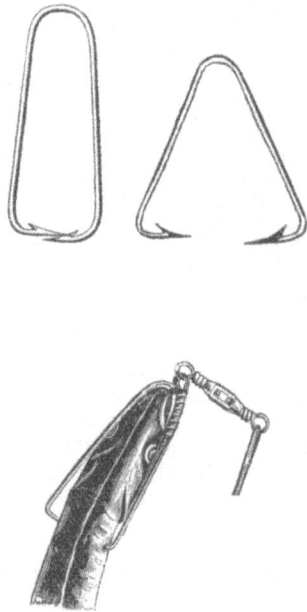

Abb. 45.　　　Abb. 46 b. Anwendung der Kopfklammer.

ziehe ich es unter allen Umständen vor, das Maul des Köder= fisches anzunähen. Die vorerwähnte Kopfklammer, welche in ver= schiedenen Größen zu haben ist, paßt zu den meisten Fluchten, wenigstens zu denen, welche nicht an ein langes Zwischenfach direkt

angebracht sind. Sie ist unsichtlich und hält den Köderfisch unwider=
ruflich fest. Da ihre Spitzen aus dem Leibe desselben nirgends
hervorstehen, kann man sich mit ihr nirgends verfangen, was leider
beim Lipphaken nur zu oft und gerne geschieht und vielfach fatal
endet.

So einfach und verlockend diese Anköderung aussieht, hat sie
doch eine Menge Nachteile. Scheinbar ist es ganz unmöglich, daß
ein Raubfisch, welcher den Köder quer über den Leib gefaßt hat
und die Drillinge eventuell vollzählig im Rachen hat, eine Aus=
sicht hätte, je von diesem loszukommen, — theoretisch gedacht. In
der Praxis aber gelingt es ihm aber nahezu mit Sicherheit in mehr
als zwei Dritteln der Fälle, aus dem einfachen Grunde, weil die
Hakenbogen bzw. die Spitzen für seine Kiefer Stützpunkte gewähren
und die Spitzen nicht eindringen können, weil das Ganze ein ein=
heitlich starres Gefüge ist. Wie es Heinz ganz richtig schildert, faßt
beim Anhieb bestenfalls irgendwo eine Spitze eine Schleimhaut=
falte und diese reißt bei der geringsten Gegenwehr aus bzw. kann
der Fisch, wenn er sich bei geöffnetem Rachen über Wasser schüttelt,
sich einfach den Haken herausbeuteln.

Aus denselben Erwägungen und Erfahrungen heraus bin ich
ein Gegner der gekoppelten Haken beim vorbeschriebenen Dee=
System. Und auch das dort beschriebene Abdrehen
des Endhakens kommt hier ebenso oft und sicher vor.

Ganz abgesehen davon, daß bei der beschriebe=
nen Anköderungsweise der Köder bald aufhört zu
spinnen. Daran ändert auch die Verbindung der
Flucht mit einer Turbine nichts, welche Form den
ältesten sog. Chapmannspinner vorstellt. Die Tur=
bine verbesserte zwar das Spinnen, aber die übrigen
Mängel des Apparates blieben nach wie vor unbe=
hoben.

Diese Erkenntnis führte dazu, die starre Flucht
in bewegliche Einzelteile aufzulösen, von der An=
nahme ausgehend, daß der Fisch wenigstens von
einem Drilling oder Haken richtig gefaßt werden
sollte und sich dann beim Anhieb oder beim Drill
weitere Haken fassend in seinen Rachen versenken
sollen.

Abb. 47.

So kam man zur Anbringung der sog. „fliegenden Drillinge“.
Pennell war ein Bahnbrecher auf diesem Gebiete insoferne, als
er auch die Befestigung bzw. Krümmung des Köderfisches von den
fangenden Elementen ablöste, indem er zum ersten Zweck einen
eigenen Haken, der nach ihm benannt wurde, konstruierte. Diese
ursprüngliche Form wurde durch Teilung des ursprünglich einheit=
lichen Pennelhakens noch weiter verbessert und stellt in ihrer
heutigen Aufmachung ein vollendet fängiges Geräte vor, das wir
unter dem Namen Pennell=Bromley=Flucht kennen (Abb. 47).

Allerdings, mit dem überlebten Gimp als Träger und als Zwischenfach bin ich nicht einverstanden, ebensowenig mit dem Knoten, auch nicht dann, wenn doppeltes oder dreifaches Gut als Träger der Haken verwendet wird. Knoten sind und bleiben immer eine schwache Stelle. Heintz hat seinerzeit vorgeschlagen, die Einzelteile in einen Wirbel einzuhängen, welcher dann direkt ins Vorfach einzuhängen wäre. Dieser Vorschlag trifft das Richtige. Ich bin dann noch weiter gegangen, indem ich in diesen Wirbel auch noch den Kopfdrilling mit einem Nadelwirbel einhänge, ebenso wie den langen Teil, welcher den Schweifdrilling und die Befestigungshaken trägt. Wenn man für diesen Teil gedrehtes Gut verwendet, dann ist es ratsam, der ganzen Länge nach ein Stück Messingdraht mit in die Haken einzubinden. Das verhindert das Schlenkern des Schweifdrillings, wenn das Gut weich wird. An Stelle des Gimp ist heutzutage überall der Stahldraht getreten und die Bindungen der Haken werden mit Vorliebe gelötet. Wie ich schon in früheren Kapiteln betonte: ich löte nicht mehr, und schon gar nicht die Traghaken an der P.-B.-Flucht, seit mich der nur auf das Löten zurückführende wiederholte Bruch des Punjabbrahtes am Bogen des Einhakens den Verlust schwerer Fische gekostet hat. Die beiden Drillinge drehe ich in der schon beschriebenen Weise ein und die beiden Einhaken binde ich mit Seide an, allerdings bedecke ich die Windungen und den Draht über und unter diesen wiederholt mit Zelluloidblack, um an diesen Stellen Rostbildung zu verhindern.

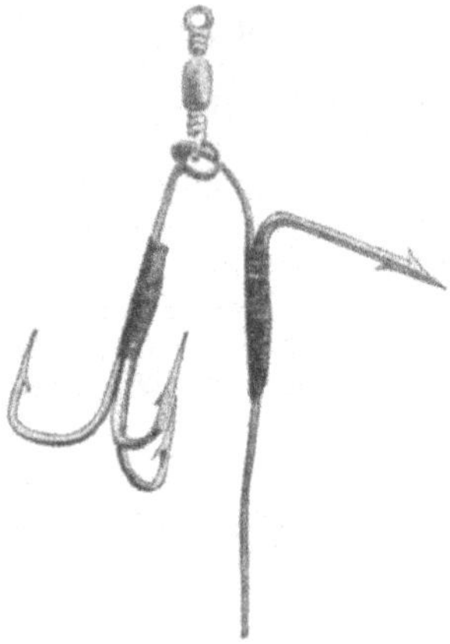

Abb. 47a.

Statt des Lipphakens, der an der Originalflucht angebracht ist, verwende ich die oben erwähnte Kopfklammer, eventuell nähe ich den Fisch mit den Lippen an einen Wirbelring. Meine Anordnung gestattet es mir, statt des Bleies am Vorfach ein Kappenblei aufzusetzen bzw. den Köderfisch durch eine Bleiolive, die ich ihm in den Schlund schiebe, zu beschweren. Dadurch und durch die Zwischenschaltung des geschlossenen Wirbels spinnt auch der Köder, wenn ich ihn tauchen lasse, um ihn Fischen, die am Grunde stehen, zu zeigen.

Die P.-B.-Flucht hat aber vor den meisten andern Fluchten den großen Vorteil, daß sie mir erlaubt, meinen Köder einmal nach rechts, das andere Mal nach links spinnen zu lassen, indem ich nur einfach den Schweif des Köders von dem Einhaken ablöse und in verkehrter Richtung wieder befestige. Das ist von eminentem Vorteile, wenn die Schnur Neigung zeigt, sich in der einen oder anderen Richtung zu verdrehen. Die entgegengesetzte Rotation

des Köders behebt diesen Übel=
stand binnen kurzem.

Alle bisher beschriebenen
Systeme und Fluchten bringen
den Köder durch Krümmung,
sei es des Rückens oder des
Schweifes, zum Rotieren. Mit
dieser axialen Drehung ver=
bindet sich aber auch noch eine
springende bzw. torkelnde Be=
wegung, wie sie kranke oder
sonstwie beschädigte Fische auf=
weisen, welche von Haus aus
eine Beute der Raubfische dar=
stellen. Diese Bewegung nennt
man in England „wobbeln",
welche Bezeichnung wir auch

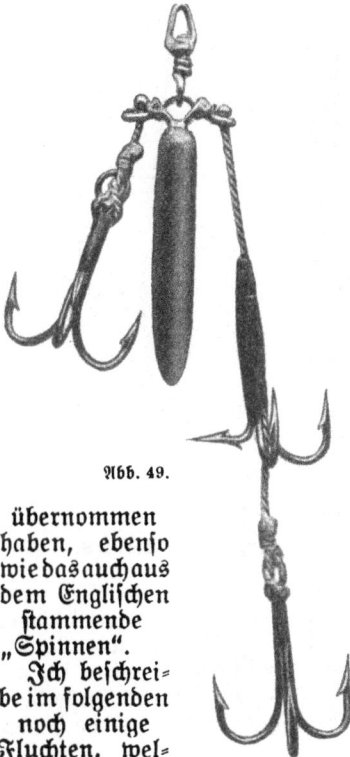

Abb. 48.

Abb. 49.

übernommen
haben, ebenso
wie das auch aus
dem Englischen
stammende
„Spinnen".

Ich beschrei=
be im folgenden
noch einige
Fluchten, wel=

che direkt die Bezeichnung „Wobb=
ler" tragen.

Die ursprüngliche Form
aller dieser Vorrichtungen be=
steht aus einem Messing= oder
Kupferspieß, besser gesagt =blatt,
mit oder ohne Bleiumguß am
vorderen Ende, welches dem
Fischchen vom Maul her bis zum
Schwanz durch den Leib gestoßen
wird und dessen Biegung auch
dem Fischleib die gewünschte
Krümmung gibt. Die Sache ist
schön und gut und funktioniert

solange, als der Fisch nicht durch den Spieß zerrissen und aufge=
schlißt wird .(Abb. 48).

Dieser Übelstand veranlaßte Heinß, seinen Ideal=Wobbler zu
konstruieren (Abb. 49), der nur das Schlundblei allein besißt, an
dem der Köderfisch mit den Lippen festgebunden wird. Die Krüm=
mung besorgt der mittlere Drilling, welcher dem Fisch, nachdem er
die nötige Biegung erhalten hat, in den Rücken oder Schweif ver=
senkt wird. Diese Flucht, bei der alle Teile in Wirbeln hängend frei

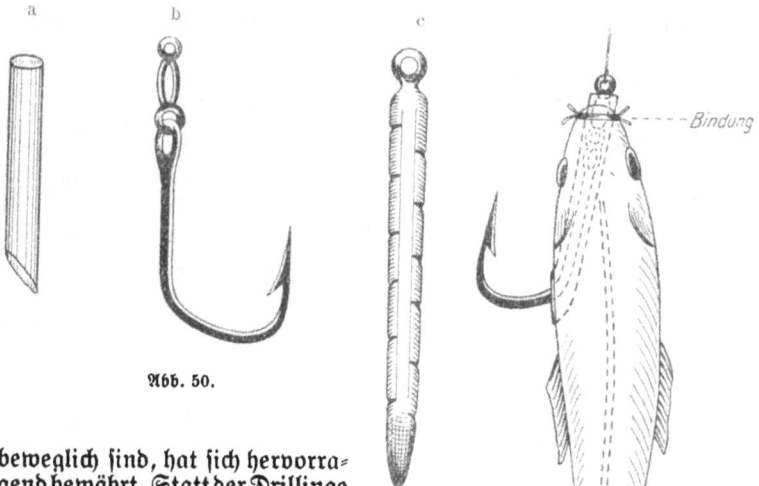

Abb. 50.

beweglich sind, hat sich hervorra=
gend bewährt. Statt der Drillinge
verwendet man in vielen Fällen mit
bestem Erfolg die im betreffenden
Kapitel beschriebenen „Gabel=Einhaken"
(Abb. 20). Ich habe mich im Laufe der
Zeit und in dem Bestreben, mit mög=
lichst wenig Haken auszukommen, von
dem Drilling in der Mitte emanzipiert;
eigentlich brachte mich die Verwendung
der Montierung mit Einhaken auf diese
Idee, da diese Flucht mit nur zwei der=
selben ebenso fängig war, wenn nicht
fängiger als die mit den drei Drillingen.
So verwende ich also statt des mittleren
Drillings nur einen kleinen Einhaken,
eventuell einen solchen Doppelhaken, wie man ihn für Kunstfliegen
verwendet, weil leßterer frische weiche Köderfische wie Lauben
oder Pfrillen fester hält, ohne sie zu zerschlißen, und den ich wie
bei der P.=B.=Flucht auch nur mit Seide anwinde und gut lackiere.
Er hat ja auch nur den einzigen Zweck, dem Köderfische die er=
forderliche Krümmung zu geben.

Abb. 50 d.

Einen ausgezeichneten Wobbler, der außer anderen Vorzügen den größter Einfachheit und Billigkeit hat, beschrieb vor ein paar Jahren ein Mitarbeiter der „Fishing Gazette", und nach seinem Pseudonym nenne ich sein System „Old Shikari". Die ganze Vorrichtung besteht aus einem einfachen starken Ringhaken (Abb. 50a Nr. 4/0—8/0 mit nicht zu langem Schaft, welcher mit einem geschlossenen Wirbel, eventuell mit einem Pennellwirbel verbunden wird, und einem Röhrchen aus Zelluloid, wie man sie jetzt zum Flechten der Spulen für Radioapparate benützt. Das Röhrchen ist ca. 5 cm lang und an einem Ende schräg abgeschnitten (Abb. 50b). Seine Länge richtet sich übrigens nach der Größe des verwendeten Köderfisches und kann leicht am Wasser zurecht geschnitten werden. Außerdem braucht man einige blattförmige Spieße aus weichem, nicht zu dünnem (ca. $\frac{1}{2}$—$\frac{3}{4}$ mm starkem) Messing- oder Kupferblech in der Form, wie Abb. 50c zeigt, von verschiedener Länge.

Das Zelluloidröhrchen wird dem Köderfischchen vom Maul her so schräg durch den Leib gestoßen, daß sein abgeschrägtes Ende hinter den Kiemen heraustritt, aber den Leib nicht weiter als 1 mm überragt. Die Lippen des Köderfisches werden oben durch Bindungen festgelegt, über dem unteren Teil des Röhrchens macht man zweckmäßig eine feste Naht. Der Spieß wird vom Schweifende gegen das Maul eingeführt und soll bis ins Maul hineinragen, dann kann er den Fisch nicht aufschlitzen. Sein Ende wird am Schweif festgebunden. Ich habe es vorteilhaft gefunden, auch noch in der Körpermitte über den Spieß eine Naht zu legen. Dann gibt man dem Fischleib die gewünschte Krümmung. Nun hat man nichts weiter zu tun, als den Haken durch das Röhrchen zu schieben und direkt in den Vorfachwirbel einzuhängen. Nachdem man unter Umständen noch eine entsprechende Bleikappe mit weiter Bohrung über den Kopf des Köders gestülpt hat, wozu man ein Blei am Vorfach vermeiden will. Abb. 50d zeigt die fertige Anköderung. Der Hakenbogen liegt in dem Ausschnitte des Röhrchens fest an und kann bei einem Anbiß bzw. Anhieb nicht zur Seite auskippen. Andererseits kann man mit großer Ruhe in verkrautetem oder verunreinigtem Wasser fischen, man hat wenig Aussicht, sich zu verhängen, dafür kommt man gerade in solchen Stellen an die zu fangenden Fische heran, an denen man mit anderem Zeuge meist Hänger angelt und die Stelle durch die Lösungsversuche beunruhigt. Beim Anbisse rutscht der Köderfisch am Vorfach hinauf, während der Haken durch nichts behindert seine volle Wirkung entfalten kann.

Mir hat diese Köderung zu guten Erfolgen verholfen, einmal bei einem alten vergrämten Huchen, das andere Mal bei einem ebensolchen Hechte. Beide standen je in einem kleinen Tümpel, in dem reichlich versunkenes Holz am Grunde lag; gewöhnlich war schon der erste Wurf ein Hänger, und wenn schon nicht, zu den Fischen gelangte ich nicht, denn die Stellen waren zu tief, und beim Sinkenlassen war man meist schon fest. Aber „Old Shkiari" war das Richtige. Ich kann es nur empfehlen, wenn man mit alten

Burschen in schwierigem Gelände zu tun hat. Die kleine Mühe der sorgfältigen Vorbereitung macht der Erfolg bezahlt.

Ich habe seinerzeit in Galizien den Idealwobbler mit Ein= haken mit großem Erfolg zum Anködern von Fröschen verwendet, mit einer kleinen Abänderung des Schlundbleies, das für die Köde= rung von Fröschen flach sein muß, indem ich einen Haken im Rücken, den anderen im Bauche feststeckte. Ich konnte so den Hechten im Kraute ziemlich gut ankommen, hatte aber genug Hänger, wenn auch weniger als mit anderen Fluchten. — Heute würde ich Frösche mittels „Old Shikari" anködern und ihnen ein ovales Stück Blei= blech in den Bauch als Senker geben. Natürlich dürfte dann das Röhrchen nicht an der Seite herausgeführt werden, sondern am Rücken, was noch den immensen Vorteil hätte, daß man dann in den dichtesten Krautbetten seinen Frosch herumführen könnte ohne die geringste Gefahr des Hängenbleibens, da ja bei richtiger Ein= führung des Hängebleies der Frosch in ganz natürlicher Stellung mit dem Bauche aufs Wasser zu liegen kommt und in dieser Lage seine Bewegungen ausführt und der einzige Haken nach oben vom Rücken absteht. Da der Frosch nicht zu spinnen und nicht zu wobbeln braucht, benötigt man zu seiner Führung ein Vorfach ohne Wirbel, nur mit einem Einhänger am Ende.

Ich darf es nicht unterlassen, eine Flucht zu beschreiben, die unter dem Namen „Wachauerflucht" besonders den Huchenanglern an der Donau bekannt und lieb ist, welche sich auch in leichterer Ausführung ebensogut zum Fange von Hechten usw. verwenden läßt. Sie besteht aus einem Doppelhaken und aus einem Drilling, welch letzterer nur 2—2½ cm unter dem ersten sitzen darf. Beide Haken sind an ein ca. 20 cm langes Stück bester geklöppelter Spinnschnur aus Seide stärkster bis mittlerer Sorte angewunden (Abb. 51a), je nachdem, wie groß die Haken sind und welchem Zwecke sie dienen sollen. Für Huchen nimmt man die Hakengröße 2/0—4/0, für Hechte usw. die Nummern 1—2/0.

Die Anköderung geschieht folgendermaßen: Mit der Köbernadel sticht man ungefähr 2—3 cm, je nach der Größe des verwendeten Köderfisches, hinter dem Kiemendeckel ein und führt sie beim Maule heraus, fädelt nun die Schnur in ihr Ohr und zieht diese soweit heraus und an, bis die Bogen des Doppelhakens anstoßen. Nun legt man die Schnur zu einer Schleife, die man knapp vor dem Maule des Fischchens knotet, und näht das Maul desselben zu und an die Schnur an. Der Knoten in der Schleife soll verhindern, daß die als Senker nunmehr aufzusetzende Bleikappe auf den Fisch drücken kann, wodurch der Doppelhaken durch das Fleisch gerissen und der Fisch vor der Zeit unbrauchbar würde. Um die Bleikappe am Hinaufgleiten an der Schleife zu hindern, streift man ein Gummi= plättchen über dieselbe. Solche Plättchen schneidet man aus einem Schlauch, ca. 1½ cm im Quadrat, sticht mit der Spitze des Messers einen kleinen Spalt durch die Mitte und durch diesen zieht man mit der Köbernadel die Schnurschleife, bis das Plättchen auf der

Kappe festsitzt, was diese unverrückbar festhält. Mit der Schleife wird die Flucht dann wieder in den Einhängwirbel des Vorfaches eingeschlauft. Den Einwand, daß die vom Fischmaul zum Einhängwirbel des Vorfaches führende dicke Schnurschleife zu sichtlich sei, lasse ich nicht gelten, denn ich habe die Beobachtung gemacht, daß sie den Raubfisch auch bei klarem Wasser nicht stört.

Den frei außen hängenden Drilling kann man nun entweder über dem Rücken des Köderfisches festbinden, wenn man dem Fische eine Führung zu geben wünscht, die ihn mehr minder taumelnd und tauchend die Wasserschichten passieren läßt. Will man aber diese Bewegung mit dem Wobbeln verbinden, dann krümmt man den Fischleib und sticht den Drilling in den Rücken ein (Abb. 51 b).

Abb. 51 a. 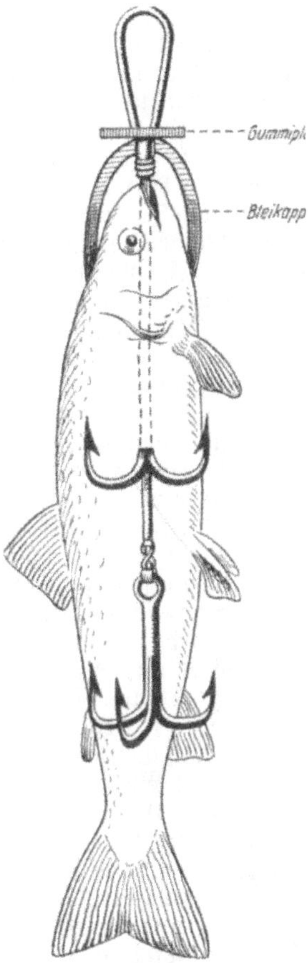   Abb. 51 b.

Ich weiß nicht — und will auch keine Behauptung aufstellen —, welche der beiden Bewegungen für den Fisch die anziehendere und für den Erfolg die ausschlaggebendere ist. Tatsache ist, daß man mit dieser Anköderung dem Huchen, welcher tagsüber gerne in der Tiefe hinter Felsen (Kugeln) und ähnlichen Hindernissen am Grunde oder in den tiefen Wasserlöchern des Flußbettes steht, den Köder zutauchen lassen kann, wie sie sich überhaupt zur Befischung von großen Tiefen mehr und besser eignet als jede andere.

Ein weiterer Vorzug dieser Flucht ist ihre enorme Billigkeit; wenn man schon eine verliert, so hat man eben nur zwei Haken verloren, denn bei ihrer Einfachheit kann sie sich ein jeder selbst verfertigen und selbst ein größerer Vorrat davon kostet noch immer nicht soviel, wie z. B. ein einziger Krokodilspinner. Wenn man sich am Vorabend des Angeltages drei Fische daheim anködert, hat man im allgemeinen genug, denn die Fische werden an dieser Flucht sehr geschont. Auch erlaubt sie, größere Köderfische zu verwenden als im allgemeinen üblich.

Den Systemen und Fluchten, bei denen das Spinnen durch Krümmung von Körper oder Schweif des Fischchens erreicht wird, wird vielfach zum Vorwurfe gemacht, daß diese Stellung durch das Werfen und den Wasserdruck so verändert werde, daß der Köder im richtigen Moment nicht mehr spinne. Ich glaube, bei einiger Sorgfalt bei der Anköderung braucht man selten oder nie eine Korrektur vorzunehmen, vorausgesetzt, daß man keine zu weichen Fischchen, wie Lauben u. dgl., in frischem Zustande verwendet. Solche halten aber auch an den anderen Fluchten nicht, was ich dem Leser zur Beruhigung verraten will.

Da man in früheren Jahren fast nur auf den frischen Köder angewiesen war und diese zuzeiten rar und schwer zu beschaffen waren, verfiel man auf Anköderungen, welche zur Schonung des Köders dessen Spinnen mit Hilfe von Turbinen erzeugten. Eine der ältesten dieser Vorrichtungen dürfte der altbekannte Chapmannspinner sein, der wenigstens bei den alten Spinnfischern, welche ich kannte, zum eisernen Bestande einer Ausrüstung gehörte. Seine Fängigkeit war bedauerlich gering, aber er ließ sich rasch und sicher anködern und der Fisch „spann", — das genügte. Im Laufe der Jahre wurde er bedeutend verbessert und mit fliegenden Drillingen in Wirbeln ausgestattet, so daß er heute ein ganz brauchbares Gerät darstellt. Speziell mit den heute so beliebten Zelluloidturbinen ausgestattet, ist er besonders für die Schleppangel sehr gut zu brauchen, allerdings darf er dann nicht mit Bleibeschwerung versehen sein wie in Abb. 52.

Großer Beliebtheit erfreut sich heute noch der Archerspinner, dessen Turbinenflügel an einer Kopfklammer angebracht sind, was dem Köderfisch einen guten Halt gibt. Eine gute Modifikation dieses Spinners hat Herr Paul Rauser (Abb. 53a), ersonnen, welcher seinem Spinner eine derartige Anordnung der Kopfklammer gab, daß die an ihr befestigten Turbinenflügel nicht an den Seiten, sondern über dem Kopfe des Köderfisches liegen bzw. an der Kehle desselben. Sein Spinner besitzt ebenfalls ein Schlundblei, aber im Gegensatze zu den anderen ist er nur mit einem einzigen Drilling bewehrt, welcher wirbelnd an einer Schaufel befestigt ist und dem Köderfisch ungefähr in der Mitte des Rückens eingestochen wird. Mir ist diese Anordnung sehr sympathisch (Abb. 53 b), und ich halte sie

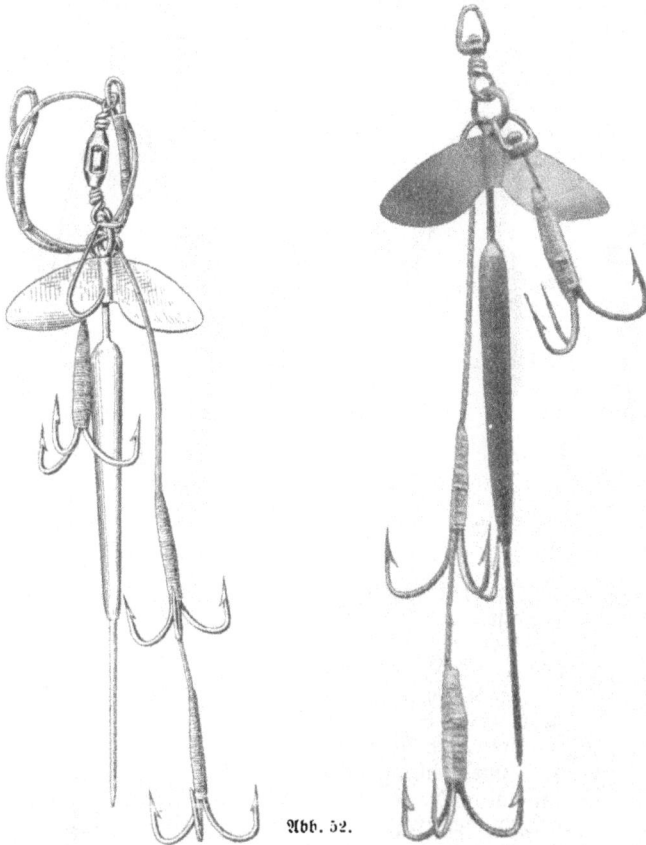

Abb. 52.

Alter   Chapmann-Spinner.   Verbesserter

für sehr fängig, weil bei dieser Anordnung von Turbine und Haken der Fisch nicht auf die erstere beißen kann, wenn er den Köder, wie es meist geschieht, von der Seite her faßt.

Sehr bekannt und beliebt ist der „Krokodilspinner", dessen erstes Modell von Hardy auf den Markt gebracht wurde. Er ge= stattet ein ungemein rasches und sicheres Anködern auch der weich=

ſten Fiſche, welche einfach in die mit Spießen verſehenen Arme der
ſeitlichen Klammern gelegt werden, welche geſchloſſen und zuge-
ſchnappt ſich allein nicht mehr öffnen kann. Für die Huchenfiſcherei
wird er mit rückwärts liegenden Turbinen erzeugt. Zu bedauern
iſt nur, daß er ſo unverhältnismäßig teuer iſt, trotzdem er jetzt
auch in Deutſchland hergeſtellt wird, ſo daß der immerhin mögliche Verluſt von zwei oder mehreren ſolcher Spinner im Verlaufe

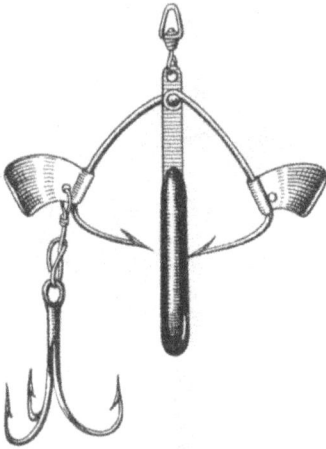

Abb. 53 a.

der Saiſon oder auch einer Angelfahrt ſich unangenehm für die
Taſche des Betroffenen fühlbar
macht. Auch bei ſeiner Armierung
wären nach meinem Dafürhalten
zwei Drillinge, einer am Kopf oder
beſſer geſagt, hinter dem Kiemendeckel, und ein Schweifdrilling vollſtändig ausreichend. Die Befeſti-
gung des den Endhaken tragenden
Teiles könnte ja ganz gut eine
Drahtklammer (Abb. 55) oder eine
„Haltnadel", wie ich den dieſe

Abb. 53 b.

Form zeigenden „Emery Fastener" nennen will (Abb. 56), beſorgen.
Auch beim Krokodilſpinner wäre ein Erſatz der Metallſchaufeln durch
ſolche aus Zelluloid ſehr zu begrüßen — denn ſie ſind doch in hellem
Waſſer bedeutend unſichtlicher wie jene. Neuererzeit wird der Kro-
kodilſpinner auch mit Schlundblei hergeſtellt, was als bedeutende
Verbeſſerung zu begrüßen iſt.

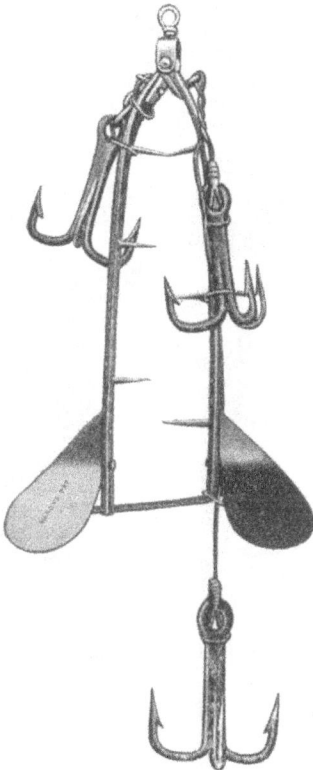

Von seiner Beobachtung aus= gehend, daß speziell die Huchen den Köder am liebsten und häufigsten beim Kopfe packen und damit beim Anbiß die Turbine mit in den Ra= chen faßten, was zu Fehlbissen An= laß gab, konstruierte Heintz seinen allbekannten „Röhrchenspinner", der die Turbine flach an den Leib des Köderfisches legt, und zwar im hin= teren Teil seines Körpers (Abb. 57). Dieser Spinner ist im Laufe der Jahrzehnte fast jedem deutschen Spinnangler bekannt und vertraut geworden, wenn er auch in den letz= ten Jahren an Beliebtheit verloren hat; immerhin, zur Schleppangel eignet er sich wie kaum ein zweiter wegen seines leichten Rotierens selbst in langsamster Fahrt. Ich glaube, wenn es gelänge, das Röhr= chen und die Turbine aus durchsich= tigem Zelluloid herzustellen, würde

Abb. 54.

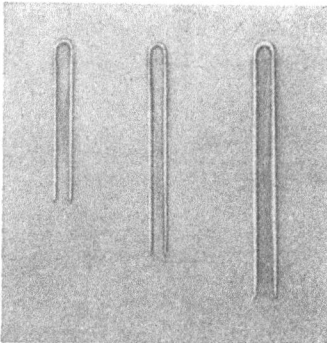

Abb. 55 a.

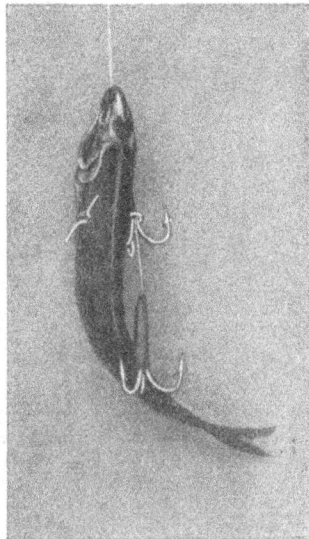

Abb. 55 b.

Anwendung der Köderklammer.

sich der Kreis seiner Verehrer wieder erweitern; bei unserer vor=
geschrittenen Technik der Zelluloidbearbeitung dürfte das doch nicht
so schwer sein. In dem Bestreben, die Vorteile der durchsichtigen
Zelluloidturbine auszunützen, habe ich mir einen Turbinenspinner
konstruiert, der al=
len Ansprüchen an
tadelloses Spinnen
und prompte Fän=
gigkeit weitestge=
hend entspricht und
mir besonders in
klarem Niederwas=
ser hervorragende
Erfolge gebracht
hat. Er besteht nur

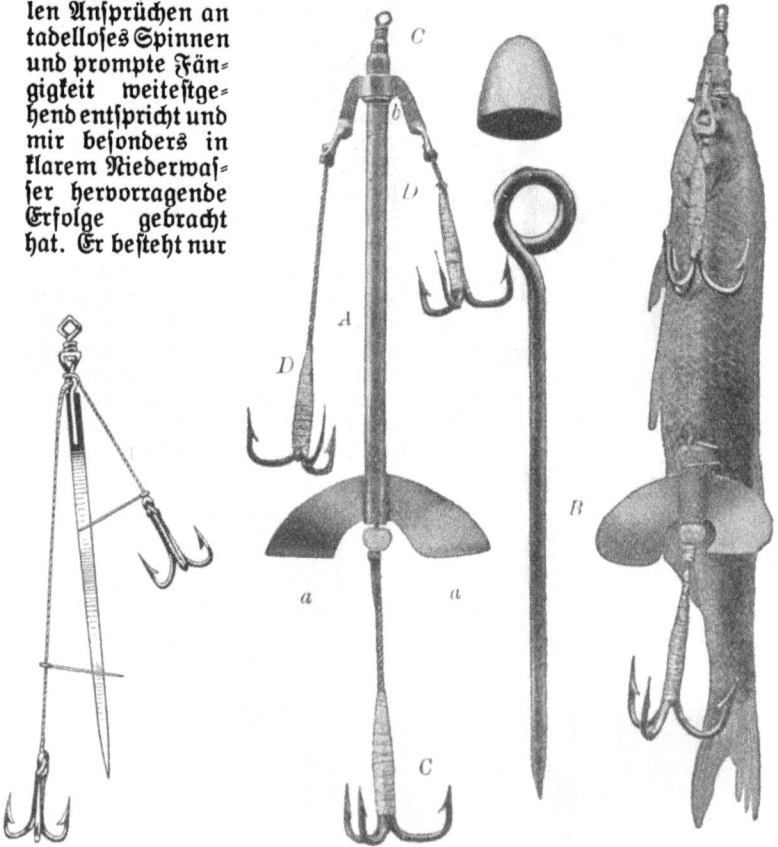

Abb. 56.   Abb. 57.

aus einer Turbine, welche an einem ca. 4—5 cm langen Röhrchen
von etwa 5 mm Durchmesser ebenfalls aus Zelluloid und befestigt ist
(Abb. 58a), und einem einzigen Drilling größerer Nummer an
Punjabbraht von ca. 12 cm Länge, welcher am anderen Ende in
einem geschlossenen Wirbel (Abb. 58b) angeschleift ist.

Die Anköderung ist äußerst einfach: Mit der nebenstehend ab=
gebildeten, von mir konstruierten Ködernabel (Abb. 59) fahre ich
durch das Röhrchen der Turbine und das Maul des Köderfisches, —

wenn dieses zu feſt ſchließt, öffne ich es erſt mit dem ſpitzen Ende des hölzernen Griffes —, und in der Mitte des Rückens heraus. Dann ſchiebe ich die Turbine an ihren Platz, hänge in den Widerhaken der Nadel den Wirbel des Syſtems ein und ziehe ihn durch Fiſch und Röhrchen heraus. Den Drilling ſtelle ich ſo, daß er mit ſeinen Bögen auf dem Rücken des Fiſchchens reitet. Dann nähe und binde ich das Fiſchmaul an die Turbine, ſtülpe noch eine Blei= kappe auf und verbinde den Wirbel des Syſtems mit dem des Vorfaches. Man kann auch umgekehrt verfahren und daheim die Turbine einſetzen und durch Nähte und Bindungen fixieren

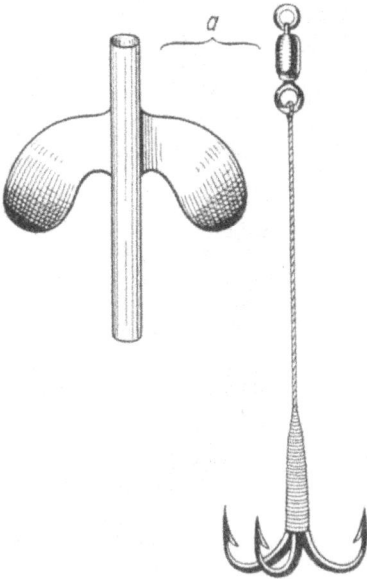

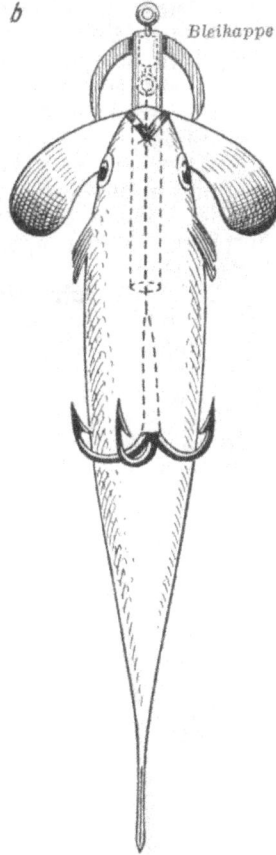

Abb. 58.

und erſt am Waſſer das Syſtem einziehen, wenn man konſervierte Fiſche verwenden will. Der Köder ſpinnt an dieſem Syſtem aus= gezeichnet, auch beim Tauchen; bei Verwendung friſcher Fiſche zeigen dieſe ein Verhalten, das dem eines lebenden Fiſches ſehr ähnelt, da der nicht fixierte hintere Körperteil durch ſeine natür= liche Elaſtizität im Waſſer ähnliche Ausſchläge vollführt, wie ſie der ſchwimmende Fiſch mit ſeinem Schweif macht, was in Süddeutſch=

5*

land auch mit „Schwänzeln" richtig
bezeichnet wird. Das System ist vor=
derhand noch nicht im Handel, ich
zweifle aber nicht daran, daß es sich
durch seine Brauchbarkeit und vor
allem durch seine Einfachheit und
Wohlfeilheit bald einen Kreis von
Liebhabern schaffen wird. Jedenfalls
bedeutet es eine Verminderung des
Gepäckes; ein paar Turbinen verschie=
dener Größe, ebensolche Drillinge und
Bleikappen und die Köbernadel: alles
das findet in einer mäßig großen Blech=
schachtel Platz, in der man auch noch
Vorfächer, Wirbel usw. mit unter=
bringen kann.

Die Mangelhaftigkeit der früheren
Spinnfluchten, vor allem aber die
Schwierigkeit der Beschaffung und Er=
haltung der Köberfische in den Jahren
vor der Einführung der Formalinkon=
servierung führten notgedrungen dazu,
künstliche Spinnköber zu konstruieren,
deren Zahl und Namen heute schon

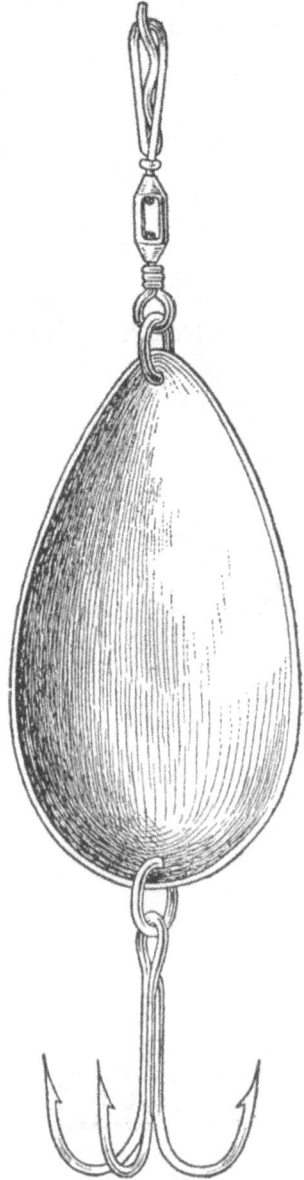

Abb. 59.   Abb. 60.

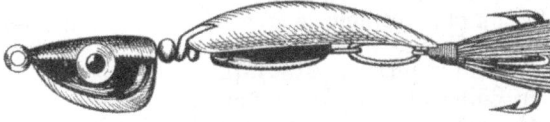

Abb. 64.

Abb. 63.

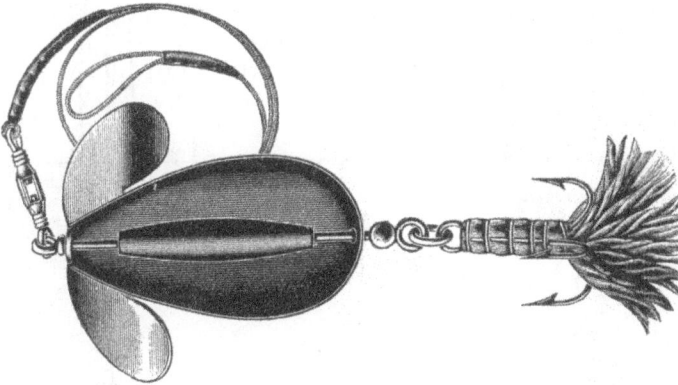

Abb. 62.

Abb. 61.

ſtattlich genannt werden kann. Und doch, im Grunde genommen, ſind ſie faſt alle, wenigſtens inſoweit es ſich um ſolche handelt, in denen das Spinn- bzw. Rotationsprinzip in Anwendung kommt, auf zwei Grundformen zurüdzuführen: näm= lich den Löffel und die Nachbildung des Fiſch= körpers, gleichgültig, ob aus Metall, Stoff= geflecht oder Zelluloid bzw. Kautſchuk her= geſtellt.

Die älteſte Form dürfte wahrſcheinlich der Löffel ſein, welcher in allen möglichen Variationen, blank oder färbig, oval oder länglich, an Wirbeln oder exzen= triſch angebracht um eine Achſe fliegend= rotierend, in letzter Form auch zu meh= reren hintereinander an einer Achſe im Handel iſt. Die Ab= bildungen zeigen die gebräuchlichſten For= men. Ovaler (Abb. 60) und länglicher

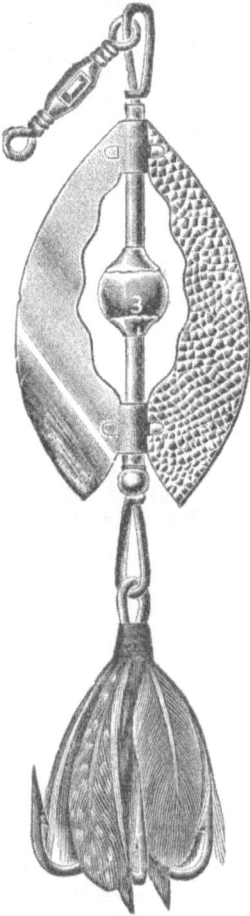

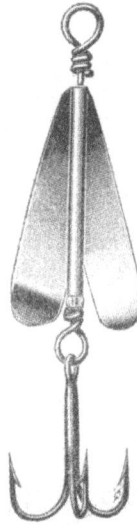

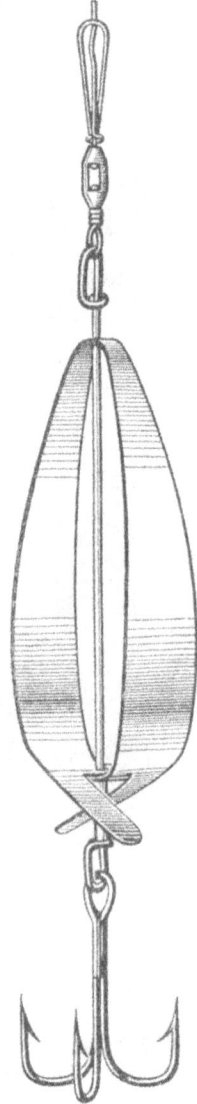

Abb. 65.　　　　Abb. 66.　　　　Abb. 67.

Löffel (Abb. 61), Kolorado-Löffel (Abb. 62), fliegender Löffel (Abb. 63); derselbe mit exzentrischem Kopf aus Blei und Leib aus roten Glaskorallen (Modell von Hardy, Abb. 64).

Eine andere Art von Ködern aus Metall, welche eine Zwischenstufe zwischen Löffeln und Blinkern vorstellen, sind jene, welche um eine Achse, die durch den ganzen Körper geht, rotieren. Zu diesen gehört der bekannte „Otter"-Spinner (Abb. 65), der Hang-Spinner (Abb. 66), der altbekannte Spiegel-Spinner (Abb. 67) und viele andere mehr, die alle unter verschiedenem Namen Variationen der genannten Grundformen vorstellen.

Einer der besten Spinnköder dieser Kategorie ist der sog. „Amerikanische fliegende Löffel". Wie die Abb. 63 zeigt, rotiert der Löffel um eine Achse, welche vorne einen Nabelwirbel und hinten einen einzigen großen Drilling trägt, der sich leicht aushängen läßt. An und für sich ziemlich schwer, kann er in vielen Fällen ohne separates Blei am Vorfach geworfen werden und spinnt infolge seiner exzentrischen Anordnung hervorragend auch in stillem Wasser.

Eine entschiedene Verbesserung ist der in Abb. 64 gezeigte exzentrische Bleikopf, welcher das Gewicht des Blinkers erhöht und die Beschwerung verlegt, somit die Anbringung eines zweiten Bleies überflüssig macht. Diese fliegenden Löffel werden auch mit zwei Löffeln hintereinander hergestellt, die sich auch bestens bewähren. Jedenfalls sind sie so einfach konstruiert, daß man sie sich bei einigem Geschick selbst herstellen kann.

Aus der länglichen Form des Löffels entwickelte sich der Blinker, dessen Prinzip erst in zweiter Reihe die Spinnbewegung ist. Vielmehr haben die glänzend polierten Seitenflächen die Aufgabe, das auf sie fallende Licht in verschiedene Wasserschichten zu reflektieren. Zu diesem Behufe soll ein richtig funktionierender Blinker bei langsamem Zuge mit seiner Schmalseite durchs Wasser gehen und dabei seitlich schwankende Bewegungen ausführen, was besonders bei der Schleppfischerei in größeren Tiefen von Wichtigkeit ist. Blinker, die mit Bauch oder Rücken nach oben, also auf der Breitseite liegend, schaukeln, sind unbrauchbar.

Die bewährtesten Formen sind: Der Gardasee- (Abb. 68), Comersee- (Abb. 69) und der Heintzblinker (Abb. 70). Die Blinker für die Spinnangel müssen aus dickerem Blech hergestellt sein als die zum Schleppen, denn erstere müssen den Wurf unterstützen und in die Tiefe sinken, was bei letzteren durch das Gewicht des Bleies besorgt wird. Auch würden schwere Blinker beim Schleppen während langsamer Fahrt zu schnell zum Boden streben.

Man stellt die Blinker in allen möglichen Ausstattungen her, hochglanzvernickelt, kupferpoliert, versilbert, vergoldet, ja sogar farbig.

Da der Comerseeblinker seit jeher, um die Alosa Finta lacustris nachzuahmen, mit farbigen Streifen und Tupfen versehen wird, habe ich versucht, zum Hecht- und Huchenfischen meine Blinker teilweise mit blauen bzw. roten Rückenstreifen zu versehen, und

Abb. 68.

Abb. 69.

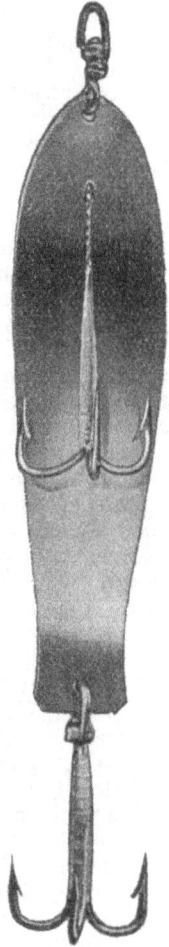

Abb. 70.

ich glaube, daß ich nicht schlecht getan habe. Wenigstens in einem
Falle weiß ich bestimmt, — es war hohes und unsichtiges Wasser —,
daß ich mit dem am Rücken rotgestrichenen Blinker an jenen Stellen
Anbisse und Fänge hatte, an denen ich zuvor mit dem ungefärbten
Blinker keine bekam. Jedenfalls ist die Sache wert, nachgeprüft
zu werden.

Die Blinker mit Kopfdrillingen leiden unter dem Übelstande,
daß dieser letztere sich leicht überschlägt. Die von Heintz empfohlene
Befestigung mit dem Gummiring ist wohl gar nicht übel, aber Gummi-
ringe werden durch längeres Lagern leicht brüchig und dann hat
man den Ärger, wenn sie bei jedem Wurf reißen. Ein alter Verehrer des Blinkers und erfahrener Huchenfischer, Baron Pino, hat
seine Blinker einfach mit je einem Loch neben der Schmalkante
versehen, durch welches er einen Faden zieht und den Drilling
so anbindet, daß er mit zwei Haken über der Kante steht. Das hat
zwei eminente Vorteile: Erstens wird die Belastung des Blinkers
exzentrisch, so daß er unbedingt auf der einen Schmalseite stehen
muß, da diese belastet ist, daher bei langsamem Zuge oder geringer
Strömung eben das typische seitliche Schwanken und damit das wirkliche Blinken erzielt wird. Zweitens, und das ist ebenso wichtig,
wird die Fängigkeit des Kopfdrillings speziell beim Heintzblinker
um mindestens 50% erhöht. Viele Spinnangler werden schon die
unangenehme Wahrnehmung gemacht haben, daß ihnen die Fische,
die auf den Kopfdrilling beißen, abkamen bzw. der Anhieb nicht
saß. Die Erklärung ist einfach: bei der gewöhnlichen Befestigung
des Drillings an der Breitseite mittels Gummiringes oder Drahtes
kommt nur eine Hakenspitze zur Geltung, die beiden anderen bilden
infolge der Einlenkung des starren Schaftes in den Blinkerkörper
mit diesem ein starres, unnachgiebiges Ganzes und besonders bei
etwas breiterem Blinkerleib kommt ein Eindringen der einen fest-
stehenden Hakenspitze kaum in Frage. Dagegen kommen bei der
Befestigung nach Pino alle drei Spitzen zum Fassen, da der ganze
Haken freiliegt.

Ich habe mich mit der jetzt üblichen Verbindung des Kopfdrillings mit dem Körper nicht befreunden können und bin dazu
gekommen, einen Ringdrilling mit Nadelwirbeln in die untere Öse
des Wirbels am Kopfe einzuhängen, was einerseits dem Haken
mehr Bewegungsfreiheit verleiht und andererseits gestattet, ihn
bei Bruch oder sonstiger Beschädigung leicht zu wechseln.

Seit ich auch schon zu verschiedenen Malen den Schweifdrilling
durch Bruch an der oberen Lötstelle verloren habe, verzichte ich
auf den wirbelnden Drilling und hänge ihn lieber mit einem der
vorzüglichen „ovalen Springringe“ von Hardy ein (Abb. 71). Diese
kann ich sehr empfehlen, sie sind bedeutend besser als die bisher gebräuchlichen runden Ringe, dabei doppelt so stark, und gestatten
raschestes Ein= und Aushängen.

Die Fischkörpernachbildungen haben, bei uns wenigstens, in
den letzten Jahren viel an Bedeutung und Beliebtheit eingebüßt.

Von den heute noch gangbaren erwähne ich den sehr fangigen „Storkspinner" (Abb. 72) und den ebenso bekannten „Devon=Spinner". Der letztere ist mir in seiner ursprünglichen Ausführung,

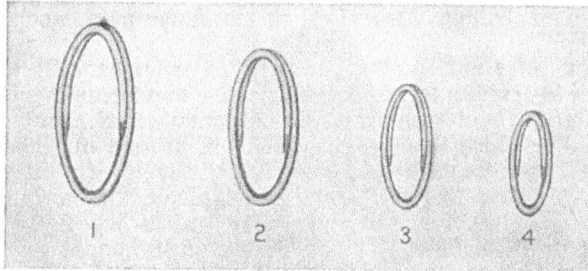

Abb. 71.

ebenso wie seine Varianten und Nachbildungen wegen seines von Haken starrenden Äußeren immer unsympathisch gewesen; in seiner moderneren Form, mit nur einem Drilling, erscheint er mir viel brauchbarer. Sein Vor=

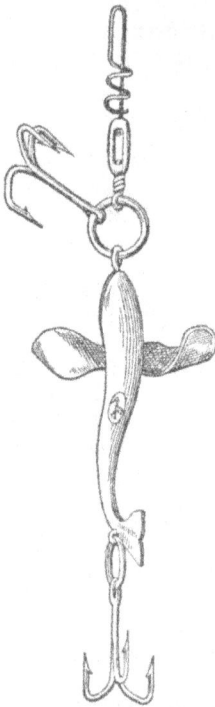

Abb. 72.

Abb. 73.

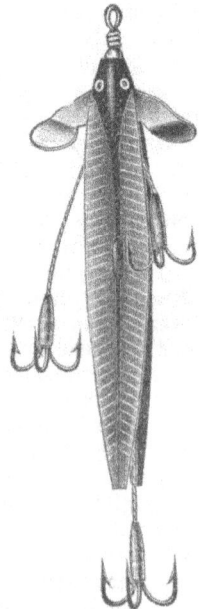

Abb. 74.

teil ist, daß man die Körper nach Farbe und Gewicht nach Be= lieben mühelos wechseln kann (Abb. 73).

Ein guter Spinner, speziell für Hechte, ist der sog. „Bach= stelzenschwanz" (Abb. 74), an dem ich nur die Haken am Gut be= mängle, welches bei längerem Lagern unverläßlich wird, ebenso wie die Bindungen; ich ziehe unter allen Bedingungen Haken am Punjabdraht vor.

Alle anderen „Phantome" und „Minnows" sind mehr minder gute oder schlechte Variationen eines Themas, einerlei, ob aus dem oder jenem Material hergestellt, vor allem sind sie viel zu teuer. Die einzige Verbesserung im Laufe der Jahre an ihnen ist, daß man sie jetzt mit separaten exzentrischen Köpfen aus Blei versieht, welche nicht mitrotieren.

Ich für meinen Teil fische schon seit vielen Jahren nicht mehr mit ihnen, da ich ihnen jeden halbwegs brauchbaren Löffel oder Blinker für weitaus überlegen betrachte.

In den letzten Jahren kommen die amerikanischen Tauchköder aus Holz immer mehr und mehr in Aufnahme, und nicht mit Un= recht. Sie verkörpern ein ganz richtiges Prinzip, nämlich das, daß der Fisch im Naturzustande weder als gesunder noch als kranker um seine Längsachse rotiert, sondern Bauch nach unten kreuz und quer im Wasser einherschießt, teils an der Oberfläche, teils in tieferen Wasserschichten.

Infolgedessen tragen sie keinen Wirbel, das Vorfach wird einfach in eine am Kopf befindliche Öse eingehängt, unter der die Tauchfläche angebracht ist. Diese besteht bei jenen Modellen, welche nur eine geringe Tauchtiefe, sagen wir bis zu $\frac{1}{2}$—1 m, haben sollen, nur aus einer Abschrägung des Körpers nach vorn. Dieser selbst ist länglich, rund und von der Form einer Zigarre, deren Spitze dem Schweifende entspricht. Solche Formen, welche in größere Wassertiefen gelangen sollen, tragen eigens geformte Tauchschaufeln aus Blech, einige haben sogar einen Kopf aus massivem Metall, was das Blei am Vorfach ersetzt, das man bei den anderen Modellen einfügen muß, um in größere Tiefen zu gelangen. Damit sie schwimmen können, sind sie aus leichtem Holz hergestellt und mit einer äußerst widerstandsfähigen Lackierung versehen. Sie sind in allen Farben erhältlich; welche Farbe aber für ein bestimmtes Ge= wässer am besten paßt, muß jeweils ausprobiert werden.

Sie haben den unbestrittenen Vorteil, daß man sie nach dem Wurfe einmal einer gewünschten Stelle, in die man schlecht werfen kann, wie z. B. unter tief überhängendes dichtes Astwerk u. dgl., antreiben lassen kann, da sie erst tauchen, wenn man einzurollen beginnt, das andere Mal, daß man sie über eine gefährliche Stelle wie Grasbänke oder nahe der Oberfläche liegende Steine, Faschinen= werk usw. hinwegführen kann, indem man einfach mit dem Ein= rollen aufhört. Hat man schon beim Tiefführen das Malheur, irgendwo mit dem Blei hängen zu bleiben, so kann sich der Köder selbst nicht am Grunde verhängen, weil er nicht wie ein Metall=

spinner oder eine Flucht zu Boden sinkt, sondern in die Höhe steigt.

In ihrem Heimatlande dienen sie fast ausschließlich, mit der Überkopfrute geworfen, zum Fange aller Raubfische, auch der großen Seefische wie Tuna und Tarpon. Bei uns sind die Meinungen über ihre Brauchbarkeit noch geteilt. Die einen loben sie und wissen von großartigen Fängen zu berichten, — zu denen gehöre ich auch —, die anderen zweifeln an ihrer Brauchbarkeit oder sprechen den „Hölzeln" jeden sportlichen Wert ab. Ich glaube aber, daß mit der Zeit auch diese Beiseitestehenden gerne mit den „Hölzeln" angeln werden, wenn sie erst gelernt haben, sie zu führen; denn nur einfach einwerfen und warten, daß ein Fisch schon anbeiße, das kann man nicht verlangen, auch der „Oreno" oder wie er sonst heißt, verlangt richtig und mit Verstand geführt zu werden. Viele sind der irrigen Ansicht, daß man hiezu unbedingt und nur die Überkopfgerte benutzen könne; nein, die größeren Modelle lassen sich auch von der Spinngerte handhaben, die kleinen sogar von der Fliegenrute.

Mir ist diese Mentalität eines Teiles des angelnden Publikums nicht neu. Es sind das dieselben Leute, welche vor 20 Jahren, als die Blinker in den Handel kamen, verächtlich und spöttisch von „den Blecheln" sprachen, ohne sich je die Mühe genommen zu haben, dieselben führen zu lernen. Diese Leute sind nicht zu belehren und nicht zu bekehren. So wie seinerzeit die Blinker sich durchgesetzt haben und heute zum eisernen Bestand einer Spinnangel-ausrüstung gehören, so werden auch die Amerikaner ihren Weg machen. Mir wenigstens und vielen meiner Angelfreunde sind sie schon unentbehrliche Begleiter. Ich nenne im folgenden die für unsere Verhältnisse geeignetsten Formen: Babe Oreno, froschfarbig, Bass Oreno (Abb. 75), Fish Oreno mit in gleicher Gestalt, aber mit massivem Metallkopf zum Führen in großen Tiefen, Pike Oreno (Abb. 76), besonders geeignet für die Schleppangel.

In verkrauteten Gewässern dürfte es sich empfehlen, um weniger leicht hängen zu bleiben, statt der Drillinge die nebenstehend abgebildeten „Manner=Einhaken" (Abb. 77) zu verwenden, die, wie aus ihrer Konstruktion ersichtlich, sehr leicht ein= und auszuhängen sind. Ich bemängle an ihnen nur die zu stumpfen Spitzen, welche man vor Gebrauch sorgfältig nachschleifen muß. In letzter Zeit verwende ich die Manner-Haken für das auf einer vorhergehenden Seite beschriebene „Old Stikari"=System, für das sie sich hervorragend eignen; nur muß man für letzteres Haken von der „Tarpon"-Größe nehmen.

Eine besondere Stellung unter den künstlichen Ködern nehmen die Tauchköder nach Behm (Abb. 78) und der „Zopf" (Abb. 79) ein; auch der unter dem Namen „Wunderfischli" (Abb. 80) bekannte Spinn= und Tauchköder gehört in diese Kategorie.

Die ersteren weichen von den gang und gäben Spinnködern insoferne ab, als an ihnen bloß der Kopf, dargestellt durch eine um eine Achse rotierende Bleikugel mit Turbinenflügeln, allein die

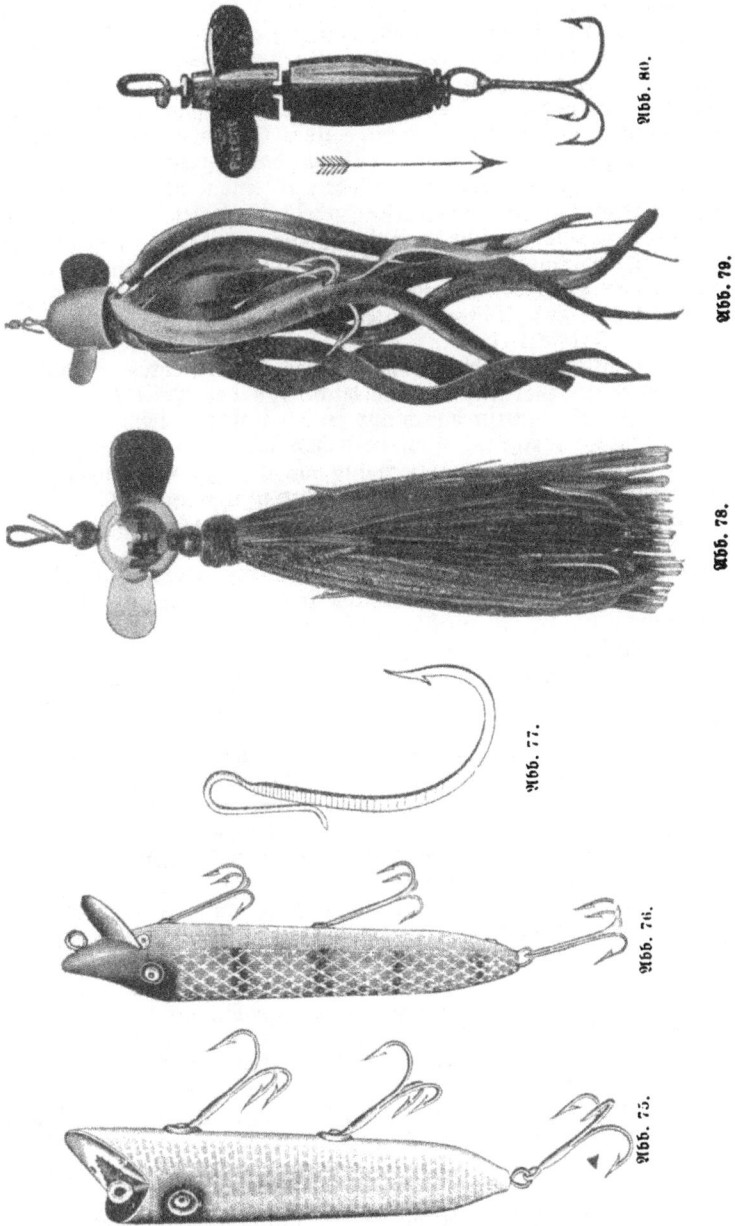

Abb. 80.

Abb. 79.

Abb. 78.

Abb. 77.

Abb. 76.

Abb. 75.

Drehbewegung ausführt, während der mit Haken bewehrte Leib
starr ist; dieser trägt eine Bekleidung von Federn aller Farben bzw.
ist er ohne diese lediglich versilbert oder vergoldet. Beim Herein=
spinnen wie auch beim Tauchen rotiert die Kugel, bei letzterer Be=
wegung Kopf voraus. Diese Köder eignen sich sehr gut für kleine
Gewässer, in denen es nur wenige tiefe Gumpen gibt, in denen
das Heben und Senken wichtiger ist als das reguläre Spinnen.

Das sog. „Wunderfischli" besteht aus einem massiven Metall=
körper, welcher im oberen Drittel geteilt ist: zwei Nocken greifen
ineinander und werden beim Spinnen gekuppelt, so daß der ganze
Körper, dessen Vorderteil die Flügel trägt, sich um seine Achse
dreht. Beim Tauchen dagegen löst sich die Kupplung selbsttätig aus
und der Köder sinkt, Hinterleib voraus, in die Tiefe, wobei nur der
vordere Teil rotiert.

Beide Arten Spinner sind gut und infolge ihres Gewichtes
ohne separates Blei am Vorfach leicht von der Rolle zu werfen.

Der „Zopf" ist ursprüglich nur an der unteren Donau und den
südlichen großen Nebenflüssen derselben als Huchenköder in Ge=
brauch gewesen, hat sich aber nach und nach auch an anderen Wässern
und auch zum Fange von Hechten, Welsen usw. eingebürgert. Her=
gestellt wird er, indem 3—5 Neunaugen an eine Flucht von zwei
hintereinander stehenden Drillingen befestigt werden. Seine Her=
stellung ist sehr einfach: Die beiden Drillinge werden je an ein
Ende eines ca. 25 cm langen Stückes stärkster geklöppelter Seiden=
schnur eingeknüpft. Wenn das geschehen, legt man die Schnur zu
einer Schleife, in die man einen Knoten, einfach oder doppelt, der=
art einbindet, daß die Drillinge von dem Knoten ca. 5 und 12 cm
herabhängen. Der Knoten hat den Zweck, einmal den angebundenen
Neunaugen einen Halt zu gewähren, das andere Mal der auf=
zusetzenden Bleikappe ein Herabrutschen unmöglich zu machen.

Die Neunaugen werden getötet, was rasch und sicher geschieht,
indem man sie in ein Tuch einbindet und dieses mit mäßigem
Schwunge gegen die Tischplatte oder sonst eine Unterlage schlägt.
Sodann näht man mit einem starken Faden (dicke chirurgische Näh=
seide) knapp unter dem Saugnapf am Kopfende zweimal durch den
Körper und knüpft die Enden über dem Saugnapf oder Maul zu=
sammen. Nun bindet man die Enden so um den Knopf in der
Schnur, daß das Neunauge ca. 1—1½ cm davon herabhängt. Ver=
wendet man kleine Haken, so bindet man nur 3 an, bei Verwendung
großer Hakennummern dagegen 4—5. Eine Bleikappe, deren Ge=
wicht dem Wasser und seiner Tiefe angepaßt ist, wird übergestülpt
und die Anköderung ist beendet. Die Schnurschleife wird direkt
ins Vorfach eingehängt. Es ist klar, daß es kaum noch eine einfachere
Anköderung geben kann; und zudem kaum eine, die auf alle Raub=
fische einen so unwiderstehlichen Reiz ausübt wie gerade diese.
Selbst Fische, welche vor kurzem, selbst am selben Tage, von einem
anderen Köder abgekommen sind oder diesen als verdächtig oder
aus einem anderen Grunde nicht angenommen haben, stürzen sich

mit Gier auf den Zopf, sobald er in ihrem Gesichtskreise auftaucht. Ich werde über die Führung des Zopfes in einem späteren Kapitel sprechen.

Leider sind Neunaugen nicht überall und nicht immer zu haben und lassen sich nicht in Formalin konservieren, außer auf Kosten ihrer Elastizität bzw. Geschmeidigkeit. Am besten noch in verdünntem Alkohol mit Zusatz von etwas Glyzerin, und zwar nach der Formel: Absoluter Alkohol 20, destilliertes Wasser 100, Glyzerin 5. — Bis annähernd zu 6 Monaten lassen sich Neunaugen auch in 2—3prozentiger Wasserstoffsuperoxydlösung aufbewahren, doch empfiehlt es sich unter allen Bedingungen, diese mit destilliertem Wasser und reinstem Wasserstoffsuperoxyd, als welches das Mercksche Perhydrol anzusehen ist, herzustellen. Die Neunaugen behalten darin ihre natürliche Farbe und Elastizität; nach 5—6 Monaten aber werden sie weiß und zerfallen. Auch darf man so konservierte Neunaugen, welche schon im Gebrauche waren, nach demselben nicht wieder in die Konservierungsflüssigkeit zurücklegen, da sie nicht mehr haltbar sind. Dagegen kann man aber vor dem Einlegen die frischen Neunaugen zum Zopfe binden, um sie im Gebrauchsfalle einfach in die Flucht einbinden zu können; manche binden die Flucht komplett fertig und legen sie so ein. Ich möchte dem widerraten, denn ich bin der Ansicht, daß langes Lagern in Wasserstoffsuperoxyd die Schnur, an der die Flucht gefestigt ist, zermürbt, was leicht zum Verlust des Zeuges oder gar eines guten Fisches führen kann.

Formalin, auch in größter Verdünnung, ist für die Konservierung der Neunaugen absolut ungeeignet, denn in diesem werden sie bald steif und hart, wodurch sie für den gedachten Zweck unbrauchbar werden.

Man hat infolgedessen verschiedene Ersatzmittel versucht, von denen sich noch am besten der künstliche Zopf aus Hirschleder bewährt hat, den man sich sehr leicht selbst anfertigen kann. In der Österreichischen Fischerei-Zeitung hat Baron Pino die Anfertigung des Lederzopfes anschaulich und ausführlich beschrieben, und ich kann seine Herstellungsweise bestens empfehlen.

Die künstlichen Zöpfe aus Gummiröhrchen, Schwamm usw. sind nicht sehr haltbar und unverhältnismäßig teuer, ohne bessere Resultate zu liefern als der einfache und billige Lederzopf.

Zur Herstellung des künstlichen Zopfes dürfte sich aber die in Amerika mit Recht äußerst beliebte Schweineschwarte empfehlen, welche man in Streifen verschiedener Länge in einer vorzüglichen Art konserviert und in Gläsern zu kaufen bekommt. Da dieselbe äußerst zäh und elastisch ist und auch infolge der Form, in der sie geschnitten ist, beim Ziehen durch das Wasser prächtig schlängelnde Bewegungen macht, wäre ein Versuch zu ihrer Verwendung sehr zu empfehlen. Auch in Amerika fischt man mit ihr auf Black Baß und Muscalonge usw., indem man 2—3 Streifen von ihr anködert und ähnlich wie mit dem Zopfe angelt.

Werfen und Wurftechnik.

Das Werfen oder der Wurf mit der Spinngerte kann in zwei Stilarten ausgeführt werden: entweder in Schleifen aus der Hand nach der alten Methode des „Thames"- oder „Themse"-Stiles oder nach der moderneren direkt von der Rolle im sog. „Nottingham"-Stil.

Der sog. Themse-Stil hat vielleicht Jahrhunderte lang eine dominierende Stellung eingenommen und selbst heutzutage sind seine Anhänger noch nicht ausgestorben. In jener Epoche, da die Rollen noch nicht auf der Höhe waren, wie sie es heute sind, war er sogar aller Wahrscheinlichkeit nach eine unabweisbare Notwendigkeit, und auch heute noch kommt man hie und da in die Lage, besonders bei ganz nahen Würfen in kompliziertem Gelände in „Klängen" oder „Ringen" von der Hand aus werfen zu müssen, weshalb ich seine Beschreibung auch gebe.

Vor dem Wurfe zieht man die erforderliche Länge Schnur von der Rolle, welche man in Ringen am Boden ordnet, natürlich in der Richtung des Ablaufes und nicht umgekehrt. Der Köder hängt ca. 1 m von der Gertenspitze herunter. Man bringt ihn langsam in pendelnde Bewegung und auf der Höhe des Ausschlages nach hinten schwingt man die Gerte dem Ziele entgegen, gleichzeitig die bis dahin festgehaltene Leine freigebend, worauf der Köder seinem Ziele zueilt.

Da sich die Schnur am Boden nur zu leicht in Unebenheiten, Ästen oder selbst Grashalmen verhängen kann, wodurch der Wurf sofort unterbrochen wird, hat Ehmant den nach ihm benannten Fächer konstruiert, der dazu bestimmt ist, die auszuwerfende oder wieder eingeholte Schnur zu fassen und zu tragen. Ich habe ihn zu der Zeit, als auch ich noch nach dem alten Stile fischte, nie benützt, da ich es vorzog, die Leine in Ringen auf die Hand zu nehmen, wodurch man viel mehr Kontrolle über dieselbe behält.

Allerdings, etwas darf bei dieser Art zu werfen nicht vorkommen: das ist das Rollen und Verdrehen der Schnur, sonst hat man im Momente ein Gewirr von Leine statt glatter Ringe in der Hand; ebensowenig darf die Schnur weitgehend gefrieren. Die seinerzeit benützten Schnüre waren viel voluminöser als die heutigen und waren ziemlich steif imprägniert.

Das Einholen der Schnur geschieht in regelmäßigen Zügen von etwa 1 m Länge. Das eingeholte Stück wird wieder als Ring festgehalten, entweder mit der linken Hand oder mit der rechten, unter gleichmäßigem Heben und Senken der Gertenspitze in den einzelnen Phasen des Einziehens, wodurch ein gleichmäßiges Spinnen des Köders erzielt wird. Man konnte diese Art zu werfen bald erlernen, ebenso auch ziemlich weite und zielsichere Würfe machen, selbst mit recht leichten Ködern, aber doch war man einer Unmenge von unangenehmen und störenden Zufälligkeiten ausgesetzt, welche vielen das Erlernen und die Ausübung des Spinnfischens verleideten. Vor allem war es das obenerwähnte Verdrehen der Schnur, überhaupt das schwerste Übel, an dem die Spinnangelei jener Zeit krankte, und die daraus resultierenden Ärgernisse und Störungen, ferner der rasche Verbrauch der Schnüre, die bald rauh und filzig wurden, und nicht zum wenigsten die verschiedenen Störungen beim Drill, namentlich in unebenem und verwachsenem Gelände. Wieviele schöne Fische gingen verloren, nicht allein wegen der minderen Fängigkeit der Spinnfluchten, sondern durch die komplizierte Gestaltung des Drilles an sich. Wie oft habe ich es selbst erlebt, daß sich mir die Schnur verknäuelte, wenn ich das Stück von der Hand auf die Rolle bringen wollte, während draußen ein ungebärdiger Fisch wilde Befreiungsversuche machte. Überhaupt das Aufrollen eingeholter Leine war nach dem Anhieb an und für sich schon ein Kunststück, und ein Drill, bei dem man nicht die Rolle mitarbeiten lassen kann, ist meist eine fragliche Sache. Wohl loben ältere Autoren bei Beschreibung des Themse-Stiles das feine Gefühl, das man in den Fingern habe, wenn man mit der Leine in der Hand drillt. Zugegeben, — aber wem je einmal ein Fisch diverse Meter Schnur in einem Saus durch die Finger gezogen hat, der wird das angenehme Gefühl des Brennens an denselben längere Zeit im Gedächtnis behalten haben. Derlei unangenehme Erfahrungen brachten mich beizeiten dazu, nach dem Wurfe sofort einzurollen, — wenigstens hatte ich keine lockere Leine draußen und die Hände frei —, dafür nahm ich gerne den Übelstand mit in Kauf, zu jedem Wurfe jedesmal die erforderliche Länge Leine abziehen und neu ordnen zu müssen. Dafür aber hatte ich die Sicherheit, daß mir unter dem Drill keine Unannehmlichkeiten und Überraschungen unliebsamer Natur widerfahren konnten.

Heute werfe ich meist nur dann von Klängen in der Hand, wenn ich auf nahe Distanz einen Köder nicht anders hinausbringen kann als mit Unterhandschwung, der nicht ausreicht um von der Rolle genug Leine abzuziehen, wie es z. B. unter überhängenden Bäumen und reichlichem Bewuchs an der Seite häufig der Fall ist, daß man für den Seitenschwung einfach keinen Platz hat, oder aber mit einem sehr leichten Köder, wenn ich ohne Wenderolle angle und diesen gerne weiter hinausbringen möchte.

Die erwähnten Mängel des alten Stiles drängten dazu, den Wurf von der Rolle zu üben. Warum sich diese so langsam durchsetzte, habe ich in dem Kapitel über die Rollen erklärt. — Heute ist er der Stil geworden. Im Laufe der Zeit hat er mannigfache Wandlungen durchgemacht, und ob der Stil, welchen wir den von heute nennen, es auch noch morgen sein wird, will ich hier nicht entscheiden.

Bahnbrechend wirkte der Amerikaner Henshall, der vor einem halben Jahrhundert den Wurf von der Rolle mit leichtem Köder und der nach ihm benannten einhändigen Gerte lehrte. Max v. d. Borne machte die deutschen Angler mit dieser Methode bekannt, leider aber fiel die Anregung nicht auf fruchtbaren Boden. An und für sich war die Spinnfischerei damals noch in weitesten Kreisen unbekannt, und die wenigen, welche diese Kunst übten, klebten zähe am Althergebrachten, dem Wurfe aus der Hand. Erst Heintz griff die Vorzüge dieser Art zu werfen auf und machte den Wurf von der Rolle populär, wenn auch sein Stil und seine Handhabung der Rolle vielen immense Schwierigkeiten bereitete.

Selbst im sportfreudigen England konnte sich der Wurf von der Rolle lange nicht gegen die alte Wurfweise durchsetzen, allerdings nicht deshalb, — wie Heintz irrtümlich annahm —, weil die Engländer mit der Rolle nach unten werfen, sondern der Grund war eben wie auch bei uns die Mangelhaftigkeit der Rollen, wie ich im betreffenden Kapitel ausgeführt habe. Diese ist überwunden, seit die Fehlerquelle der bisherigen Rollen gefunden ward. Im Grunde genommen ist es effektiv für das Gelingen des Wurfes an sich vollständig gleichgültig, ob die Rolle nach unten oder nach oben steht, ob man von der Hüfte aus wirft oder die Gerte frei hinaushält.

Für das Angeln hingegen ist es vorteilhafter, die Gerte frei in den Händen zu führen und mit der Rolle nach oben zu fischen. Diese Erkenntnis hat sich längst auch schon jenseits des Kanals durchgesetzt und heute wirft bereits der Großteil der britischen Angler in dieser Weise.

Ehe ich aber zur Beschreibung der verschiedenen Arten, von der Rolle zu werfen, schreite, muß ich etwas zur Sprache bringen, was ich bisher in keinem Buche gesagt fand: nämlich daß man, so paradox es klingen mag, mit den Beinen wirft, ebenso wie man mit ihnen schießt.

Jeder flinke Schrotschütze weiß, daß er schlecht oder gar nicht einem seitlich flüchtenden Ziel nachschwingen kann, wenn er diesen Schwung nicht durch die geeignete Fußstellung vorbereiten oder unterstützen kann, da die seitliche Drehungsmöglichkeit des Rumpfes aus der Hüfte eine sehr beschränkte ist.

Ganz genau dieselben Verhältnisse liegen beim Spinnwurf mit seitlichem Schwunge vor. Hier wie dort unterstützt bzw. ermöglicht die richtige Fußstellung, und was noch wichtiger ist, die richtige Drehung des Körpers auf den Füßen einen mühelosen und richtigen Wurf. Ich halte es deshalb nicht für unangebracht, diese Fußstellungen in bildlicher Darstellung zu veranschaulichen und den Schützen neben dem Werfer zu zeigen, in der Annahme, meinen Lesern eine neue Hilfe bei der Erlernung des Wurfes zu geben oder jenen, welchen der Wurf noch Mühe macht, einen neuen Weg zu weisen.

Ganz gewiß, unter gewissen Umständen, wie im beschränkten Raume des Bootes oder beim Waten, auch beim Begehen widriger Ufer, wird man nicht immer die korrekte Fußhaltung einnehmen können, aber darum handelt es sich ja auch nicht für den Geübten, denn dieser wird durch vorgeschrittene Übung und Beherrschung der Materie in solchen Fällen eine Hilfe wissen. Aber der Anfänger und derjenige, welcher den Wurf als solchen noch nicht voll beherrscht, soll sich an Hand des Gezeigten eine Grundlage für seine Technik bilden, die zu modulieren und dem jeweiligen Erfordernis anzupassen seiner späteren Vollendung vorbehalten bleibt.

Man kann den Wurf von der Rolle ebenso wie den vorhin beschriebenen Wurf aus Klängen auf zwei Arten machen: von der Hüfte oder mit frei herausgehaltener Gerte. Ich will es gleich hier sagen, daß man auf beide Arten korrekt, genau und erforderlichenfalls auch weit werfen kann. Daß man aber mit der — in einer oder beiden Händen — frei geführten Gerte leichter arbeitet, vor allem in einer natürlicheren Haltung unter Vermeidung einer ermüdenden Anspannung der Rückenmuskeln, das wird jeder bald herausfinden, wenn er sich die kleine Mühe macht, in beiden Stellungen werfen zu lernen.

Ob man mit der leichten einhändigen oder der naturgemäß schwereren doppelhändigen Gerte, ob man von links nach rechts oder umgekehrt mit der Rolle nach oben oder nach unten wirft, — das bleibt sich für die Ausführung des Wurfes gleich. Immer aber halte man sich eines vor Augen: Jeder Wurf beginnt mit einem Schwung und endet in einem solchen. Je weniger rohe Kraft und je mehr stetige Bewegung in denselben hineingelegt werden, desto sicherer ist das Gelingen.

Alle Anfänger und viele ältere Spinnfischer machen den kardinalen Fehler, sich zu überstürzen, d. h. dem Anschwung nicht die nötige Zeit zu lassen, seinen größten Ausschlag zu erreichen. Wenn sie dann noch diesen Fehler durch überflüssige Kraftanwendung verbessern wollen, dann mißlingt der Wurf unweigerlich von Haus aus.

Jeder Wurf besteht aus zwei Schwungphasen.

Die erste ist der Anschwung. Von der Gertenspitze hängt der Köder senkrecht 1 m bis 1½ m, je nach der Länge der Gerte, herab. Ein leises Schwingen der Gerte bringt ihn zum Pendeln. Gut und vorteilhaft ist es, wenn man sich von Haus aus angewöhnt, die Schwingungsebene des pendelnden Köders möglichst parallel zur eigenen Körperebene zu legen. Während der einzelnen Pendelausschläge vermeide man jede reißende oder ruckende Bewegung der Gerte, denn das unterbricht die Streckung der Schnur zwischen Köder und Gertenspitze. Wenn der pendelnde Köder den größten Ausschlag nach hinten macht, — besser: wenn er fast oder ganz die Horizontale erreicht hat —, dann ist der Moment für die zweite Phase gegeben für den Vorschwung.

Es wäre ganz gefehlt, diesen mit einem gewaltsamen Ruck oder Stoß nach vorne in Szene zu setzen, nein, im Gegenteil, er muß förmlich fließend aus dem ersten Schwunge hervorgehen und allmählich gegen das Ende seiner Bahn an Stärke zunehmen. Die Gertenspitze bewegt sich im Verlaufe des Vorschwunges nicht in einer Geraden, sondern in einem Kreisbogen von ungefähr 90 Winkelgraben! Dieselbe Bahn muß parallel dazu der Köder durchlaufen! Am Ende des Vorschwunges wird die bis dahin festgebremste Rolle freigegeben, nicht früher, sonst fliegt der Köder seitab von der Zielrichtung, und nicht später, sonst wird der Wurf zu kurz.

Der freigegebene Köder fliegt nun seinem Ziele zu und wird durch Nachgehen mit der Gertenspitze in die Richtung des Einfallspunktes dirigiert.

Ich möchte jedem Anfänger den Rat geben, diese Schwungmomente zu studieren und zu üben, ehe er an den Wurf auf ein Ziel geht. Diese Übungen können ganz gut auf einer Wiese gemacht werden. Hat er einmal das Gefühl für den weichen Schwung los, dann bietet ihm das Werfen keine besonderen Schwierigkeiten mehr, denn das richtige Bremsen der Rolle lernt er viel leichter.

Die meisten Anfänger wollen „weite" Würfe machen und verschwenden eine Menge Muskelarbeit an dieses unfruchtbare Tun, ohne aber zu bedenken, daß ihnen die Grundbedingung für ein gutes Werfen, d. i. die richtige Kenntnis der Ausführung der Schwünge, abgeht, und daß diese wiederum die Vorbedingung für den richtigen, sauberen Wurf ist, den zu beherrschen ihre nächste Aufgabe sein soll. Erst aus diesem entwickelt sich ganz von selbst bei zunehmender Übung die Fähigkeit, gute weite Würfe zu machen.

Wie entwickelt sich nun nach dem Vorschwung der weitere Wurf?

Wir haben die Trommel freigegeben und der Köder fliegt seinem Ziele zu. Wenn der Anfänger nicht gerade eine Rolle des Silex- oder des Antibacklashtyps führt, muß er die Trommel in ihrem Laufe mit den Fingern kontrollieren, d. h. er muß, je näher der Köder dem Ziele kommt, desto kräftiger auf den Rand der Schnurtrommel drücken, um diese in dem Moment ganz festzustellen, wenn der Köder ins Wasser fällt. Täte er dieses nicht, dann würde die Trommel, dem Gesetze der Beharrung und der Trägheit folgend, weiterlaufen und daraus würde ein Überlaufen der Schnur resultieren. Bei den alten Rollen war das Überlaufen eine ewige Gefahr und das richtige Bremsenlernen eine bittere Schule. Heute haben wir besonders in den Speichenrollen so gute Regulierungsmöglichkeiten, daß man fast gar nicht mitzubremsen braucht, zum mindesten aber das fatale und entmutigende Überlaufen bei einiger Vorsicht kaum mehr zu befürchten ist.

Wie, bzw. wo und mit welchen Fingern gebremst wird, hängt von der Stellung der Rolle, vielfach aber auch von der Gewohnheit ab, auch davon, wie die Schnur von der Rolle weg zum Leitring läuft.

Bei den Wenderollen entfällt naturgemäß jede Bremstätigkeit der Finger, da ja die Trommel steht und der Schnurablauf von selbst in dem Augenblicke aufhört, da der Köder ins Wasser fällt, also der Zug an der Leine, welcher ihren Ablauf bewirkt, aufgehört hat. Beim Gebrauche solcher Rollen hat man weiter nichts zu tun, als sie nach dem Einfallen des Köders in die Stellung zum Aufrollen zurückzudrehen und mit dem Einrollen zu beginnen.

Wirft man mit der Rolle nach unten, dann wird man je nachdem mit dem Daumen oder Zeigefinger der einen oder anderen
Hand bremsen (Abb. 81).

Heinz empfahl das Bremsen mit dem Daumen und den Verlauf der Schnur von oben her und das Einrollen gegen den Körper.
Das letztere ist eine für
den Rechtshänder un-
angenehme Tätigkeit,
das erstere schafft mei-
ner Ansicht nach eine
überflüssige Reibung
der Leine am Leitring.
Die Schnur wird ohne-
dies beim Einrollen ge-
nugsam am Endring
gescheuert, selbst wenn
dieser Achatfütterung
hat, und ganz beson-
ders, wenn sich noch
Eis an ihm ansetzt. Da-
gegen stimme ich der
anderen Begründung
für die Stellung der

Abb. 81 a.

Rolle nach oben zu, nämlich der, daß sich in dieser Stellung die
Schnur nicht an den Zwischenringen reiben kann. Tatsächlich geschieht dies auch nicht, die Reibung bleibt, wenn die Schnur von

Abb. 81 b.

unten her parallel zur Gerte läuft, sogar nur auf den Endring
beschränkt. Diese Art, die Schnur auf die Rolle zu winden, hat
aber noch den Vorteil, daß der Rechtshänder in seiner gewohnten
Weise rollen kann.

Das wichtigste Argument für die Aufwärtsstellung der Rolle
scheint mir aber das zu sein, daß man in dieser Stellung das korrekte
Aufwinden der Leine mit den Augen kontrollieren kann, was für
das Gelingen der nächsten Würfe von fundamentaler Wichtigkeit ist.

Ich selbst bremse meine Rolle mit den Fingerspitzen der linken Hand, was die besondere Stellung der Rolle bei der Ausführung des Wurfes bedingt, zu der ich, mit der zweihändigen Gerte natürlich, vollständig übergegangen bin; ich werde dieselbe später detailliert beschreiben, wenn ich die verschiedenen Arten zu werfen schildern werde.

Welche Anforderungen hat man an einen guten Wurf zu stellen? Ein guter Wurf muß sauber, korrekt und zielgenau sein.

Sauber ist der Wurf, wenn er von Anfang bis zum Ende hemmungslos und stilgerecht durchgeführt ist. Korrekt aber ist er, wenn er auch seiner anglerischen Bestimmung gerecht wird. Zum Kriterium eines korrekten Wurfes gehört möglichste Lautlosigkeit beim Einfall des Köders. Heinz stellt dafür die Forderung auf, daß der Köder bei seinem Laufe einer Ebene folge, die im spitzen Winkel zur Wasseroberfläche geneigt sei, und perhorresziert den Bogenwurf mit der Motivierung, daß der von oben ins Wasser fallende Köder aufpatsche und dadurch die Fische vergräme. Ich möchte das nicht so ohne weiteres bejahen. Es gibt Situationen, in denen Schilf oder Gebüsch vor dem Angler diesen zwingen, es zu überwerfen, wenn er eine jenseits davon liegende gute Angelstelle erreichen will. Was bleibt da übrig, als den Köder in mehr minder hohem Bogen über das Hindernis zu werfen? Und trotzdem habe ich wiederholt gerade mit solchen Würfen gute Fische erbeutet. Ich glaube, das „Einpatschen" des Köders stört die Fische nicht allzusehr, denn springende Fische kommen doch stets mit einem mehr minder lauten Aufschlag ins Wasser zurück, ohne daß die Nachbarschaft davon sonderlich Notiz nimmt oder Beunruhigung zeigt. Allerdings auf nahe Distanzen und nahestehende bzw. hochstehende Fische empfiehlt sich ein möglichst leiser Wurf, besonders dann, wenn man sich den Fischen nicht verbergen kann.

Zielgenau ist der Wurf, wenn er dort einfällt, wo es der Werfende beabsichtigt, und zielgenaues Werfen ist das Charakteristikum für den guten Werfer. Wenn man auch im allgemeinen mit der Spinnangel möglichst große Wasserflächen zu bedecken hat, so ergeben sich doch Momente genug, wo eben nur der gezielte und richtig gesetzte Wurf Erfolg verheißt, so daß es erstrebenswert ist, sich auch im zielsicheren Werfen zu üben und auszubilden.

Ich will nun im folgenden die Ausführung der verschiedenen Wurfweisen mit ein- und zweihändigen Gerten sowie den Überkopfwurf schildern.

Zunächst den Wurf mit der in letzter Zeit mit Recht so beliebt gewordenen einhändigen Spinngerte oder „Henshall-Gerte".

Ich bemerke im voraus, daß die Fußstellung und die Drehung des Körpers auf den Füßen bei dieser Art zu werfen und auch bei der nachstehend beschriebenen Führung der zweihändigen Gerten die gleiche ist, und bitte meine Leser, hiezu die Abb. 82 und 83 zu studieren. Ich möchte die im Borne wiedergegebenen Stellungen für den Wurf mit der Henshallgerte nicht empfehlen, da aus ihnen das so wichtige und dem Wurf so unendlich zugute kommende

Abb. 82 a.

Schwingen und Drehen des Rumpfes auf den Füßen viel schwerer herauszubekommen ist als aus den Grundstellungen, die ich bildlich wiedergegeben habe.

Die Rolle steht vor der werfenden Hand, ganz gleich, ob es eine Rolle mit Trommel oder eine Wenderolle ist; wieweit der Rollenfuß vom Endknopf steht, richtet sich unbedingt nach der Größe der

Abb. 82 b.

Abb. 83 a.

Hand und der Länge der Finger des Werfenden, man sehe aber darauf,
daß der Griff dieser Gerten nicht zu kurz sei, was leider oft vorkommt
und eine unangenehme Ermüdung der Handmuskeln zur Folge hat.

Abb. 83 b.

An- und Endschwung erfolgen wie vorher beschrieben. Angelt man jedoch mit den kurzen Vorfächern genau nach der Henshall-schen Originalmethode, dann kann man, eine äußerst leichtlaufende Rolle vorausgesetzt, den Wurf so ausführen, wie ihn Henshall lehrte, d. h. direkt aus der Ruhelage des Köders den weichen Vorschwung machen (f. Abb. 82a und 83a).

Gerade für diese Art zu angeln möchte ich die heimische Speichen-rolle und die Antibacklash-Rolle als ideale Behelfe bezeichnen.

Die doppelhändigen Gerten werden ihrer größeren Dimen-sion und Schwere halber mit beiden Händen geführt, wenn auch schon die leichten unter ihnen ab und zu auch den Wurf mit nur einer Hand gestatten.

Hier können wir zwei Arten des Wurfes beobachten. Die alte Form führt die Rolle zwischen den Händen, je nachdem weiter oder näher vom Endknopf angebracht. Heintz normierte da-
für eine Distanz von 28 cm als
Optimum. Dieser Ansicht
möchte ich aber nicht unbedingt zustimmen, und zwar
aus dem einen Grunde, weil
jeder einzelne Mensch so verschieden vom andern in Körperbau, Gestalt, Armlänge
usw. ist, so sehr, daß ich den
Bau von Spinngerten mit
festem Rollenkasten für einen
großen Nachteil ansehe. Jeder
muß, wenn er von seiner Wurftätigkeit Genuß und Profit er-
wartet, sich sein Gerät an seinen Leib anpassen können. Aus

Abb. 84. Hand- und Fingerstellung beim Bremsen „Rolle nach oben" und Wurf mit „Rolle zwischen den Händen".

diesem Grunde betone ich an dieser Stelle die Notwendigkeit des parallelen Handgriffes mit frei verstellbaren Rollenhaltern, erst recht aber für die nachstehend beschriebene Art des Werfens mit der Rolle vor der Hand.

Um zunächst bei dem Wurfe „Rolle zwischen den Händen" zu bleiben: Die Grundstellungen zum Wurfe sind die gleichen wie vorher, die linke Hand faßt den Griff ober der Rolle, die Rechte unter dieser, den Daumen an der Trommel. An- und Vorschwung sind, dem beschriebenen Seitenwurfe entsprechend, gleich (Abb. 84).

Beim Wurfe von rechts nach links ziehen es viele vor, die Hände zu wechseln, also Rechte vor Linke hinter die Rolle zu legen. Es ist gegen diese Manier nichts einzuwenden, nur muß naturgemäß nach dem Wurfe die Handstellung gewechselt werden.

Die neuere Art zu werfen bevorzugt die Stellung der Rolle vor der Hand, und zwar liegt dabei die Linke unter der Rolle der-art, daß die Spitzen des Zeige- und Mittelfingers am Rollenrand von unten her anliegen und so Freigabe bzw. Bremsung bewirken. Die Rechte faßt den Griff weit unten gegen das Ende, eventuell sogar am Endknopf selbst (Abb. 85).

Eine conditio sine qua non ist ein paralleler Handgriff, denn nur dieser gestattet es, die Rolle soweit nach vorn zu setzen, als nötig ist.

Ich bin in letzter Zeit ganz zu dieser Art zu werfen übergegangen, weil ich gefunden habe, daß sie den weitesten und angenehmsten

Abb. 85.

Wurf erlaubt. Die Wurfweise ist aber noch weiterhin verbessert worden, und zwar dahin, daß auch die Gertenhaltung nach dem Wurfe eine von der bisherigen völlig abweichende wurde.

Bisher stemmte man nach dem Wurf sowohl die einhändigen wie die zweihändigen Ruten zum Einrollen in die Hüfte und rollte (vgl. Abb. 86) direkt mit krummem Rücken ein, welche Stellung namentlich bei Tiefführung der Gertenspitze auf die Dauer direkt ermüdend war und bei vielen infolge der unnatürlichen Anspannung der Rückenbeuger und -strecker sogar intensive Muskelschmerzen auslöste, wenn man so stundenlang gefischt hatte. Auch ich habe das immer lästig empfunden und daher die neue Methode mit Freuden akzeptiert, welche nunmehr die Hüfte vom Druck des Knopfes und die Muskeln von einer unnatürlichen Zwangsstellung befreit.

Nach dem Wurfe kommt einfach der Endknopf unter die Achsel zu liegen, wo er völlig festliegt (s. Abb. 81 b). Der die Gerte haltende

Abb. 86.

Arm liegt auch in einer natürlichen Lage, ohne daß seine Muskeln in dieser oder jener einen Richtung überanstrengt werden. Die Rumpfmuskeln sind ebenfalls entlastet und entspannt (Abb. 87).

Die rechte Hand rollt ein, aber die Finger der linken liegen nach wie vor an und unter der Rolle, sofort bereit, sowohl die Knarre

Abb. 87.

einzuschalten als auch im Bedarfsfalle noch als Hilfsbremse mit=
zuwirken.

Ich kann diese Wurfmethode nur aufs wärmste empfehlen,
sie erscheint wohl auf den ersten Blick ungewöhnlich, aber ein Ver=
such wird wohl viele meiner Leser so rasch zu ihr bekehren, wie ich
mich zu ihr bekehrte.

Ehe ich die Technik des Einrollens bespreche, will ich meine
Leser noch mit einer Art des Wurfes bekannt machen, welche ich
nirgends beschrieben fand, die zu
kennen aber in vielen Fällen von
Vorteil ist, besonders dort, wo
es sich darum handelt, über Hin=
dernisse wie Stauden oder Schilf
weiter hinauszuwerfen, zwischen
denen wohl Raum ist, die Angel=
rute durchzuschieben, aber kein
Raum für einen seitlichen
Schwung. Ich möchte diesen
Wurf den „Schleuderwurf" nen=
nen. Bedingung für sein Ge=
lingen ist, daß die Gerte so lang
ist, daß sie in der Ausgangs=
stellung mindestens ca. 1 m über
das Hindernis hinausragt. Am
vorteilhaftesten ist der Wurf von
links nach rechts. Man nimmt
Stellung wie zum Seitenwurfe,
hält jedoch die Gerte beinahe
vertikal. Die Leine ist so weit
aufgerollt, daß das Blei am
Endring anstößt. Kürzere Vor=
fächer sind hiebei ein Vorteil,
ebenso ein so weiter Endring, daß
allenfalls mit aufgerollte Vor=
fachteile bzw. Wirbel hemmungs=
los durchlaufen. Der Köder hängt
ganz ruhig herab, es wird nicht

Abb. 88.

angeschwungen, sondern mit einem zügigen Vorschwung der Köder
dem Ziele zugeschleudert (Abb. 88).

Die Sache ist nicht so schwer, als sie sich ansieht. Ich gebe zu,
daß es einiger Übungswürfe bedarf, ehe man die Sache richtig
weg hat, besonders das richtige Moment für die Freigabe der
Rolle erfaßt hat; ebenso aber gebe ich auch zu, daß man vorerst
überhaupt werfen können muß, ehe man sich an diese Wurfweise
heranmacht.

Sie ist — ich will es gleich sagen — auch mit der Rolle zwischen
den Händen ausführbar, aber fast mühelos wird sie gelingen, wenn
man zur Stellung Rolle vor der Hand übergeht.

Es erübrigt nur noch, die in den letzten Jahren immer mehr an Bedeutung und Beliebtheit zunehmende Methode des Überkopfwurfes zu besprechen.

Es ist noch nicht zu lange her, daß er von unseren Autoritäten im Sport nahezu glattweg abgelehnt wurde, und doch hat er in unserem Programm seinen Platz erobert und behauptet.

Es liegt mir ferne zu behaupten, daß er das Alleinseligmachende ist, — das kann wohl von keinem Dinge behauptet werden —, aber daß er für viele unserer Gewässer brauchbar und sogar auf manchen allem andern überlegen ist, das kann und darf ich getrost behaupten.

Seine Technik entwickelte sich jenseits des Ozeans aus der Notwendigkeit, vom Kahne aus ohne Gefährdung der Stabilität des Fahrzeugs oder der Gesundheit des Mitfahrers weite Würfe mit Sicherheit am Standorte der Fische zu landen. Wenn auch bei uns diese Bedingungen meist nicht gegeben sind, so hat es andererseits doch einen hohen sportlichen Reiz, ein ausgedehntes Gewässer mit einer kaum 6 Fuß langen leichten, zierlichen Gerte zu beherrschen und dabei doch schwere Fische in weidgerechtem Drill zu besiegen.

Aber mit der zunehmenden Verwendung des Faltbootes für anglerische Zwecke, welche ja nur eine Frage der nächsten Zukunft ist, wird sich naturgemäß auch der Überkopfwurf mehr und mehr einbürgern, um so mehr, als er eben für dieses Fahrzeug der allein mögliche und richtige ist, da er sich tadellos und mühelos eben auch aus der sitzenden Stellung ausführen läßt und mit ganz kurzen Gerten von 150 cm Länge oder vielleicht noch kürzeren volle Gewähr für weidgerechtes Angeln bietet. Man darf eben nicht vergessen, daß der Angler in diesem Falle beim Drill durch das Boot unterstützt wird.

Daß der Überkopfwurf sich aber beim Angeln vom Ufer stets als das einzig gegebene bewähren werde bzw. es sei, dürfte wohl auch sein enragiertester Anhänger nicht behaupten können. Es gibt Gewässer und Uferverhältnisse, welche ihn zwar vielleicht nicht direkt ausschließen, an denen aber die lange Spinngerte das vorzuziehende Bessere ist. Trotzdem wird er auch an den Ufern vieler Wasser seine enormen Vorteile zur Geltung bringen können.

Die Ausführung des Überkopfwurfes wird am anschaulichsten gemacht, wenn man sich den Werfenden im Zentrum eines Zifferblattes vorstellt, welches in seiner vertikalen Körperebene liegt, mit der Blickrichtung nach III.

Die wagrecht nach hinten liegende Gerte (Abb. 89) zeigt auf IX und wird aus dem Armgelenke im Bogen vor- und aufwärts gegen XII geschwungen. Bis dahin hält der Daumen die Rolle gebremst. Vor XII gibt der Daumen die Rolle frei, der Köder fliegt aus und die Gerte folgt langsam der Flugrichtung bis ungefähr II (Abb. 90).

Das wichtigste Moment ist und bleibt: das unbewußt richtige Freigeben der Trommel zu erlernen, alles andere, Weit- und Zielwurf, ergibt sich mit zunehmender Übung von selbst. Habe ich schon

Abb. 89.

Abb. 90.

beim Seitenwurfe betont, daß Schwung alles, Kraftanwendung aber nichts sei, so gilt dies vielleicht noch viel mehr vom Überkopf=wurf. Schon allein die federleichte Gerte und die leichtlaufende Rolle ersparen dem Werfenden die Kraftanwendung.

Das meist zitierte Argument der Gegner des Überkopfwurfes ist der Vorwurf, daß der Köber „in hohem Bogen geworfen, lär=mend ins Wasser falle". Und gerade das ist falsch. Denn der rich=tige Wurf geht nicht in „hohem Bogen", sondern in einem ziemlich flachen, an dessen Ende der Köber in ziemlich spitzem Winkel zur Wasseroberfläche einfällt, also genau die Bedingungen erfüllt, welche für den Seitenwurf gestellt werden. Dieses Einfallen erfolgt dann fast ohne ein auffallendes Geräusch, selbst bei schweren Köbern.

Ein weiterer Vorwurf ist: Der Überkopfwurf fördere den „Amerikanismus", die „Rekordsucht", den nicht angelgerechten Weitwurf u. a. mehr.

Was ist daran wahr? Nichts!

Daß beim Tournier im Wettbewerb um den weitesten Wurf sich jeder Teilnehmer bemüht, sein Bestes zu zeigen und aus dem Geräte herauszuholen, das ist ganz natürlich und selbstverständlich; und das Bewußtsein, einen Wurf auf 80 und vielleicht mehr Meter machen zu können und von seinem Gerät geleistet zu bekommen, ist wohl auch etwas wert. Ist dieser Tournierteilnehmer ein Angler, dann weiß er von Haus aus, daß in der grünen Praxis seine Wurf=weiten sich in bescheidenen Grenzen zu halten haben, weil eben Angeln und Tournier zwei verschiedene Dinge sind.

Es könnte ja ebensogut dem Jäger, welcher eine moderne Rasanzbüchse führt, derselbe Vorwurf gemacht werden; die Büchse hat eine notorische Trag= und sogar Tötungsfähigkeit auf 1000 Schritt. Wird aber ein weidgerechter Jäger jemals im Leben, selbst mit Benützung des Fernrohrs, auf diese Distanz ein Wild be=schießen? Gewiß nicht, weil er eben weiß, daß ihm trotz allem ziem=lich enge Grenzen gezogen sind, innerhalb deren er auf das sichere Erlegen des Wildes rechnen darf. Wer kein Angler ist und in sich nicht die Berufung zu weidgerechtem Tun und Handeln fühlt, der bleibt ein Schinder und Aasmacher auch mit der teuersten Hardy=gerte in der Hand, einerlei, was und wie und in welchem Stil er angelt. Darum lasse sich keiner meiner Leser davon abhalten, den Überkopfwurf in sein anglerisches Programm aufzunehmen, wenn er in der Lage ist, ihn auf seinen Gewässern oder Angelfahrten aus=zunützen. Er wird viel reine und neue Freude erleben und zu der Überzeugung kommen, daß Probieren über alles Studieren geht.

Die Praxis des Spinnangelns.

Sofern es sich nicht um die Handhabung der Henshallschen Originalmethode, d. i. also den Wurf und die Führung eines lebenden Fischchens handelt, ist der Zweck der Spinnangel: einem Raubfisch einen toten oder künstlichen Köder derart vorzuführen, daß er „Leben zeigend oder vortäuschend" geführt wird. Je nachdem soll er einen gesunden, im Strome ziehenden Fisch darstellen oder aber einen schwachen, kranken, der an seiner Schwimmfähigkeit geschädigt, schwer mit der Strömung kämpft, die Gleichgewichtslage verloren hat, torkelt und taumelt, taucht und wieder zur Oberfläche strebt usw.

Um dies richtig zu machen, muß man vorerst den Wurf als solchen beherrschen und dann am Wasser sich die Frage stellen und beantworten können: Wie soll ich werfen— wohin soll ich werfen — wie weit soll, kann und darf ich werfen?

Ich will diese Fragen der Reihe nach besprechen.

Wie soll ich werfen? Das entscheidet im allgemeinen die Natur und Beschaffenheit des Wassers selbst. Vor allem beherzige man, daß Fische zwar meist bestimmte Standorte haben, an denen man sie nahezu mit Sicherheit erwarten bzw. suchen kann, daß sie aber trotzdem im ganzen Wasser zu finden sind. Da man mit der Spinn= angel in der Hand in der Lage ist, jeden Meter Wasser bis zu einer gewissen Tiefe, deren unterste Grenze annähernd bei 3—4 m liegt, gründlich abzusuchen, muß man eine gewisse Planmäßigkeit im Werfen befolgen, außer das Wasser wäre so klein, daß man eben nur einige wenige Plätze darin befischen kann, die mit einigen Würfen erledigt sind.

Ich finde nirgends in der Literatur mit Nachdruck darauf hin= gewiesen, daß man immer und unter allen Umständen die ersten Würfe direkt parallel zum Ufer machen soll. Ich halte das für wichtiger als alles andere, denn viele große Fische stehen teils direkt am Ufer, teils unter diesem selbst und werden nur zu leicht vergrämt, wenn man diesen Punkt übersieht.

Hat man erst die Uferregion gründlich abgesucht, dann gehe man nach der Strommitte. Geradeaus quer über den Strom zu werfen hat nur dann einen Sinn, wenn man dort einen Fisch steigen oder jagen sieht und ihm auf diese Weise den Köder sozusagen schnappschußartig vor die Nase setzen will.

Im allgemeinen hat man in größeren Wassern und bei weiteren Würfen damit zu rechnen, daß die Strömungsverhältnisse draußen im Fluß andere sind als beim Ufer. Dann kann es passieren, daß die Schnur von einer anderen Strömung erfaßt wird als der Köder und man mit einem Anhieb nicht zurecht kommt, weil man die Leine nicht gespannt erhalten und so den richtigen Kontakt mit dem Fisch im Moment des Anbisses nicht herstellen kann.

Es ist unbedingt ratsamer und vorteilhafter, in einem Winkel flußabwärts über die Strömung zu werfen und den Köder von dort gegen das Ufer treiben zu lassen; wenn es auch nahezu als Regel gilt, gerade beim Spinnfischen stromabwärts zu angeln bzw. zu werfen, so gibt es doch auch Fälle, in denen unter Umständen ein Wurf stromauf seine Berechtigung hat und mitunter ungeahnten Erfolg bringt. Über das immer mehr in Aufnahme kommende

„Stromaufspinnen" bei Klarwasser auf Forellen werde ich in dem diesem Fisch gewidmeten Abschnitt ausführlicher werden. Der Wurf stromauf hat aber auch beim Angeln auf andere Fische Erfolg, allerdings nicht immer mit dem „Spinnköder" stricte nominis, sondern mit solchen Köderformen, welche infolge Beschwerung am Kopfe geeignet sind, Tauchbewegungen auszuführen, wobei es weniger auf das exakte Spinnen als solches ankommt, sondern viel mehr darauf, sehr tiefstehenden Fischen den Köder mit so wenig Blei oder Beschwerung als möglich anzubieten. Bei dieser Art zu werfen drückt die Strömung den Köder zu Boden wie einen total erschöpften Fisch, und da er dem ruhenden oder auf der Lauer liegenden Raubfische direkt entgegenschwimmend förmlich in den Rachen getrieben wird, nimmt er ihn meist unbedenklich und vertraut.

Ich bin einmal durch einen Zufall dazu verleitet worden, einem am Boden einer tiefen Kehre stehenden Huchen einen Köderfisch an einer Wachauerflucht so anzubieten; beim regulären Spinnen brachte ich ihn nicht tief genug an den Fisch, welcher im besten Fall ein paar Meter nachging, um sich dann wieder auf den Grund zu legen. Ich hatte wiederholt auf den Fisch geangelt, jedesmal umsonst. Die Stelle war durch überhängende Bäume sehr schlecht zu bewerfen, und damals passierte es mir, daß ich, ich weiß nicht mehr wieso, direkt stromauf geworfen hatte. Um den Platz nicht zu beunruhigen, ließ ich den Köder ruhig treiben und war nicht wenig erstaunt, als ich auf einmal am Boden den Biß des alten Schlaubergers fühlte, der dann auch glücklich gelandet wurde. Dieser Zufallserfolg machte mich kühn. Ich suchte noch einen derartigen Platz aus, an dem ich einen guten Fisch wußte, warf diesmal mit Absicht stromauf und hatte prompt den Anbiß, als ich den Köder an der tiefsten Stelle direkt am Boden schleifte. Auch dieser Huchen ward mir zur Beute und nach ihm noch eine Anzahl anderer und auch verschiedene alte scheue Hechte.

Man fürchte sich nicht vor Hängern, man hat deren nicht mehr und nicht weniger als beim Stromabfischen, aber das Risiko, einmal eine Flucht zu verlieren, wird durch ungeahnte Erfolge reichlich wettgemacht.

Wohin man zu werfen hat: einen Teil der Antwort enthält das Vorerwähnte. Wenn man nicht gerade einen sehr großen Fluß befischt, in dem man die Standplätze der Fische mehr ahnt als erkennt, trachtet man nach dem Absuchen der Ufer den sonstigen Lieblingstärken der Fische nahezukommen: Schilfstände, Krautbetten, große Steine, Einbauten, versunkenes Holz, aber auch Stein- und Schotterbänke, die zur Tiefe abfallen, sind Lieblingsstände und Jagdreviere der Raubfische. Solche Stellen müssen, allerdings durch besonders präzise Würfe belegt, besonders intensiv und gründlich abgefischt werden.

Und schließlich die Hauptfrage für viele: Wieweit?

Ausgehend von dem Leitsatze: Nicht weiter als unbedingt nötig, gibt es doch auch für diesen verschiedene Varianten. In einem kleinen

Waſſer wird man kaum in die Lage kommen, beſondere Weitwürfe
zu machen oder machen zu müſſen, ebenſowenig beim Angeln
vom Boote aus. Anders liegen die Dinge an großen Flüſſen, die
man vom Ufer aus befiſchen muß, und an Seen. Da wird man ſich
wohl oder übel entſchließen müſſen, weiter hinauszukommen, um
eine beſonders günſtige Stelle zu erreichen. Aber auch da gibt's
eine Grenze, die ſo um 35 m herum liegt. Darüber hinaus hat man
ſchlechte Fühlung mit dem beißenden Fiſch, die lange Leitung muß
durch einen ganz beſonders kräftigen Anhieb überwunden werden,
der auch noch die Elaſtizität der Leine zu beſiegen hat, und das
Eindringen der Haken iſt immerhin noch recht fraglich. Würfe auf
20—25 m ſind ſchon genug, um ein ſchönes Stück Waſſer zuzu-
decken und werden wohl im allgemeinen als das Optimum der Wurfweite zu bezeichnen ſein.

Wer durchaus „Rekordwürfe" machen will, der laſſe ſich in
dieſem Vergnügen nicht ſtören. Die verſchiedenen Mißerfolge, Fehl-
fänge, Verluſte an Zeug und Fiſchen werden ihn bald zur Ver-
nunft und zum Begehen der mittleren Straße veranlaſſen, auf der
er dann ſchon ſeine höchſtzuläſſige Wurfweite finden wird. Wenn
das nicht hilft, dann iſt dem Manne auch mit dem wohlwollendſten
Zureden nicht mehr zu helfen.

Nun nehmen wir an, der Wurf iſt gemacht. Was geſchieht nun?

Zunächſt müſſen wir die Gerte in eine Stellung bringen, welche
der Situation entſpricht, d. h. je nachdem, ob wir ſeichtes Waſſer
zu befiſchen haben oder tiefes. Im erſteren Falle werden wir verhindern müſſen, daß der Köder auf den Grund ſinkt und ſich dort
verfängt, — wir werden alſo die Gertenſpitze hochhalten —, im
anderen Falle haben wir ein Intereſſe daran, den Köder ſo tief
wie möglich zu führen, werden alſo die Gerte mehr, ja eventuell
bis zum Waſſerſpiegel herabſenken, nachdem wir ſie in jedem Falle,
auch die einhändige und die Überkopfgerte, gegen die Hüfte ge-
ſtemmt haben.

Und jetzt beginnt eigentlich der Hauptteil unſerer Arbeit: das
Einrollen und die Führung des Köders.

Das Einrollen will auch gelernt ſein, trotzdem es eine ſimple,
ſozuſagen mechaniſche Tätigkeit zu ſein ſcheint. Die meiſten an-
gehenden und auch viele ältere Spinnfiſcher rollen in einem Tempo
ein, das für den Laien beängſtigend wirkt, und vielleicht wäre es
nicht unangemeſſen, gerade hier das alte Gebirglerwahrwort vom
„Zeitlaſſen" anzuwenden.

Man mache es ſich zum Prinzip, nicht ſchneller einzurollen,
als es die Situation erfordert, eher noch ein bißchen langſamer,
denn der Zweck des Ganzen iſt doch, dem Fiſch den Köder vorzuführen und nicht zu entführen, ſchon gar nicht in ſcharfer Strömung. Wo ſoll denn der zu fangende Fiſch Zeit haben, den Köder
zu erblicken, zu verfolgen und endlich zu erfaſſen, wenn er ihm in
Bruchteilen einer Sekunde im D-Zugtempo erſcheint und ver-
ſchwindet. Sagt nicht die bloße Überlegung, daß ein ſo vorgeführter

Köder dem Fisch, der doch auch weiß, was Strömung ist und was es heißt, ihr entgegenzuarbeiten, verdächtig vorkommen muß?

Also nochmals: Beim Einrollen „Zeit lassen"!

Es genügt, daß der Köder spinnt, überflüssig ist es, wenn er ungezählte Umdrehungen in der Minute macht. Ich glaube, daß in diesem Übertempo der Vorwurf der Verfechter des Themsestils begründet war, welche da sagten, daß man beim Einrollen den Köder nicht so natürlich führen könne. Wenn man bedenkt, daß zwischen den einzelnen Zügen beim Einholen der Schnur unwillkürlich eine, wenn auch noch so kurze Pause entstehen muß, in welcher das Umdrehungstempo des Köders nachläßt, welches vom nächsten Zuge wieder beschleunigt wird, ist es einleuchtend, daß dieser Vorgang, besonders in schärferer Strömung, das natürliche Schwimmen eines Fischchens besser nachahmt als eine ununterbrochene Bewegung in großer und gleichbleibender Schnelligkeit.

Bei vielen ist dieses unmotivierte rasende Aufrollen die Auswirkung der Furcht, hängen zu bleiben, bei den meisten aber Gedankenlosigkeit, weil ihnen die Überlegung fehlt, daß es nicht die Rotation des Köders ist, welche den Fisch zum Anbisse verleitet, sondern die Art und Weise der Führung, welche ihm eine lebende Beute vortäuscht.

Der Köder soll so tief gehen als möglich, und auch so langsam als möglich laufen. Tief gehen, besonders in scharfer Strömung mit großem Auftrieb, kann der Köder aber nur, wenn er langsam geführt wird, und das oft nur mit großer Beschwerung!

Durch Heben und Senken der Gertenspitze führt man ihn durch die verschiedenen Wasserschichten, eventuell gelegentlich bis ganz an die Oberfläche, schneller, langsamer, je nachdem; an besonders günstigen Punkten verhält man ihn auch einige Augenblicke, dann führt man ihn im Zickzack, — kurz, man hält ihn ständig in wechselnder Bewegung, um den Raubfisch zum Biß zu verleiten.

Je tiefer der Köder geführt wird, desto besser wird er genommen, desto weniger Fehlanhiebe kommen vor. Ein oberflächlich geführter Köder wird zwar auch von einem raublustigen Fische angegriffen, aber einmal kann es möglich sein, daß der Fisch dabei des Anglers ansichtig wird und vergrämt wird, das andere Mal wird nur zu leicht der Angler verleitet anzuhauen, wenn er den raubenden Fisch hinter dem Köder erblickt, ohne daß der Anbiß erfolgt ist.

Und noch eines nicht zu vergessen! Viele, besonders die Anfänger im Spinnangeln, werden durch das Erscheinen des Raubfisches bei sichtbarer Führung des Köders derart fasziniert, daß sie darauf vergessen, den Köder weiterzuführen, so daß dieser sein Tempo verlangsamt. Das weiß aber der Fisch, daß dies ein unnatürlicher Vorgang ist, und läßt den Köder als verdächtig in Ruhe. Gerade in diesem Falle wäre aber ein beschleunigtes Einrollen zu empfehlen.

Wenn ältere Autoren empfehlen, den Köder so hoch zu führen, „daß man ihn spinnen sehe", so hatte dies wohl seinen Grund in

der Mangelhaftigkeit der damaligen Geräte, besonders der Spinn=
fluchten. Heute hat dieser Satz bestimmt keine Geltung mehr, denn
unsere derzeitigen Fluchten und Systeme spinnen zuverlässig, auch
ohne Kontrolle des Auges.

Eine besondere Beschreibung muß der Führung des „Zopfes"
gewidmet werden. Das Anziehende an diesem Köder ist das Spiel
der sich im Wasser schlängelnden Neunaugenleiber bzw. bei den
künstlichen Zöpfen das Flattern der Lederriemen, Gummischläuche
usw. Andererseits hat man zu beherzigen, daß Neunaugen normaler=
weise nicht Fische des freien Wassers sind, sondern am Boden leben.
Man wird deshalb den Zopf womöglich in der Nähe des Grundes
führen, ihn langsam durch Heben und Senken der Gerte heben
und wieder sinken lassen und nur immer wenig Schnur einrollen.
Bei dieser Art der Führung wird der Zopf im Wasser eine Wellen=
linie beschreiben. Infolge der großen Beschwerung ist es leicht,
ihn in die Tiefe zu bringen und auch in scharfer Strömung und Wir=
beln ihn dort lange verweilen zu lassen, was mit den meisten Spinn=
ködern kaum durchführbar ist.

Wenn an einer Stelle, an der erfahrungsgemäß ein Huchen
steht oder zu erwarten ist oder aber bestätigt wurde, nicht der erwar=
tete Anbiß erfolgt, so heißt das nicht, daß der Huchen nicht vor=
handen wäre. Allerdings, im Beginn meiner Tätigkeit als „Zopf=
angler" war ich auch dieser irrigen Ansicht, bis mich ein alter Angler
dahin belehrte, solche Stellen zweimal durchzufischen, indem er die
Ansicht vertrat: der Huchen erblicke den Zopf, der ihm aber durch
die Führung aus dem Gesichtskreis entführt werde; deshalb lege
er sich nun auf die Lauer, und zwar meist am Eingang der guten
Stelle, also meist dort, wo die Strömung ins ruhigere Wasser über=
geht. Beim zweiten Befischen greife er dann zu — und die Fänge,
welche ich nach seiner Anleitung machte, gaben ihm recht. Ich kann
nur raten, jede solche Stelle zweimal zu befischen und besonders
beim zweiten Mal den Zopf recht langsam und in großen Pausen
während des Hereinführens zu führen.

Ich möchte bei dieser Gelegenheit etwas auf den Vorhalt:
Zopfangeln sei „mörderisch" und daher wenig weidgerecht, auch wenig
kunstvoll, erwidern: Warum mörderisch? Es kommen ebensoviele
Huchen vom Zopf ab wie vom Spinner, und es gibt Tage, wo die
Huchen den schönsten und bestgeführten Zopf so wenig annehmen
wie einen anderen Köder. Andererseits gibt es in jedem Wasser
Stellen, in denen man mit etwas anderem nichts ausrichtet. Schließ=
lich ist ja nicht jeder in der glücklichen Lage, seine ganze Zeit dem
Sport zu widmen, mancher kann sich nur mit großen Opfern an
Geld und Zeit einen oder einige Angeltage leisten und muß oft
noch dazu eine lange Reise machen; soll der auf jede Beute ver=
zichten, besonders dann, wenn die Fische die angeblich „kunstvoll"
geführten Köder ignorieren? Und schließlich: kunstlos zu führen?
Man gebe einem Stümper den Zopf zu führen. Ob er damit
mehr erangeln wird als Hänger, das bleibe dahingestellt. Ich meine,

es kommt immer darauf an, wer ein Gerät führt. Der wahre und weidgerechte Angler wird auch mit dem Zopf weidgerecht angeln und sich weise Beschränkung hinsichtlich Zahl und Maß der gefangenen Fische auferlegen.

Jetzt erwarten wir also einen Anbiß.

Wie erfolgt dieser? Ganz verschieden, je nach der Größe und vor allem nach der augenblicklichen Beißlust und Raubgier des Fisches. Oft ist's nur ein leises Zupfen, oft gar nur das Gefühl, irgendwo in der Tiefe hängen geblieben zu sein. Und gerade sind es in solchen Fällen die schwersten Exemplare, die den Köder ergriffen haben. Heinz rät in solchen Fällen und auch da, wo man nur irgendeinen Widerstand fühlt, sofort rücksichtslos anzuhauen, selbst wenn es einmal einen Haken kosten sollte, — und ich kann auch keinen besseren Rat geben, als ihm zu folgen. Allerdings, lange überlegen darf man den Anhieb nicht, er muß sozusagen in diesen Fällen instinktiv erfolgen.

Meistens aber ist der Anbiß durch einen mehr oder weniger scharfen Ruck, auch zwei solche, bekanntgegeben. In solchen Fällen ist der Anhieb weniger leicht zu verpassen als in den vorbeschriebenen, aber allzuviel Zeit lasse man sich auch da nicht, namentlich wenn man mit künstlichen oder mit Formalinködern arbeitet. Bei Verwendung frischer Fische oder eines Neunaugenzopfes kann man sich eher Zeit lassen, weil sich in beide gierige Raubfische gern verbeißen bzw. sich beeilen, diese zu schlucken, so daß auch ein etwas verspäteter Anhieb immer noch die Haken ins Fischmaul eindringen läßt.

Über die Ausführung des Anhiebes ist verschiedenes zu sagen.

Erstens einmal beherzige der Spinnangler, daß der Anhieb immer und jederzeit nur nach dem Gefühl, nie aber nach dem Gesicht zu erfolgen hat, ein Fehler, den namentlich Fliegenfischer gerne machen. Man haue ferner nie in der Verlängerung der Leine an, sondern trachte die Aushiebrichtung nach oben seitlich zu legen. Nur zu leicht reißt man im ersteren Falle einem Fische, der den Köder nur wenig ergriffen hat, um ihn vorerst festzuhalten, die Haken aus dem Maul heraus.

Bei vielen herrscht Unklarheit über die Kraft, welche in den Anhieb zu legen ist. Je feiner die Schnur, je steifer die Gerte und je weniger Leine draußen ist, desto weicher sei der Anhieb. Bei langer Schnur, die vielleicht durch Gegenströmungen nicht in voller Spannung ist und zudem, wie es besonders ganz neue Seidenschnüre sind, einen hohen Grad von Elastizität besitzen, darf der Anhieb schon etwas kräftiger ausfallen.

Starre Regeln lassen sich nicht gut aufstellen. Gefühl und Übung lassen bald den richtigen Grad finden. Auch denke man daran, daß große Fische sich leichter anhauen, wenn ihre eigene Schwere das Eindringen der Haken fördert. Viele Fische, welche wie die Lachse und Meerforellen z. B. die Gewohnheit haben, sich mit dem erfaßten Köder in rascher Flucht stromab zu wenden, hauen sich damit allein an; in solchen Fällen würde ein brüsker

Gegenhieb die Geräte schädigen und durch deren Bruch den Verlust des Fisches herbeiführen. Ich halte es überhaupt für in allen
Fällen schädlich, anzu„hauen". Ich würde vielmehr raten, den Anhieb in einer Ebene auszuführen, in der die Gertenspitze einen Kreisbogen von größerem oder kleinerem Umfang beschreibt. Ein solcher
Anhieb ist zügig und wird schwerlich das Geräte gefährden.

Es kommt vor, daß manche Fische, besonders Hechte, auf den
ersten Anhieb nicht reagieren, weil sie den Köder derart fest halten,
daß die Haken einfach nicht eindringen können. In solchen Fällen
muß man den Anhieb solange wiederholen, bis der Fisch durch eine
Flucht oder einen Schlag zu erkennen gibt, daß die Haken gefaßt
haben und er in den Kampf treten will.

Man beherzige das eben Gesagte wohl, sonst macht man die
unliebsame Erfahrung, daß der Fisch nach einer oder einigen Fluchten oder Schlägen den Köder wieder ausspuckt; im günstigsten
Falle faßt noch irgendein Haken eine Schleimhautfalte im Rachen
oder die äußere Bedeckung der Lippen, — dann wälzt und schüttelt
sich der Gefangene einfach los.

Das Verhalten der Fische nach dem Anhieb ist ganz verschieden.
Im allgemeinen kann man die Beobachtung machen, daß oft gerade
große Exemplare unmittelbar nach dem Anhieb sich der veränderten
Situation nicht bewußt sind und, günstige Verhältnisse vorausgesetzt,
oft ohne Kampf gelandet werden können. So ist mir ein Fall erinnerlich, daß ein vielpfündiger Hecht einige Sekunden nach dem
Anhieb ohne die geringste Gegenwehr aufs Ufer geschleppt werden
konnte. Das ist aber die recht seltene Ausnahme; meistens stellen
sich große Fische einen Moment auf den Grund und dann beginnt
der Kampf.

Diese Pause vor dem Beginn des Drills benutzt man, um die
Rolle zu sperren und die Gerte in eine Stellung zu bringen, welche
ihr gestattet, die ihr eigene Elastizität gegen den Gegner voll zur
Wirkung kommen zu lassen.

Schnur und Gerte sollen stets während des Kampfes einen
gegen den Fisch zu offenen Winkel von etwa 45—50° bilden, ganz
einerlei, ob man mit erhobener Gerte drillt oder diese bis zum
Wasserspiegel herabsenkt. Mir persönlich ist diese letztere Stellung
die liebste, schon deshalb, weil ich so meistens den Fisch unter Wasser
halten kann und ihn verhindere, zu springen und sich oben zu wälzen.

Man kann oft sehen, daß sich Anfänger bemühen, einen Fisch
so rasch als möglich an die Oberfläche zu bekommen; das ist fehlerhaft und ungeschickt. So wie ich es während des Angelns nach
Möglichkeit vermeide, mich dem Fische sichtbar zu machen, trachte
ich nach dieser Möglichkeit noch mehr während des Drills. Ich lasse
also gerne den Fisch Leine hinausziehen und sich in der Tiefe müde
arbeiten. Was kann der Fisch da viel tun? Zum Grunde bohren
— gut, dann lasse ich die Elastizität der Gerte spielen; Fluchten
machen — dann lasse ich ihn Schnur hinausnehmen, die ich schon
wieder hereinholen werde. Im schlimmsten Falle teilt er sich am

Grunde feſt; dann hebe ich ihn, einrollend und dabei die Gerte bis ganz zum Waſſer ſenkend. Mit ſtetigem Zuge hebe ich dann die Gerte wieder hoch, die gewonnene Schnur einrollend und das Spiel wiederholend, bis er nachgibt oder zu einer neuen Flucht anſetzt,

was letzteres mir das Strecken der Gerten-ſpitze rechtzeitig mel-bet, ſo daß mich ſein Vorhaben nicht unvor-bereitet trifft (Abb. 90, Heben des Fiſches). Aber einen ſchweren Fiſch an der Angel ha-ben, der noch im Voll-beſitze ſeiner Kräfte ſpringt, ſich an der Oberfläche wälzt und ſchüttelt und voll Wut mit der Schwanzfloſſe das Waſſer peitſcht, das iſt nicht der be-ruhigendſte Moment im Anglerleben. Ge-wiß, manche Fiſche tun das, beſtimmt ſol-che, welche die Erfah-rung haben, daß das der ſicherſte Weg iſt, von den haftenden Haken freizukommen, aber noch gewiſſer iſt, daß eine Menge von Anglern dieſen Mo-ment direkt provozie-

Abb. 90.

ren, teils aus Unerfahrenheit, meiſtens aber aus Nervoſität und in der Sucht, den Fiſch nur möglichſt ſchnell zu landen.

Die Deckung gegen Sicht kann man in den meiſten Fällen beim Fiſchen vom Ufer aus finden, ſei es, daß man eine ſolche hinter Schilf oder Stauden hat oder durch Zurücktreten ins Land ſich aus dem Geſichtskreis des Fiſches entfernt.

Allenfalls kann man ſich, wenn es nicht anders geht, durch Niederknien unſichtlicher machen. Überhaupt mache man ſich, wo nur angängig, den „Drill mit den Beinen" zum Grundſatz. Vor allem trachte man aber, unter den Fiſch, d. h. ſtromabwärts von ihm, zu kommen, weil man in dieſer Stellung auf ihn die größte Gewalt bei größter Schonung ſeiner Geräte ausüben kann. Ge-lingt es einmal, den ermattenden Fiſch zu wenden und durch Laufen am Ufer zu zwingen, dem Zuge ſtromab zu folgen, dann hat man

gewonnenes Spiel, weil der Fisch atemlos wird und so rasch außer
Gefecht gesetzt wird. Dann kann man ihn ruhig dem günstigsten Platz
zur Landung zuführen.

Anders liegen natürlich die Verhältnisse, wenn man vom Boote
aus angelt. Im Strom kann man, in den meisten Fällen wenigstens,
trachten, eine Kiesbank oder das Ufer zu gewinnen und dann dort
zu drillen. In größeren Seen aber und fern vom Ufer wird man
wohl oder übel den Kampf vom Boote aus führen müssen. Allerdings hat man im Boote selbst einen mächtigen Verbündeten, der
uns instand setzt, nicht nur dem Fisch auf seinen Fluchten und Fahrten
zu folgen, sondern auch das Kampffeld in für uns günstige Regionen
zu verlegen. Gerade beim Drill vom Boote aus ist es noch viel
wichtiger, erstens den Kampf ins tiefe Wasser zu verlegen, zweitens
eine möglichst große Länge Schnur zwischen sich und den Fisch
zu bringen. Da man aber keine Wahl des Landungsortes hat, ist
es doppelt wichtig, den Fisch bis zur vollständigen Ermattung zu
drillen, d. h. so lange, bis er auf der Seite liegend, völlig widerstandslos sich dem Netz oder Gaff zuführen läßt.

Überhaupt ist das Landen eines größeren Fisches vielleicht das
heikelste Kapitel des ganzen Kampfes. Am Ufer findet man wohl meistens ein Fleckchen, das, frei von grobem Schotter oder Holz, es erlaubt,
den Fisch mit dem Unterkiefer fest aufs Land zu legen, an ganz günstigen Plätzen sogar ganz vorsichtig herauszuschleifen. Dieses Festlegen
des Fisches, auch „Stranden" genannt, darf aber nie so geschehen,
daß man versucht, den Kopf des Fisches aus dem Wasser zu heben.

Das wäre ein schwerer und bedenklicher Fehler, denn dadurch
käme das wirkliche Gewicht des Fisches zur Geltung, was eine
enorme Belastung des Angelzeuges bedeuten würde und unter Umständen zum Bruch oder Reißen eines Teiles Anlaß geben könnte.

Überhaupt vermeide man es, mit dem Fische irgendwo anzu-
stoßen oder anzustreifen. Es ist oft kaum glaublich, wie ganz ab-
gekämpfte Fische in einem solchen Falle noch eine unerwartete
Kraftäußerung zeigen, welche ihnen nur zu oft zur Freiheit verhilft.

Hat man ein Landungsnetz zur Verfügung, dann führe man
den Fisch lieber in freiem Wasser darüber. Meist wird das Netz
nur bei der Bootsfischerei verwendet, denn es muß groß und schwer
sein und erfordert am Lande einen Gehilfen. Die meisten Spinnfischer verwenden den Gaff; einen Fisch im freien Wasser zu gaffen
ist nicht ganz leicht und erfordert ziemliche Vertrautheit mit dem Gerät nebst einer guten Portion Kaltblütigkeit und Entschlußfähigkeit.

Selbst richtig gestrandete Fische werden von Anfängern und
aufgeregten älteren Anglern, in vielen Fällen auch von ebensolchen
„Helfern" mit dem Gaff „verpatzt", wie der Kunstausdruck lautet.
Der richtige Vorgang spielt sich so ab: Man ergreift die Schnur,
indem man die Gerte zurückstreckt. Nachdem dies geschehen, legt
man die Gerte rechts von sich, aber immer parallel zum Ufer nieder,
hantelt sich Griff um Griff bei gut gespannter Leine an den Fisch
heran, aber ohne an ihr zu reißen oder zu zerren. Erst wenn man

ganz bei ihm steht, erfaßt man den Gaff, der je nachdem in die
Kiemenspalten eingehängt wird, worauf man den Fisch in stetem
Zuge aufs Land zieht, oder aber man bringt ihn, Haken nach ab-
wärts, über den Rücken des Fisches und schlägt nun in scharfem
Zuge den Haken in das Fleisch senkrecht zur Körperachse, bei großen
Fischen möglichst hinter der Rückenflosse. Hierauf bringt man den
Stiel des Gaffs in senkrechte Stellung und hebt so den Fisch aus
dem Wasser, eventuell faßt die andere Hand vorher noch in die
Kiemen oder Augenhöhlen.

Viele Angler verzichten auf Netz und Gaff und bewerkstelligen
die Landung nur mit den Händen, indem sie mit der einen Hand
den Fisch im Genick hinter den Kiemen fassen und niederdrücken,
gleichzeitig mit der anderen Hand in die Kiemen greifen und nun
so den Fisch herausheben oder -werfen.

Ich habe vorhin des Niederlegens der Gerte parallel zum Ufer
Erwähnung getan. Das ist die einzig richtige Stellung derselben,
wenn ich sie beim Landen aus der Hand lege, wie es auch schon
Gustav Fellner in seinem Buche stets betont. Es kann doch vorkommen, daß die Landung irgendwie mißlingt, dann habe ich die
Gerte griffbereit vor bzw. neben mir, nicht aber, wenn ich sie landeinwärts neben mir liegen habe.

Kleidung und Hilfsgeräte zur Spinn- und Schleppangelei.

Wenn es auch manchem überflüssig erscheinen mag, über die
Kleidung zu sprechen, so kann ich es doch nicht unterlassen, dieser einige
Worte zu widmen. Wer nur im Sommer spinnt oder schleppt, der
braucht keine besondere Toilette, der Schleppfischer schon gar nicht,
denn im Hochsommer ist es direkt ein Genuß, in Hemdärmeln im
Boote zu sitzen.

Anders liegen die Verhältnisse für den Uferfischer, besonders
den Alleingänger, der es liebt, alles im Rucksack auf seinen Schultern
zu transportieren. Wohl — den Rock kann man bei großer Hitze
auch ausziehen und zu den anderen Dingen im Rucksack verstauen,
aber bei der starken und ununterbrochenen Bewegung, welche beim
Spinnen vom Ufer aus unerläßlich ist, wird man doch darauf achten
müssen, Kleider zu tragen, welche möglichst leicht und porös sind,
den Körper aber auch gegen einen möglichen Witterungswechsel
schützen. Bescheidenen Ansprüchen genügen wohl auch im allgemeinen
die heimischen Loden- oder andere Wollstoffe, — bis auf das eine, daß
sie allen Versicherungen zum Trotz nicht wasserdicht sind. Alle haben
die unangenehme Eigenschaft, sich auch schon bei schwachem Regen
mehr oder weniger rasch voll Wasser zu saugen, was nicht als besondere Annehmlichkeit bezeichnet werden dürfte. In dieser Beziehung
kenne ich nichts Besseres als die von Burberry erzeugten Stoffe und
Kleider, welche verhältnismäßig nicht einmal teuer zu nennen sind,

wenn man ihre hohen Qualitäten, ihre Brauchbarkeit und lange
Lebensdauer in Betracht zieht. Leider ist mir bisher noch kein heimi-
sches Fabrikat bekannt geworden, welches diesem Erzeugnisse gleichwertig wäre.

Der Schnitt des Rockes soll auf größte Arm- und Schulterfrei-
heit eingestellt sein. Vor allem soll der Rock innen viele, große und
tiefe Taschen haben. Außen genügen deren zwei. An den landläufigen
Joppen, wie sie besonders in den Alpenländern beliebt sind, bemängle ich vor allem die Kürze, sowie die zu wenigen und zu kleinen
Taschen. Ich wenigstens liebe es, Gegenstände, die man alle Augenblicke braucht, wie die Zange, eine Büchse mit Bleien und Wirbeln, eine
andere mit Vorfächern und noch sonstige Kleinigkeiten, — nicht zuletzt
meine geliebte Pfeife nebst Zubehör griffbereit im Rock zu tragen.

Im Spätherbst und im Winter, der eigentlichen Hochsaison des
Spinnfischers, muß man der Kleidung schon mehr Beachtung
schenken. Im allgemeinen kann man die Beobachtung machen,
daß fast die Meisten zu dick gekleidet sind, was einerseits nicht nur
die Bewegungsfreiheit stark beeinträchtigt, sondern bei einiger Anstrengung eine Erhitzung bzw. Transpiration verursacht, welche der
Ausgangspunkt verschiedener Krankheiten werden kann. Ich möchte
da vor einem Zuviel ernstlich warnen, — lieber eine leichte Ober-
kleidung und dafür warme Unterkleider. Ich kenne für winterliche
Jagdausübung und Angeln nichts Besseres als Leder. In früheren
Jahren war mein Anzug hiefür aus einem leichten Kammgarnstoff
gearbeitet, Rock, Weste und Hose aber mit feinem Sämischleder
gefüttert. Das war leicht, porös und vor allem undurchlässig für
Wind, was ich für wichtiger halte wie eine problematische Wasserdichtigkeit. Wenn man dann noch bei sehr großer Kälte feines, poröses
Unterzeug aus Wolle trägt, dann ist ein Frieren, selbst bei längerem
Verweilen an einer Stelle, so ziemlich ausgeschlossen, solange als
man trockene und warme Füße und Hände behält. Zum Schutze
der letzteren habe ich in den Jagdröcken für die Wintersaison immer
pelzgefütterte Mufftaschen anbringen lassen, in denen sich auch
eine nasse oder frostige Hand rasch wieder erwärmt. Denn Hand-
schuhe sind beim Schießen und Angeln immer eine mißliche Sache,
erst recht, wenn es schneit oder regnet. In den letzten Jahren hat
sich überhaupt die Lederkleidung als solche immer mehr für die
Zwecke des Sports eingebürgert und das mit vollem Recht. Eine
Lederjacke mit ausknöpfbarem Kamelhaarfutter ist leicht und warm,
ohne dabei aufzutragen, schützt vor Wind und ist nebenbei wasserdicht. Desgleichen die aus demselben Material gefertigte Hose.
Von Pelzjacken möchte ich entschieden abraten, so gut sie sonst
auch für Fahrten im Auto oder offenem Wagen sein mögen. Auch
von dem Tragen von Mänteln wäre ein gleiches zu sagen, außer
beim Schleppfischen. Im Sommer kann man den Mantel im allgemeinen entbehren. Erstens hindert er beim Gehen, zweitens
stört er im Gebrauch der Geräte. Ich finde einen Schulterkragen
aus Gummistoff, eventuell mit Kapuze, welcher Schultern, Ober-

arme und Rucksack bedeckt, für viel besser als jeden Mantel, besonders dann, wenn man im Regen angelt oder einen längeren und eventuell noch beschwerlichen Weg zurückzulegen hat, denn er macht auf keinen Fall heiß oder behindert die Atmung der Haut. Lodenmäntel und Kragen sind nicht empfehlenswert, — sie brauchen erstens viel Platz, da sie an und für sich voluminös sind —, und werden schwer, wenn sie sich mit Wasser vollsaugen.

Als Kopfbedeckung empfiehlt sich im Sommer eine Sportmütze mit großem Schild oder ein breitkrempiger leichter Hut, im Spätherbst oder Winter dagegen eine Mütze von Filz oder auch von Leder, welche sich eventuell über Nacken und Ohren herunterschlagen läßt.

Viel mehr Augenmerk ist dagegen auf ein richtiges und gutes Schuhwerk zu richten. Wer nur im Sommer oder meist vom Boote aus angelt und vielleicht nur gute Ufer zu begehen hat bzw. nur schleppt, wird sein Auslangen mit guten starken Schnürschuhen finden, unter Umständen vielleicht einen Schaftstiefel bevorzugen; wenn man sonst gesund ist, liegt im Sommer nicht viel daran, wenn man einmal nasse Füße bekommt, besonders wenn man unausgesetzt in Bewegung ist und bleibt.

Anders aber wenn man gezwungen ist, viel zu waten, wie es wohl die meisten Salmonidenangler zu tun pflegen oder müssen. Ich möchte doch den Satz „daß deutsche Angler gerne in Kniehosen und Nagelschuhen waten" etwas berichtigen. Ausnahmsweise und bei gutem Wetter lasse ich es mir ja mal gefallen, aber in einem eiskalten Gebirgswasser wird die Sache auf die Dauer unangenehm und wenn auch nicht gleich, — aber früher oder später bezahlt man derlei Extravaganzen mit verschiedenen Leiden. Schließlich und endlich gehe ich angeln, um eine unversiegbare Quelle von Freude daran zu haben und meine Gesundheit, Kraft und Lebensmut aus meinem Angelvergnügen zu schöpfen, — und gerade all das soll ich leichtsinnig opfern? Das darf und wird mir auch kein vernünftiger Mensch zumuten. Wem die Auslage für ein Paar Water zu hoch und zu riskant erscheint, der lasse es bleiben, sie anzuschaffen, — unterlasse aber dann auch das Waten.

Wer aber nicht auf dieses Vergnügen verzichten will, der muß sich ein Paar Watstrümpfe oder Watstiefel, welche ihn bis zur Hüfte decken, anschaffen, oder ein Paar Wathosen, die zwar im Sommer ziemlich heiß sind, aber dafür den Träger bis zur Brust hinauf wasserdicht machen.

Leider hat es unsere Industrie unterlassen, diese schönen Sachen zu erzeugen, und deshalb ist man auch wieder gezwungen, sie aus England zu beziehen. Es gibt dort eine ganze Menge von Firmen, welche diesen Artikel spezialisieren, ich kann aber nur das nach meinen Erfahrungen solideste Erzeugnis von Cording & Co., 19, Piccadilly, London, empfehlen. Cording erzeugt sowohl Water als auch Stiefel; besonders die letzteren sind in ihrer Art einzig wegen der unerreichten Verbindung des Oberleders mit der Gummi-

bzw. Gummiſtoffunterlage. Seine Water beſtehen aus zwei Lagen
beſten Gummiſtoffes, zwiſchen die eine Lage Kautſchuk eingelegt
iſt, — das garantiert abſolute Waſſerdichtigkeit für lange Jahre —,
während bei vielen Konkurrenzfabrikaten nur eine einzige Lage
gummierten Stoffes verwendet wird. — Trotz dieſer armſeligen
Ausführungen ſind dieſe Erzeugniſſe nur wenig billiger als die
von Cording, — wie lange ſie aber ihren Dienſt leiſten können,
kann man ſich leicht ausrechnen.

Für die Fiſcherei im Sommer oder im Herbſte ziehe ich für
meinen Teil Watſtrümpfe oder auch Hoſen dem Stiefel vor, wenn
ich auch gezwungen bin, die Watſchuhe ſeparat mitzuführen. Braucht
man Stiefel, dann muß man dieſelben immer nach Ablegen auf Leiſten
ſchlagen und draußen im Quartier am Fiſchwaſſer über Nacht wenig=
ſtens mit heißem Hafer oder zum mindeſten mit Papier ausſtopfen,
um ein Schrumpfen des Leders zu verhüten, denn die Körper=
ausbünſtung ſchlägt ſich ja, weil ſie nicht abdampfen kann, an der
Innenſeite des Waters nieder. Dicke Überſocken muß ich in beiden
Fällen anlegen, — im Stiefel gegen die Abkühlung des Fußes über
dem Water, um ihn vor Durchſcheuerung durch Kieſel oder Sand,
welche in den Schuh gelangen können, zu bewahren. Da ich aber
im Water meinen Fuß auch mit einem wenn auch dünnen Woll=
ſocken bekleidet habe, behalte ich auch im allerkälteſten Waſſer und
an kalten Tagen warme Füße. Der Hauptvorteil des Waters iſt
aber der, daß ich ihn nach dem Ausziehen umdrehe, ſo daß die
feuchte Innenſeite nach außen kommt, wodurch die niedergeſchlagene
Feuchtigkeit von der Körperausbünſtung, welche außerdem den
Gummi ſtark angreift, vollſtändig abtrocknen kann, worauf dann
erſt die vom Waſſer feuchte Außenſeite getrocknet wird. Das ſoll
wohlgemerkt möglichſt in friſcher Luft, aber nie am Ofen oder in
der brennenden Sonnenhitze geſchehen, ſonſt wird der Gummi zer=
ſtört und brüchig, außerdem trocknen niedrige Schnürſchuhe innen
und außen ſchneller als ein Schaftſtiefel am Leiſten.

Als Überſchuhe kann man ein paar landesübliche Nagelſchuhe,
ſog. „Bergſchuhe“ oder „Grobgenagelte“, die allerdings 2—3 Num=
mern größer ſein müſſen als der Fuß, verwenden. Die Benagelung
ſchützt vor dem Ausgleiten auf dem glatten Steinboden des Fluß=
bettes. In England macht man die Überſchuhe (Brogues) aus
waſſerdichtem Stoff (ſog. Waterproof) mit Lederbeſatz und Doppel=
ſohlen. Die Benagelung unſerer Schuhe läßt mit der Zeit viel zu
wünſchen übrig, da die Nägel aus weichem Material ſich raſch ab=
ſchleifen und dann nicht mehr eingreifen, ſo daß man leicht abrutſcht
oder ausgleitet, wenn man auf glatten Grund kommt. Da die Be=
nagelung meiſt nur eine ſeitliche des Sohlenrandes iſt, werden mit
der Zeit die Nägel locker und fallen aus bzw. brechen aus in dem
Maße, als das Leder mürb wird. Die Engländer jedoch nageln
ihre Sohlen mit Nägeln, welche würfelförmige Köpfe haben, die
aus Stahl erzeugt ſind und ſich nicht ſo leicht ſtumpf ſchleifen wie
unſere „Schernken“ und „Mausköpfe“. Ferner vernieten die Eng=

länder ihre Nägel an der Rückseite der zweiten Sohle erst über
Kupferplättchen, ehe diese Sohle an die Rahmensohle angenäht
wird. Es ist einleuchtend, daß eine solche Benagelung unverwüst=
lich zu nennen ist.

Für die Fischerei im Winter kann man zwar auch Water an=
ziehen, aber troß dicker Wollstrümpfe spürt man die Feuchtigkeit,
die sich durch die Körperausdünstung an der Innenseite niederschlägt,
auf die Dauer als unangenehm kühl. Es ist daher vorzuziehen, sich
für diese Zeit mit den schweren Cordingschen Schaftstiefeln aus=
zurüsten, die über den Paragummilagen noch eine Lage von Voll=
gummi haben und einen Lederüberschuh bis zum Knöchel. Das Leder
ist durch eine eigene Gerbung wasserdicht und darf nie geschmiert
werden, da bekanntlich Öl oder Fett Gummi auflöst. Gereinigt
wird es nur mit Wasser und Bürste und wird, wenn nach längerem
Nichtgebrauch hart geworden, wieder weich, wenn man den Schuh
eine Zeitlang in handwarmes Wasser stellt. Eventuelle Verletzungen
der äußeren Kautschukschichte kann man wie bei einem Radschlauche
verkleben. Allerdings darf man nie vergessen, diese Stiefel nach
dem Ablagen bzw. Nichtgebrauch sofort auf Leisten zu schlagen und
sie mit diesen bis zum Wiedergebrauche stehen zu lassen. Wer das
unterläßt, wird ihre Lebensdauer schwer schädigen, — andernfalls
aber kann man sich ihrer guten Dienste bis zu zehn Jahren erfreuen,
wenn man sie gut pflegt. Die ansonst in früherer Zeit beliebten
Aufschlagstiefel aus Juchtenleder sind zwar bedeutend billiger als
die von Cording, — aber sie lassen sich weder hinsichtlich Lebensdauer
und schon gar nicht hinsichtlich Wasserdichtigkeit und der daraus
folgenden Warmhaltung des Fußes mit letzteren vergleichen. Den
Hüftstiefel aus Vollgummi ohne Überschuh aus Leder kann ich
nicht empfehlen. Er ist troß seiner Dicke doch nur zu leicht dem Zer=
schneiden durch scharfe Steine usw. ausgesetzt und auch seine Sohlen
bieten troß der Riffelung, welche sich übrigens sehr bald abwetzt,
keinen guten Halt. Er ist zwar verhältnismäßig billig, aber zum
Waten im Wasser ungeeignet. Zum Fahren im Boote kann er
eventuell Verwendung finden, wenn es sich nicht um mehr handelt,
als trockene Füße zu behalten. Wenn aber jemand z. B. beim
Schleppfischen weiter nichts verlangt als nur dieses, dann tun es
ein Paar sog. russische Schneestiefel, die über den gewöhnlichen
Schuh gezogen werden, vollauf, und haben noch den Vorteil, leich=
ter und bequemer transportiert werden zu können und im Ge=
päck weniger Platz zu beanspruchen als ein Paar wuchtige Hüft=
stiefel.

Zum Transport von Geräten und Kleidern usw. ist der Ruck=
sack bei uns üblich. Nur möchte ich raten, ihn nicht zu klein zu wählen,
ihn aber mit möglichst vielen Innen= und Außentaschen versehen
zu lassen, von denen ein Teil wenigstens mit wasserdichtem Stoff
gefüttert sein soll. Auch der Boden soll ein Futter aus Gummi=
stoff haben, damit der Inhalt vor Nässe von unten geschützt werde,
— sei es, daß man in regennassem Gelände oder im Tauschnee

abhängen muß, sei es, daß der Rucksack am Boden eines nicht ganz
ausgedichteten Kahnes liegt. Für die Schleppfischerei halte ich den
Gebrauch eines flachen Koffers, der mit verschiedenen Einsätzen
und Fächern ausgestattet ist, für vorteilhaft und bequem, da man
alles übersichtlich und griffbereit vor sich ausgebreitet hat, was ich
in dem beschränkten Raume des Bootes für angenehmer halte,
als das Herumkramen im Rucksack.

Zum Landen der erbeuteten Fische bedient man sich des Landungsnetzes oder des Gaff. Der Schleppangler wird in den meisten
Fällen das erstere verwenden, auch wenn er mit sehr großen Fischen
zu tun hat, denn im Kahne braucht das Netz nicht langstielig zu
sein und stört trotz größerer Dimension gar nicht. Anders ist das
beim Spinnen vom Ufer, — außer auf Forellen —, wenn es sich
um solche handelt und im allgemeinen Fische von höchstens 2—3
Pfund zu erwarten sind, kommt man mit dem gewöhnlichen Landungsnetz in etwas größerem Formate ganz gut aus —, auch der
längere Stiel geniert nicht, wenn man das Netz in einem Trag-
riemen mitführt —, andererseits ist der Stiel ein guter Behelf beim
Waten in unsicherem Wasser. Für Hechte und Huchen muß aber
das Netz schon recht ansehnliche Größe haben und dementsprechend
auch sein Reifen und Stiel kräftiger und länger; wenn man keinen
Träger oder sonstigen Begleiter hat, dann verzichtet man lieber
auf das Netz und greift zum Gaff. Ob dieser nun langstielig ist
und dann gleichzeitig als Stütze beim Waten oder beim Gehen
in schwerem Terrain dient, oder aber kompendiös in Form eines
sog. Teleskopgaffs verwendet wird, hängt wohl viel von der persön-
lichen Vorliebe oder von den lokalen Bedingungen ab. An beiden
Formen ist das wichtigste die richtige Bauart des Hakens. Dieser

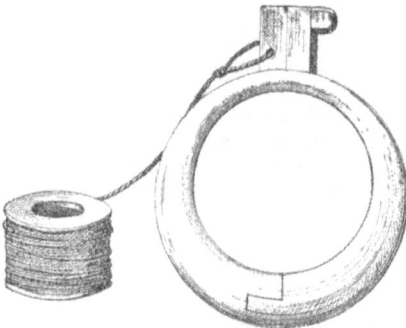

darf vor allem nicht zu
eng sein und seine Spitze
muß parallel zu Schaft-
stiel verlaufen, sonst ist
der Einschlag und das
Halten des Fisches schwer
zu bewerkstelligen. Auch
darf die Spitze nicht zu
kurz sein, sonst rutscht der
Gaff wieder aus dem
Fischkörper heraus. Sehr
zu achten ist auf die richtige Härtung. Denn über-
härtete Haken brechen
gern im Bogen beim
Ausheben des Fisches,

Abb. 91.

während zu weiche sich bei dieser Gelegenheit ausbiegen.

Nie und nimmer aber soll der Gaff nebenbei noch dazu dienen,
die gefangenen Fische durch Schläge damit zu töten, was man leider
nur zu oft sehen kann; abgesehen davon, daß dabei vielfach der Gaff

zerbrochen wird, kann man sich auch sehr leicht eine unangenehme Verletzung zuziehen. Zur Lösung von Hängern lieben es manche, einen Lösering mitzuführen (Abb. 91). — Ich gestehe, daß ich gerne auf ihn verzichte, wenigstens dann, wenn ich ihn mit mir herumtragen muß. Eher lasse ich ihn noch beim Schleppfischen gelten, wo ich senkrecht über das Hindernis gelangen kann, wodurch dann der Lösering voll zur Wirkung kommt. Im Strom versuche ich zuerst den Zug nach verschiedenen Richtungen, hilft das nicht, dann kommt das bewährte „Weidenkranzel“ in Anwendung. Einige Zweige von Weiden oder Erlen oder einem anderen Strauch werden zu einem Ring verflochten, über den Angelstock gestreift und nun an diesem aus der Schnur ins Wasser gleiten gelassen, wobei man stromauf geht, eventuell noch etwas Leine gibt. — Der Strom führt das „Kranzel“ zum Grund, wo es durch seine Hebelwirkung den Hänger löst. Oft hat mir ein Verfahren unerwarteten Erfolg gebracht, das noch einfacher ist. — Ich gehe stromab und lege einfach die Gerte mit langer Leine über's Ufer, nach einiger Zeit probiere ich, ob ich los bin, und auf diese Weise habe ich schon wiederholt Hänger frei bekommen, bei denen ich im Anfang fürchtete, abreißen zu müssen.

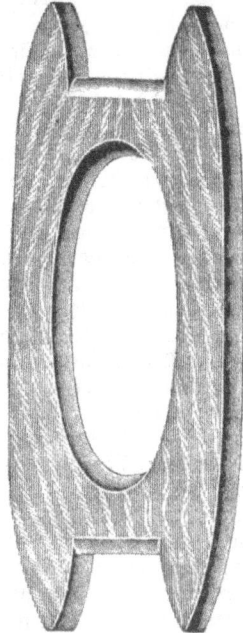

Verschiedene Büchsen für Blei, Wirbel, Reservehaken, eventuell auch für ganze Fluchten sowie zur Unterbringung der toten Köderfische dürfen nicht fehlen.

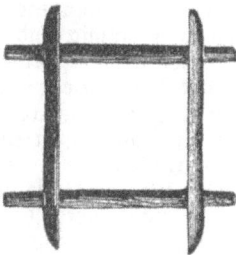

Abb. 92.   Abb. 93.

Die Angelgerätehandlungen haben darin große Auswahl. Heute, wo wir fast ausschließlich mit Drahtvorfächern angeln, finde ich die von Hardy Bros. in den Handel gebrachte Büchse äußerst praktisch. Es ist darin ein entsprechender Vorrat von Draht aller Stärken, eventuell auch fertigen Vorfächern und das ganze Werkzeug, das man zum Herstellen der Vorfächer braucht, d. h. wenn man diese, so wie ich es tue, nur an= bzw. eindreht und nicht mehr lötet.

Angelfluchten und armierte Kunstköder trägt man gerne nach dem Vorschlag von Heinz in Rehlederlappen eingehüllt, was ein Verhängen und Verbeißen verhindert, wenn anders man dieselben nicht in einem eigenen Spinnerkasten versorgt, den ich ganz praktisch finde. Ein solcher wurde seinerzeit von dem verstorbenen Berbig angegeben, und ich war mit ihm sehr zufrieden.

Der Schleppfischer benötigt außerdem noch verschiedene Winde= bretter und Rahmen für seine Leinen und Vorfächer, welche in verschiedenen Ausführungen in den Gerätehandlungen vorrätig sind. Die Abb. 92 und 93 zeigen solche. Zur Aufbewahrung und zum Transport der langen Gutleinen empfahl Heinz Plättchen von Neusilber, mahnte aber zur Vorsicht wegen des allzuleichten Ab= knickens der Gute im trockenen Zustande. Mir sind runde Kork= scheiben zu diesem Zweck sympathischer. Man kann sich diese aus Preßkork in jedem einschlägigen Geschäfte kaufen und an der Peri= pherie eine leichte Rille einfeilen, welche die aus Gut geknüpfte Leine aufzunehmen hat. Diese Rollen sind erstens federleicht, zweitens wird auf ihnen das Gut nicht geknickt; die vom Wässern nassen Rollen trocknen während des Angelns rasch und vollständig aus, so daß man die gebrauchten Vorfächer auf sie wieder ihrerseits zum Trocknen aufrollen kann.

Zum Schlusse darf ich eines wichtigen Gerätes nicht vergessen, das uns ein wichtiger Gehilfe beim Sport ist, — das Boot.

Es gibt so vielerlei Arten von Booten — flache und gekielte — mit und ohne Segeleinrichtung, ja vielfach schon mit festen oder abnehmbaren Motoren ausgerüstet, daß es schwer ist, jemand diesen oder jenen Typ besonders anzuempfehlen, ohne seine Bedürfnisse oder persönliche Liebhaberei, vor allem aber sein Fischwasser zu kennen. Jedenfalls muß immer die oberste Bedingung gestellt werden, daß das Boot stabil, entsprechend geräumig und doch im jeweiligen Verhältnis zu seinen Dimensionen leicht zu bedienen sei.

Wie oft habe ich es erlebt, nach langer Reise an ein entlegenes Fischwasser gekommen zu sein und dann zu sehen, daß trotz Ansage das Boot nicht da war oder leckte oder der Bootsführer nicht vor= handen, eventuell unzurechnungsfähig betrunken war — und was derlei erheiternde Dinge mehr sind. Das alles fällt mit dem Be= sitze eines Faltbootes weg, und allein die ungetrübte Freude am Sport ist seinen vielleicht etwas hohen Anschaffungspreis wert. Unbezahlbar aber auch der Reiz, heute da und morgen dort von ihm aus angeln zu können und eben jeder Zeit eigener Herr im Hause zu sein. Wer lange Zeit am Wasser lebt, wird vielleicht Freude daran finden, seine Anglerferien als moderner Robinson zu ver= leben und sich zu seinem Faltboot noch ein Zelt anschaffen, um ganz in freier Natur leben zu können. Ich kann das zu tun nur raten, denn es ist doch etwas ganz anderes, seinen Abend am Herdfeuer

in frischer Luft zu verleben, in seinem Schlafsack sich von den
Mühen eines Angeltages köstlich auszuruhen, als in irgendeiner
rauchigen Kneipe zu sitzen und irgendwo in einem nicht ganz einwandfreien Bette zu liegen; ich halte so ein Lagerleben für den
höchsten Reiz, den das Anglerleben überhaupt bieten kann, besonders
wenn gute weidfrohe Gesellen Genossen einer solchen Fahrt sind.

Die Schleppangel.

Sinn- und wesensverwandt ist diese Art zu fischen mit der
Spinnangel, vielleicht weniger kunstvoll, vielleicht für manchen
weniger reizvoll und zu wenig anregend. Beides zugegeben, aber
gekannt will sie auch sein, auch sie hat ihre Feinheiten und intimen
Reize. Allerdings, territorial beschränkt sie sich auf größere Wasser-
einheiten, Ströme und Seen und erfordert unter anderem einen
größeren Apparat als die Spinnangel.

Schon die Voraussetzung, daß sie nur und ausschließlich vom
fahrenden Boote aus betrieben werden kann, unterscheidet sie
wesentlich von dieser, auch die Tatsache, daß
die Führung und Bewegung des Köders durch
die Bootsbewegung erfolgt und nicht durch
die eigene Betätigung des Anglers. Man kann
gelegentlich auch mit der Spinngerte
schleppen,
wenn man vom Wer-
fen müde die Gerte
über den Bootsrand
auslegt, entsprechend
Leine ausläßt und
nun an den gün-
stigen Plätzen vorbei-
rudernd, den Köder
arbeiten läßt. Um dem
Köder die nötige Tie-
fenführung zu geben,
muß man ungefähr
10 m von ihm in die
Schnur ein Gleitblei
einfügen. Sehr be-
währt ist das von
Hardy (Abb. 94a), wel-

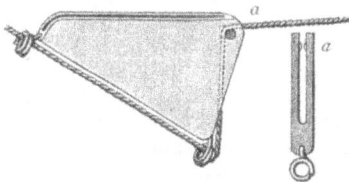

Abb. 94 a.

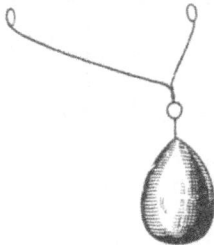

Abb. 94 c.

Abb. 94 b.

ches in die Schnur eingeklemmt wird und beim Einrollen vom
Endring der Gerte abgestreift wird, wenn es an ihn anstößt,
worauf es bis zum Vorfach herabrutscht. Heintz beschreibt ein
Gleitblei, das sich recht gut bewährt und durch Wechsel des Bleies

Winter, Spinnangeln.   8

verschieden schwer gemacht werden kann: es wird durch einen
eingebundenen Gummifaden in seiner Stellung erhalten und beim
Einrollen über diesen vom Endring hinübergestreift (Abb. 94b).

Ein einfaches Gleitblei stellt die von mir wiederholt als
„Bosporus-paternoster" (Abb. 94c) beschriebene Vorrichtung dar,
welche noch den Vorzug hat, daß man sie aus einem Stückchen
Draht von 12—15 cm Länge und einem Olivenblei am Wasser
selbst rasch herstellen kann. Auch dieser Apparat gestattet Bleie von
beliebigem Gewichte ein= und auszuhängen; auch er wird mit
Hilfe eines in die Schnur gebundenen Stückchens Gummi in der
gewünschten Stellung fixiert.

Wie schwer man die Bleibeschwerung jeweils zu nehmen hat,
läßt sich nicht genau sagen, — maßgebend ist hierfür die Stärke der
verwendeten Rollschnur und die Tiefe, welche man erreichen will,
ebenso auch das Tempo der Fahrt. Wer speziell von der Gerte
schleppen will, — hervorragend eignen sich hierfür die 6 Fuß
langen Überkopfgerten in stärkerer Ausführung —, dem sei eine
große Rolle, welches rasches Aufwinden gestattet, angeraten. Ich
möchte zu diesem Behufe die sog. „Magnalium=Rolle" empfehlen,
besonders in der von mir angegebenen Verbesserung mit
Knarre und zweiter Bremse an der Trommel, welche bei ihrem
Durchmesser von 18 cm ein enorm rasches Aufwinden ermög=

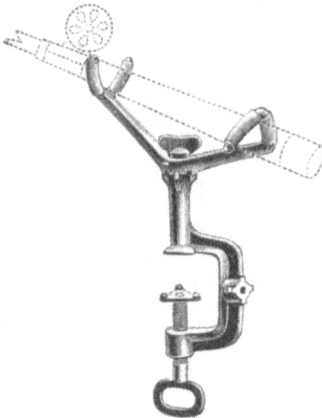

licht, was in Gefahrmomenten
von großer Bedeutung ist. Für
das Schleppen von der Gerte hat
man eigene Gertenhalter konstru=
iert, welche am Bootsrande in ver=
schiedenen Stellungen und Lagen
festgeschraubt werden können (Abb.
95). Man hat dabei nur nötig,
die Rolle zu sperren und die Gerte
so festzulegen, daß der anbeißende
Fisch sich allein anhaut, wobei die
Fahrt des Bootes die Antriebstätig=
keit des Anglers ersetzt. Für das
Eindringen des Hakens muß aller=
dings die Rolle so hart gebremst
sein, daß sie nicht überlaufen kann.
Ist die Bremsung zu schwach, dann
geht der Anhieb fehl, und es erübrigt
sich dann nichts anderes, als die

Abb. 95.

Schnur in der Hand zu behalten wie bei der Schleppfischerei.

Ich will bei dieser Gelegenheit auch die sog. „Harlingfischerei"
besprechen, die zwar eigentlich kein eigentliches „Schleppen" ist,
aber bei der auch die aktive Tätigkeit des Anglers entfällt, soweit
es sich um Köderführung und Anhieb handelt. Voraussetzung für
die Harlingfischerei ist tiefes und strömendes Wasser. Ihre Heimat
ist Norwegen, wo sie an jenen Strömen Anwendung findet, in

denen das Wasser zu mächtig und zu tief ist, um ein erfolgreiches
Fischen mit der Fliege auf Lachse zu gewähren, oder in denen die
Lachse überhaupt die Fliege nicht annehmen. — Sie wird derart
ausgeführt, daß der Bootsführer, auf dessen Tüchtigkeit und Geschick-
lichkeit im Rudern alles ankommt, das Boot von einem Ufer zum
anderen führt und zwischen den einzelnen Landungspunkten hüben
und drüben nur eine kurze Entfernung von 1—2 Bootslängen
einschiebt. Die Fahrt wird stromab ausgeführt, damit den Fischen,
die ja immer mit dem Kopf gegen den Strom stehen, der Köber in
den verschiedenen Wasserschichten präsentiert werde. Die Gerten
liegen über Bug und Stern des Bootes aus, in den vorerwähnten
Haltern eingelegt, und der Angler hat nur auf den Anbiß zu warten,
denn der Lachs, welcher sich mit dem erfaßten Köber stromab wendet,
haut sich allein an. Selbstredend, die Aufregungen des nun folgenden Kampfes genießt der Angler allein, wenn er auch vom Bootsführer nachhaltig unterstützt wird.

Diese Art zu angeln dürfte sich auch in unseren großen Strömen
ausführen lassen, wenn man einen rudergewandten Fahrer hat
und dürfte bestimmt große Erfolge bringen. Ich selbst hatte leider
nie Gelegenheit, in dieser Weise auf den großen kontinentalen Wassern zu fischen, wundere mich aber, daß noch keiner unserer
Angler es der Mühe wert fand, diese Methode zu erproben; wenigstens habe ich bis heute noch nirgends etwas verlauten gehört, und
doch möchte ich den Angelbrüdern an der Elbe, Weser usw. nahelegen, einmal wenigstens den Versuch zu machen und ihre Erfahrungen in unseren Anglerzeitungen zu verlautbaren.

Die Schleppangel wird auf zweierlei Weise gehandhabt, entweder so, daß man die Schnur von einer Rolle laufen läßt, welche
am Bootsrand befestigt ist, oder auf einem Stiel angebracht, mit
diesem im Boote festgelegt, oder so, daß man die Schnur in der
Hand hält. Beides ist meiner Ansicht nach vollständig weid- und
sportgerecht, wenn ich auch Heintz zustimme, daß die Art des Schleppens, die man an unseren Alpenseen häufig beobachten kann, nicht
mit „Sport" bezeichnet werden kann. Hier handelt es sich freilich
in fast allen Fällen um Nichtangler, die aus Langeweile oder um
eine Sensation zu haben, mit irgendeinem Berufsfischer hinaus-
fahren, der einfach seinen Gast herumrudert. Beißt dann ein Fisch
an, wird er einfach hereingehaspelt, ins Netz geschöpft und in den
Kahn geworfen, — das ist bestimmt kein Sport und kann dem Fahr-
gast auch nie den Eindruck eines solchen machen, noch weniger
aber in ihm die Begeisterung für das Angeln als etwas Höherem
wachrufen.

Ich will zunächst die zur Schleppangel dienenden Geräte ein-
zeln besprechen: zunächst die Schnur. Dieselbe besteht im allgemeinen aus zwei Teilen, wenn aus der Hand geangelt wird,
nämlich der eigentlichen Schleppleine und der Handleine. Diese
wählt man aus geklöppeltem Hanf hergestellt und in einer ziemlich
dicken Nummer, da sich erstens eine voluminöse Schnur leichter

8*

hält und die angeschlossene Seidenschnur mit dem Vorfache für die nötige Verjüngung sorgen. Die Handleine imprägniert man nicht mit Paraffin oder sonstigen Schwimmfetten, denn das würde sie zu glatt und schlüpfrig machen, sondern man läßt sie mit Wachs ein, das der Leine auch eine gewisse Steifigkeit verleiht. Ein Einhangwirbel am Ende dient zum Einhängen der eigentlichen Schleppschnur.

Die Schleppschnur besteht aus geklöppelter Seidenschnur stärkerer Sorte, welche vorteilhaft imprägniert ist. Es genügt, diese

Schnur 3—10 m lang zu nehmen. Das untere Ende trägt einen Einhangwirbel, in welchem das Vorfach eingehängt wird. Dieses selbst besteht je nachdem, auf welche Fische man angelt, und je nach der Klarheit des Wassers aus einfachem Lachsgut, eventuell auch aus doppeltem oder dreifachen Gute, eventuell aus Draht, — sei es Punjal oder sonst ein Drahtgespinst, sei es einfacher Draht. Ich halte die moderne Stahlseide für diesen Zweck hervorragend geeignet wegen ihrer Feinheit und Schmiegsamkeit, nicht zuletzt wegen ihrer den Galvanodraht vielfach überlegenen Tragfähigkeit und Elastizität. Das Vorfach ist je nachdem 2—4 m lang und trägt über seine Länge verteilt, eine Anzahl geschlossener Wirbel. Bezüglich dieser ist zu sagen, daß man sie nicht

Abb. 96.   Abb. 97.   Abb. 98.

klein genug, aber auch nicht zu gering nehmen soll, natürlich immer im Verhältnis der Größe der zu erwartenden Fische. Da ja beim Schleppen die Elastizität der Gerte für den Drill fehlt, muß die Elastizität und Reißfähigkeit der Leine des übrigen Zugehörs erhöht in Anspruch genommen werden, weshalb man diese Sachen in etwas stärkeren Verhältnissen nehmen muß. Die größere Zahl der ins Vorfach eingeschalteten Wirbel erklärt sich aus dem Bestreben, die bestmöglichste Spinntätigkeit des Köders zu erzielen, selbst bei ganz langsamer Fahrt; darum verwendet man sehr oft und gerne Doppelwirbel. Auch wird der Neigung der Schnur, sich zu verdrehen, durch das Anbringen vieler Wirbel wirksam gegnet.

Um den Köder in die Tiefe zu bringen und in dieser zu erhalten, schaltet man Senker ein, und zwar in die Schnur, teils Bleioliven (Abb. 96), teils Bleie von der Form der Abb. 97.

Will man oberflächlich spinnen, d. h. ohne Beschwerung, dann muß man, um die Verdrehung der Schnur zu verhindern, zwischen diese und das Vorfach einen sog. „Antikinker" einschalten, der in Abb. 98 abgebildet ist. Man kann denselben ohne besondere Mühe selbst herstellen. Angelt man mit Zuhilfenahme einer Rolle, dann ist es angezeigt, die ganze Schnur aus Seide zu nehmen.

Es gibt verschiedene Arten von Rollen zu diesem Zwecke, von denen die in Abb. 99 u. 101 abgebildeten sich großer Be= liebtheit erfreuen und einen feinen Drill erlauben. Der in Abb. 100 gezeigte Bootshas= pel, auch Heureka=Haspel ge= nannt, ist eine Verfeinerung des Comoseehaspels; es ge= stattet dem während des Ein= rollens neuerlich flüchtenden Fische Leine abzuziehen, ohne daß man die Tätigkeit des Ein= rollens unterbrechen müßte, indem sich nämlich durch den Gegenzug die Trommel auto= matisch ausschaltet. Daß man mit diesen Haspeln mit sehr feinem Zeug arbeiten kann, ist sehr glaubhaft, allerdings sind sie etwas voluminös und schwer und nicht gerade billig. Der Gegenüberstellung halber muß ich aber auch den gewöhn= lichen Bootshaspel erwähnen, der weder eine Knarre, noch sonst eine Bremse zeigt, die ein kunstgerechtes Drillen des Fisches erlauben würde. Le= diglich eine Sperrklinke stellt

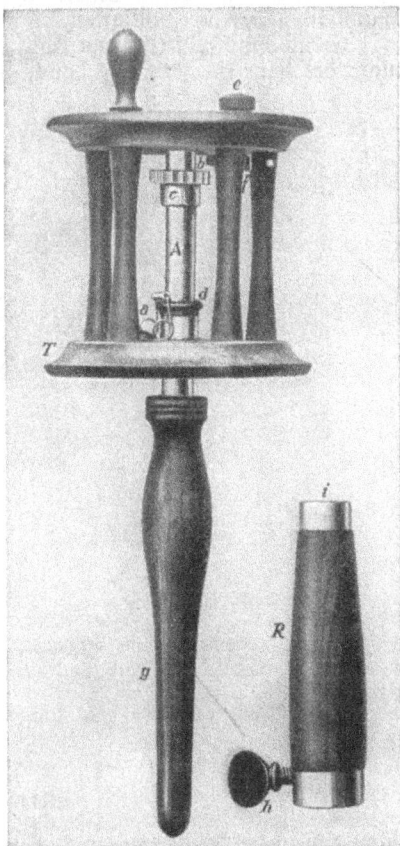

Abb. 99.

die Trommel in der jeweiligen Lage fest, ansonst dient der ganze Apparat eben nur zum kunstlosen brutalen Hereinwinden des Fisches, also zu jener Art des Angelns, welche im vorhergehenden als un= sportmäßig bezeichnet wurde.

Die Angler, welche die in Abb. 99 beschriebenen Haspel ver= wenden, lieben es, mit zwei Leinen zu angeln, einer oberflächlich und einer tiefgehenden. — Beim Gebrauche der Handleine wird man sich wohl meist mit einer einzigen begnügen.

Ich gebe gern zu, daß der Gebrauch der Handleine mehr Technik erfordert, besonders dann, wenn man allein im Boote sitzt und auch noch die Ruder zu bedienen hat, von deren geschickten Hand= habung auch ein Teil der glücklichen Landung abhängt, wie wir später sehen werden. Einen unbestreitbaren Vorteil besitzt die Handleine, den der Billigkeit.

Heintz empfiehlt für den Fall, daß man selbst rudert oder aber nicht die Leine in der Hand halten will, ihr Ende mit einem finger=

Abb. 100.

dicken Gummischlauch von ca. 1 m Länge zu verbinden. Dies ge= schieht durch einen Einhänger, der an dem einen Schlauchende an= gebracht ist. Auf das andere Ende setzt sich der Angler. Beißt ein Fisch, dann sieht man dies an dem ruckweisen Dehnen des Schlau= ches, ebenso wie man einen Hänger konstatieren kann, wenn sich der Schlauch in einem gleichmäßigen Zuge stark dehnt. Um zu verhindern, daß die über den Bootsrand laufende Leine an diesem scheuere und beschädigt werde, bringt man an diesem eine kleine Rolle oder Spule an, welche auf einer Achse verschiebbar ist und frei rotiert. Über diese läuft die Schnur, ohne zu wetzen. Dieses Verfahren ist sehr empfehlenswert.

Beim Angeln mit der Handleine muß man diese vom hinteren Ende, beginnend in Ringen, auf den Boden des Bootes auslegen; beim Rudern läßt man dann zuerst den Köder und dann nach und nach die Schnur auslaufen.

Es ist wichtig, auch über die Beschaffenheit der zu befischenden Zone sich eine genaue Kenntnis zu verschaffen. Im allgemeinen wird man, außer wenn man auf hochstehende Salmoniden angelt, dem freien Wasser fernbleiben und sich auf die Uferzone beschränken, da man mit der landläufigen Schleppangel nicht in größere Tiefen als 10 m herunterkommt. Besonders wichtig ist es auch, den Ver= lauf der sog. „Schar", lokal auch „Leiten" genannt, zu wissen, die sich dadurch kenntlich macht, daß die helle grüne oder bläuliche Farbe des Wassers in eine dunkle übergeht. Die Fahrt geht dann parallel zur Schar, um eine Über= sicht über ihren Verlauf zum Ufer einerseits — mal näher — mal weiter — und ihre Abfallver= hältnisse zur Tiefe ander= seits zu studieren. Das ist wichtig an fremden Wassern. Macht man diese Fahrt zum ersten= mal, dann lasse man die Leine 30, 40, 50 m ohne Beschwerung auslaufen,

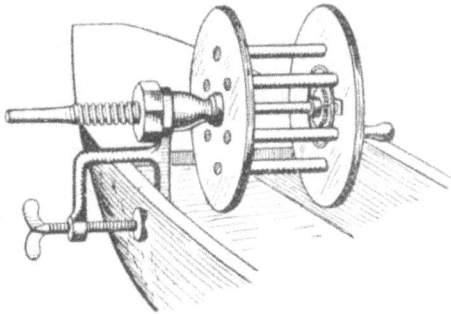

Abb. 101.

um Hangern aus dem Weg zu gehen. Fährt man Uferbuchten aus, dann muß man das Boot im hellen Uferwasser führen, — umgekehrt beim Umfahren von Landzungen weiter hinaus ins freie Wasser gehen. Erst wenn man über die ortlichen Verhältnisse orientiert ist, fischt man mit beschwerter Leine.

Wie ich schon gesagt habe, die Hauptrolle beim Schleppen spielt eigentlich die richtige Führung des Bootes sowohl bei der Führung des Köders als insbesondere beim Drill. Darum lieben es erfahrene Schleppangler, allein das Ruder zu führen, um mit der eigentlich oft monotonen Beschäftigung eine gesunde Muskel= tätigkeit, die auch Überlegung und Geschick verlangt, zu verbinden. Angenommen, ein Fisch hat gebissen, was wir je nachdem entweder am Knarren der Rolle oder am Strecken des Gummischlauches oder am Zucken in der Hand spüren, wir müssen also anhauen, was durch einige energische Ruderschläge zu geschehen hat, dann müssen wir in den Drill eingehen. Wenn man in großer Nähe des Ufers fährt und dieses einen reichlichen Bestand von Schilf und sein Boden starken Bewuchs aufweist, dann muß es unser erstes Bestreben sein, das tiefe Wasser zu gewinnen, um dem Fisch die Flucht ins Kraut oder Schilf unmöglich zu machen. Das Boot muß die Flucht=

bewegungen des Fisches zu parieren, indem seine Fahrtrichtung stets diesem entgegengesetzt zu stellen ist. Das gefährlichste ist, wenn der Fisch unter das Boot gehen will, welches Vorhaben durch eiliges Rudern und Wiederherstellung der alten Situation verhindert werden muß. Genau wie beim Drill vom Ufer, vielleicht noch viel wichtiger, ist die Befolgung des Rates, den Fisch weit weg vom Angler müde zu arbeiten und sich mit dem Hereinholen recht viel Zeit zu lassen, erst recht, wenn man allein rudert! Gegen schon beim Uferfischen, wo man doch in der größeren Mehrzahl der Fälle den geeigneten Platz zur Landung aussuchen und bestimmen kann, genug Fische eben dabei durch Übereilung verloren, so geschieht dies in viel ausgedehnterem Maße vom Boote aus. Wenn ein nicht ab-gekämpfter Fisch zu rasch ins Boot gezogen wird und nun in nächster Nähe desselben mit aller Kraft die letzten Versuche macht, die Frei-heit wieder zu gewinnen, springt, sich wälzt und den Kopf über Wasser schüttelt, wird die Situation kritisch. Gelingt es nicht, ihn durch Erschrecken zu einer weiten Flucht zu bewegen und das Kampffeld vom Boote zu entfernen, dann ist der Fisch meist ver-loren, wenn man nicht einen günstigen Augenblick erfassen konnte, um ihn ins Netz oder an den Gaff zu bringen. Es ist ebenso wie beim Uferfischen einer der gröbsten Fehler, diese gewaltsamen Be-freiungsversuche des Fisches zu provozieren. Wenn ein Fisch zur Oberfläche steigen will, dann muß man das Gewicht der Leine auf ihn wirken lassen und ganz nahe der Oberfläche einziehen. Wollte man dabei die Leine absichtlich hochhalten oder gar aufstehen, wäre es das verfehlteste Beginnen. Man lasse dem Fisch seinen Willen, soweit es ohne Gefahr angeht, und drille ihn durch Bewegungen des Bootes. Schießt er gegen dasselbe, muß man ihm raschestens davonrudern, wenn er sich dagegen spreizt, dann halte man ihn ruhig ohne Zug an der Leine und ohne zu rudern; zieht er fort, dann gebe man ihm Leine, zieht er nach der Seiten, dann stelle man den Bug des Kahnes nach der entgegengesetzten Richtung.

Das Einziehen der Leine hat in regelmäßigen Zügen Hand in Hand zu erfolgen und man vergesse nicht, die eingezogene Schnur wieder in Ringe auf den Kahnboden zu ordnen, andernfalls kann eine Verwirrung der Leine von recht fatalen Folgen begleitet sein, wenn der Fisch vielleicht noch Fluchten macht. Besonders vor-sichtig und gleichmäßig hat das Einziehen in Momente des beab-sichtigen Landens zu erfolgen; man zieht ihn bis auf einen halben Meter längsseits des Bootes heran und leite ihn dann erst über das vorgehaltene Netz oder schlage ihm den Griff ein; beide Geräte sollen der besseren Handhabung halber ziemlich kurzstielig sein.

Die eben beschriebene Art zu schleppen gestattet aber, wie schon bemerkt, nur Tiefen bis zu 10 m zu beangeln. Um den Fischen in größeren Tiefen beizukommen, muß man eine besondere Tiefsee-angel benützen.

Die Schleppangler früherer Perioden verwendeten hierzu die schon von Bischoff angegebene Kette, aus ca. 15—25 cm langen

Gliedern von starkem Messingdraht zusammengesetzt, welche infolge ihrer Schwere bei entsprechender Länge in große Tiefen sinkt. Sie ist heute ganz außer Gebrauch. Hie und da findet man bei Berufsfischern noch die „Tiefleine", welche durch reichliche Umwicklung mit Bleidraht zum Sinken gebracht wird.

Ein wirklich sportliches Gerät ist die Tiefseeangel der Fischer am Comosee, deren Beschreibung und sinnreichen Umbau für unsere Verhältnisse wir Heintz zu verdanken haben. Wenn ich die Beschreibung der am Comosee gebräuchlichen Tiefseeangel wiedergebe, so tue ich es nur, um dem Leser durch den Vergleich die bedeutend verbesserte Heintzsche Tiefseeangel und ihre Vorteile leichter anschaulich machen zu können.

Die Comoseeleine besteht aus weichem Messing- bzw. Kupferdraht von ca. 600 und mehr Meter Länge, der, um nicht geknickt zu werden, auf einem Haspel aufgespult ist. Diese Haspel, deren ich schon vorher Erwähnung tat, ist eine sinnreiche Konstruktion, die es erlaubt, große Fische an feinem Zeuge zu drillen. Die Drahtschnur ist von 20 zu 20 m unterbrochen durch eingebundene Ringe, bis zu 20 an der Zahl, in welche die Seitenangeln eingehängt werden. Diese wiederum sind je 18 m lang (davon 10 m reine Seidenschnur und 8 m Gutvorfach) und werden mit einem Haken in die Ringe eingehängt. Man sieht daraus, wie kompliziert und kostspielig zugleich dieser Apparat ist. Schon das Auslassen der Leine und Einhängen der vielen Seitenangeln ist eine mühsame Arbeit: Beißt nun ein Fisch an eine der unteren Seitenangeln oder gar an der untersten, dann muß man alle übrigen einholen, aufhängen, aufwinden und beim Wiederauslegen der Hauptleine die ganze Arbeit in umgekehrter Reihenfolge wiederholen.

Nicht nur das: Im Fall daß die Fahrt unterbrochen werden muß, sinken die Seitenleinen entlang der Hauptleine herunter und zu leicht kommt es zu unliebsamen Verschlingungen, deren Lösung nicht immer leicht, unter allen Verhältnissen aber zeitraubend und mühsam ist.

Diese Übelstände haben Heintz veranlaßt, einen Apparat zu konstruieren, welcher unkompliziert und einfach zu handhaben ist und doch eine sichere Befischung selbst der größten Tiefen erlaubt. Vor allem galt es, ein Material zu finden, welches bei entsprechender Dünne doch haltbar genug und leicht zu verarbeiten ist, vor allem knickungsfrei, dabei das Wasser auch bei rascher Fahrt schneidend. Dieses Material fand er im Galvanodraht. Ich bin aber überzeugt, daß er bestimmt diesen durch die viel feinere und dabei viel festere Stahlseide ersetzt hätte, wäre diese bei seinen Lebzeiten bzw. zu jener Zeit, als er noch die Fischweid ausüben konnte, schon am Markte gewesen wäre.

Der Heintzsche Ideengang bei Aufbau seiner Tiefseeangel, welche, nebenbei gesagt, bis heute durch nichts Besseres ersetzt oder übertroffen ist, ist folgender: Um die Verwendung des teueren Haspels auszuschalten und die Anwendung der Handleine zu gestatten, muß die Drahtleine am Ende einen so schweren Senker tragen, daß dieselbe auch bei rascher Fahrt wenigstens annähernd vertikal im Wasser hängt. Statt einer einheitlichen Drahtschnur ist es vorteilhafter, eine solche aus mehreren, untereinander gelenkig verbundenen Einzelteilen zu wählen und statt der vielen Seiten= angeln deren bloß 3—5, diese aber in ebenfalls gelenkig verbundene Seitenarme einzuhängen, so daß bei einem Verhängen des Bleies am Boden und Stillstand der Fahrt die Seitenangeln vom Körper der Drahtschnur weit abhängen und somit Verschlingungen aus= geschlossen sind.

In der Tat wird seine Tiefseeangel auch in allen diesen Ge= sichtspunkten gerecht. Die Drahtschnur besteht aus je einen Meter langen Einzelteilen, die durch einen von ihm erfundenen Um=

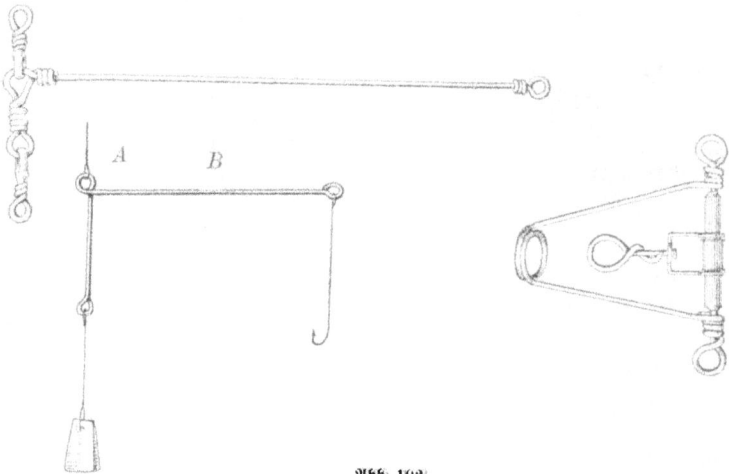

Abb. 102.

lauf verbunden sind. Ihr oberes Ende wird durch einen Wirbel mit der Handleine verbunden, ihr unteres Ende trägt den Senker. Die Seitenangeln sind von 5 zu 5 m in drehbare Seitenarme, sog. „Booms" (Abb. 102), eingehängt, wenn man große Gewichte be= nutzt, bei leichten Senkern ist der Abstand der Seilarme 10 m, die oberen Seitenangeln sind je 3 m lang, die unterste 8—10 m lang. Die Seitenangeln sind aus Lachsgut geknüpft, man kann zwar auch doppelt gedrehtes Gut verwenden, doch ist es dann ratsam, den letzten Meter aus einfachem Lachsgut anzusetzen. Von dem untersten Boom geht noch ein $1\frac{1}{2}$ m langes Stück Drahtschnur ab, welches den Senker trägt (Abb. 103). Die Seitenangeln werden mit den Armen entweder durch Karabiner (Abb. 104) verbunden, welche ziemlich kräftig gehalten sein müssen, oder aber trägt der Seiten= arm selbst schon eine Einhangvorrichtung; gegen den Köder zu sind

sie behufs Verbindung mit demselben entweder mit einem einfachen
Einhänger versehen oder sie tragen einen kleinen Einhängewirbel;
das letztere ist mir das liebere, selbst wenn der Köder auch mit einem
Wirbel montiert ist.

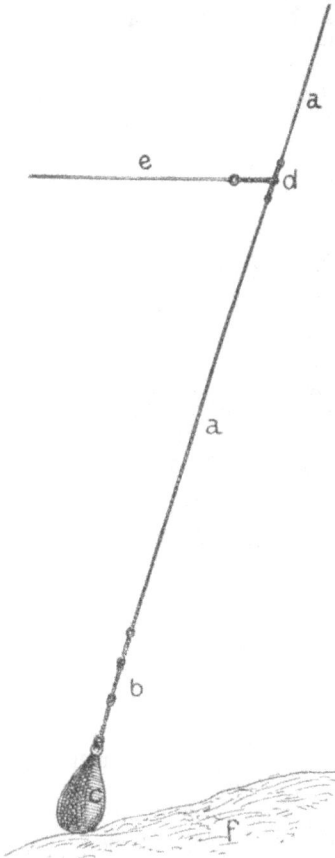

Die Gesamtlänge der Haupt=
schnur beträgt je nach der Tiefe
des zu befischenden Wassers 20—
50 m, das Senkergewicht derselben
angepaßt bis zu 2 Pfund. Es ist
von großem Vorteile, das Senker=
gewicht dem jeweiligen Erforder=
nis anpassen zu können, daher
einen Senker zu haben, der durch
Ansetzen bzw. Wegnehmen einzel=
ner Teile Variationen von $\frac{1}{2}$—
2 Pfund erlaubt. Der von Heintz
angegebene Senker (Abb. 104)
entspricht diesem Erfordernis wei=
testgehend und ist leicht selbst her=
zustellen.

Außer seiner Be=
stimmung, die Leine
zur Tiefe zu führen
und sie dort zu er=
halten, diene der Sen=
ker auch als ständiger
Verbindungsmesser
des Anglers mit dem
Boden, er zeigt ihm
Unebenheiten und Ni=
veauverschiedenheiten
desselben exakt an und
meldet ihm rechtzeitig
Hindernisse, wie Fel=
sen oder versunkenes
Holz.

Der Angler hat
daher nur nötig, dem
Verhalten des Sen=

Abb. 103.

Abb. 104.

kers Aufmerksamkeit zu schenken: streift dieser am Boden, dann
muß er Leine einziehen, bis der Senker wieder ohne an=
zustreifen seinen Weg macht, umgekehrt kann er nachher
wieder versuchen, ihn tiefer zu bringen, wenn er glaubt, der
Grund gestatte es, indem er wieder solange Leine gibt, bis
der Senker aufschlägt. Faßt dieser ein Hindernis, wie einen
Felsen oder versunkenes Holz, dann wird die Fahrt unterbrochen
bzw. durch Rückwärtsfahrt der Senker freigemacht, die unterste

Seitenangel aber kann sich nicht verhängen, benn sie liegt fernab von dem Hindernis am Boden.

Aber noch eine weitere wichtige Arbeit hat der Senker zu leisten: er ist auch der Gehilfe des Anglers beim Drill. Angenommen, ein Fisch strebt nach der Oberfläche, dann läßt man Leine nach, und der schwere Senker zieht den Fisch wieder zur Tiefe, wie benn überhaupt bei jeder Flucht, welche der Fisch in dieser oder jener Richtung unternehmen will, er immer und jedesmal das Gewicht des Senkers zu überwinden hat, was ihn rasch ermüdet.

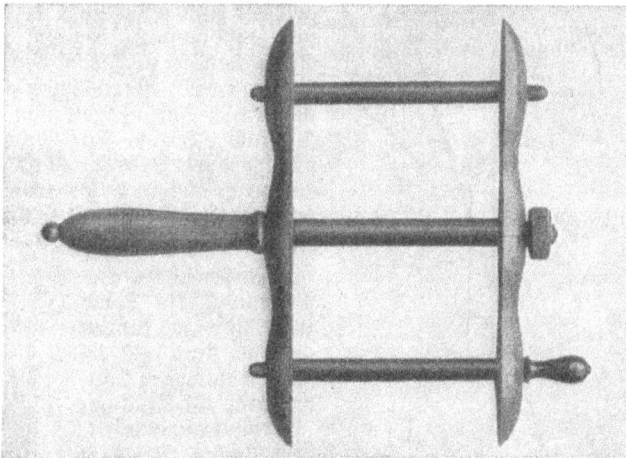

Abb. 105.

Die Drahtschnur wird mit einer 40 oder auch mehr Meter langen Handleine aus geklöppeltem Hanf verbunden, welche mit Wachs eingelassen ist. Je kürzer die Drahtschnur und je geringer die Belastung derselben, desto mehr von der Handleine muß man folgerichtig ausgeben. Zum Zwecke raschesten Nachlassens, wie z. B. bei einem Hänger, muß man stets einige Meter Handleine am Boden des Kahnes in Ringen ausgelegt haben.

Die Schleppangelschnur wickelt man außer Gebrauch auf eigene Winderahmen, teils solche wie Abb. 92 u. 93, teils solche, welche um eine Achse drehbar sind wie Abb. 105. Beide Modelle sind in den Gerätehandlungen in den verschiedensten Ausführungen vor-rätig.

Nicht unbesprochen sollen hier die zu verwendenden Köder und Fluchten bleiben. Soweit es sich um Kunstköder, also Löffel und Blinker handelt, müssen diese aus viel dünnerem Bleche her-gestellt sein als jene, welche zum Spinnen mit der Gerte verwendet

werden, denn erstens werden sie ja nicht geworfen, zweitens sollen
sie nicht, wenn die Fahrt verlangsamt wird, durch ihr Eigengewicht
zu rasch zu Boden sinken. Aus demselben Grunde dürfen die Spinnfluchten keine Beschwerungen wie Kappen oder Schlundzapfen
tragen, auch Turbinen an denselben sollen aus ganz dünnem Bleche
hergestellt sein, wenn schon nicht aus transparenten, unsichtlichem
und federleichten Zelluloid. Entsprechend dem leichten Gewichte
der Systeme sollen auch die Haken möglichst klein und feindrätig,
dafür aber mit desto schärferen Spitzen ausgestattet sein, was alles
ganz besonders für die Tiefseeangel Geltung hat und worüber bei
den eigenen Fischgattungen des näheren gesprochen werden soll.
Das Hauptaugenmerk ist aber auf ein klagloses Funktionieren der
Wirbel gerichtet, damit die Köder dieser und jener Art auch beim
langsamen Rudern exakt spinnen.

Und nun wollen wir über die Technik des Schleppens mit der
Tiefseeschnur sprechen.

Vor der Ausfahrt haben wir alles vorbereitet; die Köder zu-
rechtgelegt, die Seitenangeln montiert und nun hängen wir dort,
wo wir mit dem Fischen beginnen wollen, den Senker ein, dann
die erste Seitenangel und lassen diese zuerst auslaufen, dann die
zweite usw. — und dann Meter für Meter die Drahtschnur und hinter-
her noch Handleine nach Bedarf.

Wenn ich schon für den Gebrauch der Handangel größtmöglichste
Vertrautheit und Kenntnis des Wassers und der Grundverhältnisse
als einen für den Erfolg maßgebenden Faktor bezeichnet habe, so
hat diese Forderung doppelte Geltung für den Schleppangler. Ich
glaube nicht, daß es eine bewußtere Zeitverschwendung und Ver-
vergeudung von Energie gibt, als planlos in einem fremden Wasser
herumzufahren und seine Angeln durchs Wasser zu ziehen.

Wenn man schon nicht einen verläßlichen ortskundigen Begleiter gewinnen kann, dann muß man wenigstens trachten, sich so
rasch als möglich eine wenigstens teilweise Orientierung zu verschaffen, und das geschieht am besten durch Leerfahrten, die lediglich
dem Zwecke des Lotens gewidmet sind. Zugegeben — es ist ein
Zeitverlust besonders für den weither gereisten Angler mit beschränkten Ferientagen — aber ich glaube, daß dieser Zeitverlust
reichlich aufgewogen wird durch bessere Erfolge und ein Minus an
Enttäuschungen, Mißerfolgen und Verlusten von Geräten.

In Seen, welche von einem Flusse durchströmt werden, halte
ich es für das erste Gebot, sich über den Verlauf der Stromrinne
zu orientieren, weil diese von Haus aus der gegebene Standort
vieler Fische ist. Mit kaum einem anderen Geräte kann man sich
so rasch über die wechselnden Tiefenverhältnisse orientieren wie mit
der Tiefseeleine, da man doch an ihr Meter für Meter messen kann.
Empfehlenswert ist es, von der Tiefe gegen das Ufer zu fahren,
um so den Abfall kennenzulernen. Wo das Blei auf den Grund
kommt, fährt man zurück, bis man die Schnur vertikal spannen
kann und zählt dann die Meterzahl der Tiefe an dem Ringwirbel

ab. Durch Einzeichnen kann man sich dann den ganzen See oder wenigstens einen Teil desselben graphisch skizzieren, was beim nächsten Angeln von großem Vorteil ist. Leider hat man bisher noch keinen „Baedeker für Schleppangler" herausgegeben und die lokalen Kenner des Wassers sind in den meisten Fällen egoistisch und schadenfreudig genug, den Neuling auf ihrem Wasser alle unangenehmen Erfahrungen durchkosten zu lassen, die sie erleben mußten, ehe sie zu „Wissenden" wurden.

In dieser Hinsicht nun kann ich meinem Leserkreis mit einer kleinen Hilfe dienen, indem ich diesem Kapitel vier tadellose Tiefen=karten heimischer Salzkammergutseen, welche ich dem Nachlaße eines verstorbenen Schleppanglers verdanke, beigebe. Wer also in einem dieser drei Gewässer schleppen will — Erlaubnis bekommt man gegen Lösung einer Karte bei der zuständigen ärarischen Bundesforst=direktion — der braucht nur an Hand dieser Karte zu fahren.

Wie tief soll man schleppen, wird sich nun mancher Leser fragen, und wann soll ich tief schleppen.

Zunächst muß ich bemerken, daß der Erfolg der Schleppangel in erster Reihe von der Sichtigkeit des Wassers abhängt, — je heller dieses ist, desto mehr Chancen und umgekehrt. Hientz hat eine inter=essante Wahrscheinlichkeitsrechnung aufgestellt, welche dartut, eine wie große Wassermasse ein Fisch bei günstigem Licht übersehen kann; wenn sie auch nicht, wie er selbst zugibt, exakt mathematisch richtig ist, kann man doch an ihrer Hand seine jeweiligen Chancen beurteilen. Nun ist es aber bekannt, daß, je tiefer ein Wasser, desto geringer die Helligkeit, deren unterste Grenze bei der Schleppangel empirisch bei ca. 50 m gefunden wurde. Ebenso bekannt ist es, daß viele Alpenseen zu gewissen Jahreszeiten, besonders in den Sommer=monaten, sich infolge des einrinnenden Schneewassers stark trüben, was von vornherein bei der Absicht, eine Angelfahrt zu unternehmen, ins Kalkül gezogen werden muß.

Da für die eigentliche Tiefseefischerei eigentlich nur zwei Fisch=arten in Frage kommen, vor allem der Saibling und erst in zweiter Linie die Seeforelle, da diese in unseren Alpenseen bis ca. Mitte Juni noch die oberflächlichen Wasserschichten bewohnt, so ergibt sich daraus und aus dem vorher Gesagten, daß die Saison für die Tiefseeangel sich auf die Monate März=April und Mai sowie noch September und Oktober — und diesen Monat nur für den Saib=ling — einschränkt.

Die Tiefe der jeweiligen Fahrt hat sich nach dem Standorte der Fische zu richten und dieser wieder besonders jener der Saib=linge, richtet sich nach dem Standorte des Plankton.

Nach der Tiefe der Fahrt richtet sich auch die Schwere des Senkers. Für ganz große Tiefen von 40 und mehr Meter wird man bis zu 2 Pfund Beschwerung nehmen müssen. Es ist aber mit Rücksicht auf die angenehmere Handhabung des Gerätes in vielen Fällen von Tief angezeigter, den Senker um ½—2 Pfund leichter, dafür die Drahtschnur um 10 eventuell 12 m länger zu nehmen und mehr Handleine auszulassen. Ich habe mir für derartige Fälle einige Reservedrahtschnüre von je 5 m zurechtgemacht. Diese sind auch meterweise durch Umläufe abgesetzt, tragen aber an ihren Enden je einen Einhängewirbel. Mit ihm bin ich imstande, meine Hauptschnur beliebig zu verlängern, wenn es die Situation erfordert, so daß ich in der Hauptsache nur zwei Drahtschnüre, die eine 25 m, die andere 50 m lang mitzuführen brauche.

Für alle anderen Fische, welche während der warmen Jahreszeit ins wärmere Wasser gehen, ist als tiefster Standort eine Tiefe von 10 m anzunehmen, in welcher die Grenze zwischen warmem und kaltem Wasser liegt. Für diese Fische kommt eine Modifikation der Tiefseeleine in Betracht.

Die Drahtschnur ist nur 10—15 m lang und trägt an jedem Ende einen Seitenarm; unterhalb des unteren sind noch $1\frac{1}{2}$ m Galvanodraht angeschlossen und daran der Senker befestigt, der nur 50 bis 100 g schwer zu sein braucht. Die Seitenangeln sind mit wenigstens 6 m für die obere und 10 m für die untere berechnet; sie können ganz aus Gut hergestellt sein, aber es genügt, wenn nur eine Hälfte davon gemacht ist und die andere aus dünner braun oder grün oder wasserblau gefärbter, steifpräparierter, geklöppelter Seidenschnur besteht. Statt des Gutes kann man besonders dort, wo schwere Hechte usw. zu erwarten sind, besser Punjabdraht oder Stahlseide verwenden.

Auch diese Drahtschnur, welche entweder in einem Stück oder auch meterweise durch Umläufe verbunden sein darf, wird mit einer Handleine aus Hanf verbunden, die aber ziemlich lang sein soll, da man reichlich 40 m von ihr ausgeben soll, um mit den Ködern möglichst weit vom Boote weg zu sein. Für die Benützung dieser Schleppleine gilt das, was im Anfange des Kapitels von der gewöhnlichen Schleppschnur gesagt wurde: es ist ratsam, trotz der größeren Tiefe, in welche sie geführt wird, die erste Fahrt mit leichtem Senker zu machen, da Wasserpflanzen vielfach auch in 10 m Tiefe wachsen und zu Hängern Anlaß geben. Andererseits muß man sich wieder bemühen, mit der unteren Angel so nahe als möglich am Boden zu bleiben, an dem die größten Fische stehen.

Wie der schwere Senker beim Drill eines Fisches an der Tiefseeangel sich auswirkt, habe ich schon dort besprochen. Es erübrigt sich nur noch, über das Drillen einige Worte zu sagen. Überflüssig zu bemerken ist, daß man in Anbetracht der feinen Seitenangeln und der ganzen Situation selbst bei Fischen von nur wenigen Pfunden Gewicht niemals an ein Forcieren denken darf, im Gegenteil, man muß geduldig den Fisch bis zur vollständigen Ermattung führen, ehe man daran denken darf, ihn hereinzuholen.

Beim Einholen legt man die Handleine sowie die Drahtschnur in Ringen auf dem Boden des Kahnes auf, inbegriffen die Seitenangeln, deren Köder man nur separat, am besten in kleine Kästchen legt, wenn anders man es nicht vorzieht, sie auszuhängen und vom Begleiter versorgen zu lassen. Das wird besonders notwendig sein,

wenn der Fisch an der untersten Seitenangel hängt. Beim Hereinholen eines Fisches einer der oberen Seitenangeln würde das Gewicht des Senkers erheblich stören. Zu diesem Zwecke hat man eine
Schraube von der Form, wie sie Abb. 106 zeigt, in den Bootsrand seitlich derart eingelassen, daß man in den Schlitz die Drahtschnur mit dem nächsten Ringwirbel oder Boom einhängen kann,
so daß man sich dann unbehindert dem Einziehen der
Seitenangel widmen kann.

Immer aber bleibe das Gebot unvergessen, bei
jedem Drill nach der Tiefe zu rudern, wenn immer
man in der Nähe des Ufers oder seichten Wassers sich
befindet.

Daß der Schleppangler der Pflege seiner Geräte
nicht weniger Aufmerksamkeit zu schenken hat als sonst
ein anderer Angler, brauche ich wohl nicht besonders zu
betonen, denn abgesehen davon, daß es nichts Erfreu-
liches ist, seine Erfolge durch ungepflegte Geräte ge-
schmälert zu sehen, ist auch der Verlust von Blinkern,

Abb. 106.

Vorfächern oder Teilen der Schleppschnur nichts Angenehmes, da
diese Sachen immerhin verhältnismäßig teuer sind. Seiden- und
Hanfschnüre sind stets nach dem Angeln sorgfältig zu trocknen, ehe
man sie wieder auf die Haspel bzw. Winderahmen bringt. Ebenso
sorgfältig trockne man die teueren Vorfächer aus Lachsgut und vergesse nie vor dem Angeln diese und die Schnüre auf Unversehrtheit und
Haltbarkeit zu prüfen. Wirbel öle man stets gut mit Ballistol; Drahtvorfächer trocknet man nach Gebrauch gut ab und verwahrt sie zwischen Flanelläppchen, die mit Ballistol getränkt sind. Besonderes
Augenmerk verwende man auf die Haken, daß sie rostfrei seien und
bleiben. Die Drahtschnüre der Tiefangeln revidiere man sorgfältig auf schadhafte Stellen und merze solche bei Zeiten aus.

Bei aller Vorsicht kann es doch hie und da vorkommen, daß
man einen Teil der Schnur durch Reißen verliert, besonders bei der
Tiefseeangel. Für diese Fälle muß man einen kleinen vierzinkigen
Anker mit sich führen, der an einer langen Schnur befestigt ist. Nun
fährt man mit dem auf den Grund versenkten Anker senkrecht auf
die Richtung der bisherigen Fahrt, bis dieser faßt, worauf man
möglichst vertikal aufzuziehen sucht. — Oft ist schon der erste Versuch von Erfolg gekrönt, oft aber muß man diesen Versuch vielmals
wiederholen, besonders dann, wenn man sich die Stelle des Reißens
nicht genau gemerkt hat. Empfehlenswert ist es, sich in solchen Fällen
Richtungspunkte zu merken, nach denen man dann seine Fahrt zu
richten hat.

Das Turnierwerfen.

Vielleicht wird mancher Leser dieses Kapitel nicht in ein Buch,
das vom Angeln handelt, hineinpassend finden; ich glaube aber
nach dem heutigen Stande der Dinge gerade dieses Kapitel in
meinem Buche nicht auslassen zu dürfen.

Unsere Turnierbewegung ist noch recht jung im Vergleiche zu der anderer Länder; woran das liegt, will ich hier nicht untersuchen, dafür aber mit Befriedigung feststellen, daß wir nunmehr eine haben und die Resultate nicht ganz unbefriedigend sind.

Unsere älteren Autoren standen dieser Sache ziemlich ablehnend gegenüber, vielleicht von der irrigen Voraussetzung geleitet, daß der Rekordwurf vom Tournierboden in das praktische Angeln übertragen werden könnte.

Daß dem nicht so ist, daß vielmehr die Praxis dem Rekordwerfen am Wasser, wenigstens soweit es sich um Weitwurf handelt, ein sicheres Ziel setzt, habe ich schon in einer anderen Stelle des Buches auseinandergesetzt. Heute ist wohl schon der größte Teil unserer Anglerschaft überzeugt, daß das Turnier eine Notwendigkeit ist und auf den Sport und die damit verbundenen Industriezweige belebend wirkt.

Aus dem Sport, in dem der Wille zu Leistungen hervorgerufen wird und das persönliche Können des einzelnen sich hebt, in dem ferner eine größere Annäherung der Angler untereinander geschaffen wird, sowohl der Einzelpersonen als auch der anglerischen Vereine und Verbände und nicht zuletzt dadurch, daß auch das breitere Publikum Fühlung mit der Anglerschaft und dem Angelsport bekommt und von diesen beiden neue und bessere Begriffe erhält als die althergebrachten. Daß das Turnierwesen „Scharen von neuen Anglern und Anglerinnen" produzieren werde, welche sich „auf die ausgeplünderten Gewässer stürzen werden", wie leider in einem Anglerblatt vor nicht zu langer Zeit zu lesen war, halte ich zumindestens für eine krankhafte Einbildung, ebenso wie ich den Vorwurf, die Industrie werde sich nun, statt den Bau von Angelgerten zu treiben, auf den Bau von „Rennmaschinen" verlegen, als unbegründet und von Voreingenommenheit diktiert, ablehnen. Es ist ja leicht zu begreifen, daß das Turnierwesen einen günstigen Einfluß auf unsere Angler nehmen muß. Wieviele sind unter uns, die früher oft vom Überkopfwurf hörten und lasen, — Lobesworte und Verdammungsurteile —, die sich aber nie ein eigenes Urteil über die Sache bilden konnten. Selbst hatten sie nie Gelegenheit, jemand diesen Wurf machen zu sehen, ihn aus sich selbst heraus zu studieren, fanden viele nicht den Mut oder scheuten die Anschaffungskosten für ein Gerät, das von Autoritäten nicht als voll anerkannt worden war. Nun findet in der Nähe ein Wurfturnier statt, und nun sieht der Mann, wie elegant und zielsicher dieser Wurf ausgeführt wird, und ist in der Lage, sich ein Urteil zu bilden. Ist das nicht mehr wert, wie alle Bücherweisheit und schöne Reden?

Vorderhand sind unsere Turniere noch reine Amateurveranstaltungen, wir haben bis heute noch keinen Berufsturnierwerfer in unseren Reihen und auch noch keine Spezialisten, die nur wesen, aber nicht angeln. Nun, — und wenn es solche auch bei uns gebe wie schon lange in England und Amerika — wäre das gerade ein so entsetzliches Unglück? Wir haben doch Dutzende von

Berufs-Scheiben- und Taubenschützen, die von einem Schießen zum anderen fahren, und noch kein Mensch ist auf die absurde Idee gekommen zu behaupten, daß dadurch die allgemeine Weidgerechtig-keit zu Schaden gekommen ist oder daß die Waffenindustrie sich einzig und allein auf den Bau der von obigen Schützenkategorien geführten und bestellten Spezialwaffen verlegt habe.

Wir haben aber noch eine Unmenge älterer und jüngerer Angler, welche sowohl die Spinngerte wie die Fliegenrute in der stümperhaftesten Weise handhaben und warum? Einzig deshalb, weil sie nie einen diese Geräte auch nur gut beherrschenden Sport-kollegen kennenlernten, der ihnen Vorbild und Lehrer gewesen wäre.

Dadurch aber, daß heute der Turniergedanke schon weite Kreise erfaßt hat und selbst schon in kleinen Verbänden Interesse gefunden hat, wird eine gute Geräteführung weiteren Kreisen zur Anschauung gebracht; daß die Industrie sich bemühen wird, ihr Publikum durch Schaffung des Besten zu befriedigen, müssen wir doch nur mit Freude begrüßen, doppelt, weil es unsere heimische Industrie ist.

Das alte Rekordwerfen, das lediglich Distanzwürfe kannte, ist heute schon längst überholt. Gewiß, es ist ganz gut, wenn man in den für Weitwürfe veranstalteten Konkurrenzen zeigt, was Übung und Vertrautheit mit einem guten Geräte aus diesem herausholen können; aber der Schwerpunkt unserer heutigen Wettbewerbe liegt in der Erreichung größtmöglicher Zielsicherheit und punktgenauen Treffens innerhalb anglerischer Distanzen. Und jemand, der sich diese Eigenschaften aneignen will oder aneignet und sie in freiem Wettbewerbe zeigt, daraus einen Vorwurf zu machen, finde ich zum mindesten kleinlich.

Gerade die Spinnangelei hat in der allerletzten Zeit einen un-geahnten Zuwachs an Anhängern bekommen, und ich glaube nicht fehlzugehen, daß es die Veranstaltung von Wettbewerben war, welche diese Erscheinung zeitigte. Darum ergeht mein Ruf an alle Angler, dem Turnierwesen die weitestgehende Beachtung zu schenken und es verständnisvoll zu pflegen als eine hohe Schule der Angeltechnik — ich sage nicht Angel-„Kunst" — denn die Angel-technik, die richtige Beherrschung der Angelgeräte und des Stils ist die Grundlage, auf der sich die Angelkunst aufbaut. Und wie wollte einer ein Meister der Kunst werden, selbst bei den besten Anlagen, wenn er im Handhaben seiner Geräte ewig ein Stümper bliebe.

II. Spezieller Teil.

Der Hecht.

Es mag vielleicht manchen Leser befremden, daß ich gerade den Hecht an erste Stelle setze, abweichend von dem bisherigen Gebrauch, die Edelsten der Edlen, den königlichen Lachs und den nicht geringer im Range stehenden Huchen vor allen anderen zu besprechen.

Und doch tue ich es aus gutem Grunde und mit voller Absicht, denn der weitaus überwiegende Großteil unserer Angler wird sein vornehmstes Beuteobjekt nur in ihm erblicken, der Tausende von Kilometern deutscher Gewässer bewohnt.

Da ich seine Beschreibung bereits im Bande „Grundangelei" gegeben habe und andererseits annehmen muß, daß er jedem Angler vom Angesicht bekannt sein dürfte, will ich den hiefür benötigten Raum anderen Interessen widmen.

In den letzten Jahrzehnten mehrt sich die Klage über das Abnehmen der Hechte in unseren Gewässern an Zahl und an Gewicht.

Wenn wir den Ursachen hiefür nachgehen, so können wir verschiedene Gründe für diese betrübliche Erscheinung finden.

Einer der Hauptgründe ist die teilweise Schutzlosigkeit, das zu geringe Brittelmaß und vor allem die Verkennung seines wirtschaftlichen Wertes. Es gibt heute noch Bezirke und Länder, in denen für Hechte überhaupt keine Schonzeit eingeführt ist, aber auch die bestehenden Schonzeiten halte ich für viel zu kurz. Schließlich und endlich hängt doch die Laichperiode der meisten kontinentalen Fische von klimatischen und geographischen Verhältnissen ab. Es wird doch kein Mensch ernstlich behaupten wollen, daß in einem höher gelegenen Bergsee — es muß deshalb noch kein Alpengebiet sein — der Hecht im Februar-März in den Laich trete, zu einer Zeit, wo gemeinhin seine Laichpläne total vereist und zugefroren sind, nichtsdestoweniger wird sein Fang bereits im April freigegeben. Zu Ostern müssen doch Fische auf den Tisch. Zwar setzt Oberösterreich den April für den Hecht als Schonmonat ein, aber man kann bestimmt annehmen, daß die Laichzeit sich gerade hier in den höher gelegenen Seen bis Mitte Mai oder noch länger hinausziehen wird. Und dann werden die laichreifen oder aber die ausgelaichten, entkräfteten Fische gefangen und zu Markte gebracht, teilweise auch solche, die noch im Laichgeschäft stehen. Und so wird es anderswo auch sein. Viel zu wenig Beachtung wird gerade beim Hechte dem Laichschutz zugewandt. Es ist ja bekannt, daß zur Laichzeit die Gewässer meist höhere Wasserstände haben, auch die verschiedenen Zuflüsse wie Bäche und Wiesengräben, — und gerade die sucht der Hecht gerne zum Laichen auf —, wie viele Fische finden da ein elendes Ende durch Diebshände, — ja sogar Jagdschutzorgane, in deren Bezirken Hechtwässer sind, entblöden sich nicht, zu dieser Zeit Laichhechte zu schießen, meist mit der Begründung, daß sie dieselben späterhin nicht mehr erbeuten könnten. Wenn das Wetter nur halbwegs warm ist, entwickelt sich die Hechtbrut in sehr kurzer Zeit aus den Eiern. Sind nun diese unseligerweise in einem Überflutungsgebiet abgelegt worden, das rasch wasserfrei wird, dann gehen unzählige Brütlinge zugrunde. Die in Tümpeln und Lachen stehen bleiben, fallen hier den Krähen und anderem Raubgesindel zum Opfer oder werden durch die Eintrocknung vernichtet.

Und nun erst das Brittelmaß! Dieses schwankt im allgemeinen zwischen 25—35 cm, und das ist viel zu wenig. Ich wäre beinahe geneigt, diesem Umstande mehr Bedeutung beizumessen als den meisten anderen, denn das trägt direkt zur Ausrottung des Bestandes bei. Ich kenne z. B. ein ideales Gewässer, einen Donau-Altarm, der bei außerordentlicher Größe alle Bedingungen vereint, um einen herrlichen Bestand an Hechten zu produzieren, aber es ist ausgeschlossen, denn Tag und Nacht wird dieses Gewässer mit Stell- und Zugnetzen befischt und dazu noch mit Legeschnüren bespickt, wo soll denn da ein Fisch heranwachsen können, wenn man ihn nicht einmal laichreif werden läßt.

Zu dem Unverstand der Behörden kommt noch die unglaubliche Indolenz unseres Publikums hinzu, das sich solche armselige Fische anbieten läßt und seelenruhig kauft und noch dazu hübsch teuer bezahlt. Dazu kommt noch das alberne Vorurteil, daß große Fische und insbesondere Hechte, wenn schon nicht ungenießbar, so doch wegen ihres „harten und trockenen" Fleisches minderwertig seien. Es ist richtig, daß ein Fisch, Karpfen etwa ausgenommen, über 6—8 Pfund ein derbes Fleisch hat, wenn er frisch aus dem Wasser heraus zubereitet wird. Da nützt kein Spicken und keine wie immer Namen habende Sauce. Daß aber ein so großes Stück Fleisch von einem 10- und Mehrpfünder abliegen muß, genau so wie das eines Mastochsen oder Wildes, das will unseren Hausfrauen und Köchinnen nicht in den Sinn, und die meisten weiblichen Wesen dieser Kategorie wissen es bekanntlich immer besser, weil es schon die legendäre „Mutter und Großmutter so gesagt hat".

Und, werte Brüder in Petro, klopft auch ein bißchen an eure Brust! Es werden viel zu viel kleine Hechte gefangen — und leider behalten, besonders in jenen Gegenden, wo die Schluckangel das hauptsächlichste Fanggerät vorstellt. Es gibt sogar Vereinswässer, wo man dieser Tatsache gar nicht Rechnung trägt und den Fang des Hechtes unlimitiert nach Größe und Zahl freigibt, trotzdem dieser in dem Wasser der einzige Edelfisch ist.

Zu diesen Schäden kommt noch die Verunreinigung der Gewässer und die fehlerhafte Regulierung derselben, welche den Fischen Unterstände und Laichplätze raubt, und nicht allein das, sondern auch die Ernährungsmöglichkeit nimmt. Denn auch der Futterfisch will für seine Brut eine geeignete Stelle als Wiege und zum Aufwachsen, findet er sie nicht mehr, dann verschwindet er aus dem Wasser und ein solches wird auch keinen Hecht mehr beherbergen.

Was soll nun geschehen, um unsere Gewässer wieder mit dem heimischen Edeling zu bevölkern? Vor allem ist zu trachten, die vorhandenen Schäden und ungünstigen Einflüsse nach Möglichkeit zu paralysieren; wohl — ein Wasser, welches zu Tode reguliert wurde oder derart durch Abwässer vergiftet ist, daß darin überhaupt kein organisches Wesen, geschweige denn ein Fisch gedeihen kann, dem wird wohl nicht mehr auf die Beine geholfen werden können.

In erster Linie müssen die anglerischen Verbände mit der Fischerei vereint Hand in Hand gehen und ergiebige Verlängerung der Schonzeiten und einen ausreichenden Laichschutz erkämpfen, — aber nicht nur das, sondern auch eine ausgiebige Erhöhung des Mindestmaßes — auf sagen wir 45—50 cm — vielleicht lokalen Verhältnissen entsprechend noch etwas höher. Es darf doch nicht außer acht gelassen werden, daß der Hecht einen hohen Wirtschaftswert besitzt, — und selbst dort, wo er als Nutzfisch gezogen wird, weniger Pflege erfordert als der Karpfen, den man doch füttern muß, um ihn raschestens marktfähig zu machen, während es doch genügt, für den Hecht die nötigen Futterfische, wie Lauben u. dgl. Kleinzeug zu haben, das man doch in jedem Tümpel züchten kann.

Auch muß der künstlichen Aufzucht und Erbrütung des Hechtes viel mehr Augenmerk und Verständnis gewidmet werden als bisher. Nicht viel weniger muß auch an Aufklärungsarbeit geleistet werden, denn es gibt kaum ein verkannteres Geschöpf im Fischreiche als unser Esox.

Ganz besonders in jenen Gewässern, wo neben ihm die Forelle und andere Salmoniden leben, steht man ihm mit einer fast unglaublichen Verständnislosigkeit und Unkenntnis seiner Eigenschaften und Lebensbedingungen gegenüber. Ich will nichts sagen von kleinen Bächen oder Flüssen, obzwar er dort nicht in seinem Elemente ist, weil das Wasser für ihn zu kalt ist, und auch vielfach seine Hauptnahrung, Fische aus der Familie der Lauben und Rotaugen, gar nicht oder nicht zur Genüge vorhanden sind. Es ist nicht anzunehmen, daß er da besonders groß werden oder sich reichlich vermehren wird, aber immerhin mag er in einem solchen Wasser Schaden stiften können. — In den großen Salmonidenseen aber hat er ein recht eng begrenztes Verbreitungsgebiet, nämlich die warme, flache, schilf= und krautbestandene Uferzone bis zur Warm-

wassergrenze, b. i. beiläufig bis zu 10 m. Wenn man an der Hand
der diesem Buche beigegebenen Tiefenkarten diese Uferzone kontrolliert, kann man sich ein Bild davon machen, wie eng sein Ge-
biet ist sowohl der Breite wie der Tiefe nach.

Die Salmoniden sind durchwegs Fische des kalten und käl-
testen Wassers, manche davon direkte Tiefenfische, die in Wasserschichten leben, in denen man nie einen Hecht gefangen hat noch
fangen wird. In diesen warmen Uferzonen aber lebt und vermehrt
sich die ungeheure Zahl der Futterfische, daneben aber in den
meisten Seen auch noch der Döbel und in vielen Seen auch der
Barsch. Hier ist nun der Hecht nicht der Schädiger der Interessen
des Salmonidenfischers, sonders im Gegenteil dessen Beschützer,
denn er allein verhindert das Überhandnehmen der beiden gefähr-
lichen Laich- und Bruträuber — Barsch und Döbel. Nichtsdestoweniger wird er als eine Pest angesehen und mit allen Mitteln
verfolgt. Und vielleicht ist es gerade das Ausrotten des Hechtes,
welches den auffallenden Rückgang im Bestande der Salmoniden
in manchen Gewässern auf dem Gewissen hat. Wie neuere For-
schungen dargetan haben, und Dr. Surbeck an den Verhältnissen
in gewissen Schweizer Seen bewiesen hat, kommt es dort, wo man
den Hecht ausrottet, zur Überhandnahme aber auch Degeneration
des Barsches, der sich vor allem von Laich und Brut nährt. Nun
ist aber der Barsch ebenso in der Tiefe zuhause wie im Mittel- und
Oberwasser und vielleicht noch vielmehr in den ersteren, so ist es
auf der Hand liegend, daß er auch die Brutstätten jener Fische plün-
dert und brandschatzt, welche ausgesprochene Tiefseelaicher sind.

Hier tut Aufklärung im weitesten Maße not.

In Gewässern, deren Hechtbestände gering sind, in denen aber
die Bedingungen für ein Gedeihen vorhanden sind, insbesondere
reichliche Bestände an Futterfischen und geeignete Laichgründe,
wird man durch reichliches Aussetzen von Hechtbrut den Stand ausgiebig verbessern können. Man fürchte sich nicht davor, des Guten
zu leicht zuviel zu tun, denn der Hecht ist ein Kannibale und der
Stärkere frißt den Schwächeren, so daß sich seine Zahl nicht leicht
ins Unendliche erhöht. Wer sein Wasser rasch mit Hechten bevölkern
will, muß natürlich dieses Ansetzen mit Konsequenz durch mehrere
Jahre betreiben, allerdings darf eins nicht vergessen werden,
was leider in den allermeisten Fällen unbeachtet bleibt und meist
zu bedauerlichen Fehlschlägen Anlaß gibt: Man darf nie vergessen, daß der Hecht auch seine Artgenossen frißt. In Außeracht-
lassung dieser Tatsache setzen viele jahrein jahraus Hechtbrut in
ihre Flußstrecken, Seen oder Teiche, um dann die betrübende
Wahrnehmung zu machen, daß der Hechte doch nicht mehr werden.
Es ist doch natürlich, daß schon vom ersten Besetzungsjahrgang sich
nur die stärksten fortbringen werden, welche schnellwüchsiger und
daher gefräßiger als ihre Brüder, unter diesen gehörig aufgeräumt
haben. Kommt nun in solch ein Wasser als neuer Besatz nur Brut
und wieder Brut, dann kann man sich leicht ausrechnen, wieviel

von ihr das Großwerden erleben wird. Diese Art zu besetzen ist grundfalsch, naturwidrig und unendlich kostspielig.

Der einzig richtige und rationelle Weg ist der: Im ersten Jahre Brut-, im zweiten Jahre einsömmerige, im dritten zweisömmerige und im vierten dreisömmerige Hechte auszusetzen, dann sind sich die einzelnen Besätze an Wuchs und Stärke egal und das Weiterwachsen des Bestandes hat man nun der Natur zu überlassen.

Daß man nebenbei entsprechend schonen muß und auf billige Fänge kleiner Hechtlein einige Jahre verzichten muß, ist eine selbstverständliche Voraussetzung, wenn man einen schönen Stand an fangbaren Fischen erzielen will.

Ist das Wasser an sich nicht reich an Futterfischen, dann muß man auch diese dem Wasser durch Einsatz zuführen bzw. diesen schon gleichzeitig mit der Hechtbrut vornehmen.

Wenn ich diesen, allgemeinen Erfahrungen angepaßten Besetzungsplan aufstelle, so will ich damit immer noch nicht gesagt haben, daß er unter allen Umständen und an jedem Orte in dieser Weise durchgeführt werden muß. Wie in allen Dingen der Praxis muß man sich auch hier vor jedem schablonenhaften Tun hüten und an der Hand gegebener Faktoren und Möglichkeiten wirtschaften. Gute Hechtwässer, d. h. solche, in denen gute Fische in ansehnlicher Anzahl vorhanden sind, stehen immer in Wert und Ansehen, das sollten eigentlich alle Wasserbesitzer wissen, leider aber scheint diese Kenntnis noch lange kein Allgemeingut zu sein, und eigentümlicherweise gerade dort, wo der Hecht der sportlich und wirtschaftlich wertvollste Fisch ist.

Wenn man schon ein fischarmes Wasser pachtet, dann muß man durch eine entsprechend lange Pachtzeit sich auch die Möglichkeit sichern, die Früchte seiner Arbeit und teilweisen Entsagung ernten zu können, d. h. eine Pacht für mindestens 10—12 Jahre anzustreben, andernfalls ist die ganze Aussetztätigkeit und ihre Kosten umsonst gewesen. Derartige Fälle sind analog mit jenen berüchtigten Jagdpachtungen, in denen der Anpächter ein wildleeres Revier übernimmt, es mit Liebe und großem Kostenaufwand besetzt und aufhegt, um es am Ende der meist recht kurzfristigen Pachtzeit zu verlieren.

Ich habe vorhin davon gesprochen, daß man die ersten Jahre einer Wiederbesetzungsperiode auf den Fang der kleinen Hechte verzichten muß, aber auch die herangewachsenen Fische müssen in vernünftiger Weise geschont werden.

Wer hat denn Freude an Zweipfundhechten? Weder der Fänger noch der, welcher die Embryonen essen soll, — mir wenigstens macht keiner eine Freude, der mir zumutet, eine Gabel voll Fischfleisch aus einem Haufen von Gräten mühselig herauszuklauben.

In einem geschonten und reich besetzten Wasser soll man bestimmt keinen Hecht unter 4—5 Pfund behalten, wenn anders er nicht so verangelt ist, daß man annehmen muß, er würde nach dem Zurückversetzen eingehen. Es ist schon immer bedauerlich, wenn man einen Fisch durch Bruch oder Reißen des Zeuges verliert, der die Angeln im Maule hat, da solche Fische wahrscheinlich in der Mehrzahl eingehen und wenn schon nicht, dann bestimmt lange Zeit kranken. Zwar habe ich wiederholt Hechte gefangen, die in guter Form waren, trotzdem es sich beim Aufbrechen zeigte, daß sie verschiedene Angeleisen, meist Schluckangeln, im Leibe hatten; andererseits habe ich wieder genug solcher Fische gefangen, welche recht herabgekommen waren. Erinnerlich ist mir davon besonders einer, der an der Seite einen ausgedehnten Abszeß hatte, an dessen Grunde ich einen Schluckhaken fand, und ein anderer, der als Gesunder sicher 15 oder mehr Pfund gewogen haben müßte, seinem mächtigen Schädel nach zu schließen, der aber in der Tiefe seines Rachens zwei Drillinge sitzen hatte, Teile einer Spinnflucht, welche er im Kampfe abgesprengt hatte. Diese verhinderten seine Ernährung, so daß der Fisch total abgemagert und kraftlos war; er wog nur noch einige wenige Pfund und leistete kaum noch einen Widerstand. „Der Meister zeigt sich in der Beschränkung", auch beim Angeln, und der Angler, der doch seinem Sport zuliebe die Gerte führt, setzt seinen ganzen Ehrgeiz daran, in seinem Wasser nicht nur Fische zu haben und sie zu fangen, sondern gerade die großen und größten zu erbeuten und auf das kleine Gemüse zu verzichten, damit es auch groß heranwachse zu begehrenswerter Beute.

Was soll man aber davon denken, wenn der Verfasser einer zeitgenössischen Monographie über den Hecht seinen staunenden Lesern stolz berichtet, er habe in einer kurzen Zeit 11 Hechte gefangen, die zusammen sage und schreibe 17 Pfund gewogen haben! Ich glaube nicht, daß das der Weg ist, um weidgerechte Hechtangler zu erziehen trotz der Umdichtung des diesem Büchlein vorausgeschickten Leitspruches „Wer Fische fängt mit Leidenschaft".

Um wieder die Parallele zur Jagd zu ziehen — ein solches Vorgehen ist identisch mit einem Jagdbetrieb, bei welchem die Böcke wahllos, eventuell noch im Bast niedergeknallt werden, gleichviel ob Spießer oder Kapitalbock und womöglich noch auf den Herbstjagden die Kitzböcke mit Schrot geschossen werden.

Das Schonen in meinem Sinn erstreckt sich auch auf die Jahreszeit, in welcher dem Hecht nachgegangen wird.

So ziemlich in allen unseren Büchern steht zu lesen, daß der Hecht im Mai schon sehr gut an die Angel gehe, — das ist richtig —, denn er muß das Minus an Körperbeschaffenheit und organischen Substanzen, welches die kurz vorher überstandene Laichzeit verursachte, wieder hereinbringen, ist daher gefräßiger und vielleicht weniger scheu und mißtrauisch als zu anderen Zeiten. Daß man diesen Zeitpunkt in Forellen- und Aschenwässern benutzt, um seine Zahl niederzuhalten, will ich meinetwegen zugeben, aber in einem eigentlichen Hechtwasser halte ich es für unbedingt zu früh und unzeitgemäß, dem Fische, welcher sich vom Laichgeschäft nicht oder nur wenig erholt hat, mit der Angel nachzustellen. Meiner Ansicht nach ist es Ende Juni dazu früh genug.

Der richtige Hechtangler, speziell derjenige, dessen Haupt=
vergnügen die Spinnangel ist, wird seinen Saisonbeginn erst gegen
Ende August ansetzen, wenn das Kraut abzusterben beginnt, und
seinen höchsten Sport im Herbste und selbst im Winter genießen,
solange das Wasser nicht vereist ist.

Das Gerät für das Spinnen auf den Hecht soll vor allem größte
Festigkeit mit Leichtigkeit und möglichster Freiheit verbinden. Die
Spinngerte sei je nach der Größe des zu befischenden Wassers und
nach der Vorliebe des Angelnden ein= oder zweihändig, 2,40 bis
3,30 m lang und nicht allzusteif. Man beherzige immer, daß man
zum Angeln auf Hechte meist mit kleineren oder mittelgroßen
Ködern und nur wenig Beschwerung fischt, ebenso daß der Anhieb
stets mehr zugig als scharf zu geschehen hat. Allerdings muß die
Gerte auch eine gute Portion Federkraft und Rückgrat haben, um
einen starken Fisch halten zu können, wenn er in Kraut oder Schilf,
unter Brücken, Holz u. dgl. flüchten will.

Es ist nicht ganz leicht, jedermann und besonders dem Anfänger
zu sagen, welche Art Gerte er in dem oder jenem Falle wählen soll.
Der Anfänger möge zu einer mittelschweren Gerte greifen, falls
er sich für eine gespließte entscheidet, etwa von 450—500 g Gewicht
bei ca. 3 m Länge. Die bloß 2,40—2,60 m lange Gerte kann be=
deutend leichter sein.

Sehr gut und empfehlenswert sind zwei= oder dreiteilige Gerten
aus Tonkinrohr und auch bedeutend billiger. Unbedingt aber soll
jede Gerte einen Spitzenendring mit Porzellan oder Achatfutter
haben.

Zunehmende Übung und Erfahrung geben dann die Führung
zum Anschaffen leichteren Gerätes. Die Gerte für den Überkopf=
wurf muß etwas stärker sein als die für Forellen verwendete, be=
sonders dort, wo schwerere Fische zu erwarten sind. Wer nur vom
Ufer oder wenigstens von diesem aus angelt, der wird vorteilhafter
eine 1,70—1,80 m lange Gerte für diesen Zweck wählen, wogegen
der vom Boote aus Fischende mit einer ev. nur 1,50 m langen
Gerte auskommt.

Wer sich dazu noch mit der im Kapitel „Rollen" näher beschrie=
benen Antibacklashrolle ausrüstet, der kann diese dann auch mit
Vorteil zu der 2,40 m langen einhändigen Gerte verwenden und
erspart sich die eventuelle Anschaffung einer zweiten.

Eine Speichenrolle mit 10 cm Durchmesser genügt für den
Drill auch des schwersten Hechtes ebenso, wie sie auch den
sicheren Wurf mit sehr leichten Ködern und Senkern erlaubt.
Die Schnur sei so haltbar und reißfest wie möglich, eine von
17 Pfund Tragkraft genügt unbedingt auch für sehr schwere Fische;
ich persönlich bevorzuge die von 12 Pfund. Allerdings verbraucht
sich letztere rascher, und ich bin genötigt, sie ziemlich oft zu kürzen.
Es ist immer ratsam, eine ganze Länge von 100 m auf der Rolle
zu haben, trotzdem man allenthalben liest, daß 35 m Wurfschnur
und so und soviele Reserveleine genügen. Ich bin nun einmal

ein Gegner der Reserveleine und aller Knoten in der Schnur überhaupt, und wer einmal mit dieser Zusammenstellung bittere Erfahrungen gemacht hat wie ich, der schließt sich meiner Auffassung an.

Wenn man, wie ich es tue, die Schnur nach 2—3maligem Gebrauche immer umkehrt, die gebrauchten Endstücke um 4—5 m kürzend, auch wenn sie scheinbar noch genug tadellos sind, wird die Schnur voll ausgenützt und kann, wenn schon zu kurz, ruhig außer Dienst gestellt werden. Erst recht, wenn man die leichteren Leinen verwendet, die viel billiger sind als die schweren. Für die zum Überkopfwurf verwendeten Antibacklesrollen soll man unbedingt immer eine ungeteilte Länge Schnur auf der Rolle haben, denn bei etwas stärkeren Leinen bleibt gerne der Verbindungsknopf zwischen Wurfschnur und Reserveleine an dem Schnurtransporteur hängen, klemmt sich unter Umständen sogar darein, was gelegentlich zu bösen Folgen führen kann.

Das Vorfach soll ebenfalls fein, stark und möglichst unsichtig sein. In den Zeiten, als man nichts anderes hatte als das dicke Gimp und dann den nicht viel dünneren Galvanodraht, mußte man bei hellerem Wasser notgedrungen zu dem teueren Gut greifen.

Heutzutage verwendet man wohl nur noch gesponnenen Stahldraht oder Stahlseide. Strittig ist immer die Länge des Vorfaches; ich bin von den langen Vorfächern ganz abgekommen, schon gar, je feiner die Schnüre wurden, die ich in Verwendung nahm. 60 cm halte ich für lang genug, 45 cm genügen mir aber vollauf. Für den Überkopfwurf nimmt man die Vorfächer doch nur 15 oder 20 cm lang und findet damit sein vollständiges Auslangen, also wozu diese unendlich langen Vorfächer, die gewiß eine Daseinsberechtigung hatten, als man noch mit dicken Leinen und schweren Gerten fischte. Entsprechend den feinen Leinen und Vorfächern nehme man auch kleine Wirbel, achte aber darauf, daß sie gut laufen und rostfrei seien. Für Hechte sind sie in der Größe 7 groß genug.

Ein viel zu wenig beachteter Faktor in der Zusammenstellung des Gerätes ist das Senkblei. Wo immer nur angängig, trachte ich es überhaupt nicht zu verwenden und ziehe unter allen Bedingungen eine Beschwerung vor, die entweder im Leib des Köders verborgen liegt oder durch eine Bleikappe bewirkt wird, schon gar, wenn das Wasser seicht und sichtig ist; in etwas angetrübtem Wasser wirkt der Senker weniger störend, allerdings aber ist die Spinnangel in diesem weniger aussichtsreich.

Eine viel umstrittene Frage ist die, was beim Spinnen auf Hechte vorzuziehen sei: natürliche Köder an einer Flucht oder künstliche Köder.

Wenn ich halbwegs die Wahl habe, ziehe ich einen natürlichen Köder vor, wenn schon nicht frisch, dann gesalzen. Den Formalinköder liebe ich nicht sehr, er ist für mich nur ein Notbehelf, dem ich jeden halbwegs brauchbaren Löffel oder Blinker vorziehe.

Von allen Raubfischen ist es besonders der Hecht, der, wenn er seine Beute richtig erfaßt hat und sonst nichts Verdächtiges bemerkt, diese zwischen den Kiefern am längsten festhält. Verfehlt er sie im Sprung und wird er nicht durch irgendwelche Umstände mißtrauisch gemacht, geht er wiederholt sogar den Kunstköder an, aber nie mehr einen Formalinköder, den er, wie ich oft beobachten konnte, mit Geschick und Eile ausspuckt.

Von den natürlichen Ködern eignen sich zum Spinnen fast alle Weißfischarten, am besten Döbel, Hasel und Rotaugen, vor allem aber Lauben. Diese letzteren sind im frischen Zustande zu weich, wenn man sie aber in Salz konserviert, werden sie entsprechend zäh und hart und halten sehr gut an der Flucht. Die beste Art, sie und auch andere Köderfische zu salzen, ist diese: In eine Blechbüchse oder besser in ein Einsiedeglas (Rex= oder Weckglas) zylindrischer Form gibt man zu unterst eine gut zwei Finger dicke Schichte Salz, das ganz trocken sein muß! Auf dieses legt man ein Stück Karton von dem Durchmesser des Gefäßes, welches man siebartig durchlocht hat. Die von den Fischen abgesonderte Feuchtigkeit wird von der unteren Salzschichte aufgesogen und der Karton verhindert die Wiederdurchfeuchtung der oberen Schichte. Über dem Karton werden die Fische fest im Salz, das ebenfalls vollständig trocken sein muß, eingelegt und das Gefäß bis zum Rand mit Salz gefüllt und dann geschlossen. Je nach der Größe und Art sind die Fische in 1—4 Tagen gebrauchsfertig. Auf Eis gelagert oder in einen kalten Keller halten sie sich ziemlich lange. Das Gefäß nimmt man mit zum Fischen und verwendet die Fische so, wie man sie aus dem Salz nimmt. Wenn dieses anfängt, feucht zu werden oder draußen bei nassem Wetter anzieht, ersetzt man es daheim durch frisches, trockenes. Auf einen Umstand bei Verwendung von Salzfischen möchte ich aber doch nachdrücklich hinweisen, nämlich darauf, daß Haken und Montierungen von Stahldraht stark der Rostgefahr ausgesetzt sind! Man vergesse nie, nach dem Angeln seine Fluchten gut abzuspülen, daheim nochmals in warmem Wasser gut auszuwaschen, zu trocknen und dann mit Ballistol gründlich zu ölen, sonst kann man es erleben, daß das ganze Zeug durchrostet und unbrauchbar wird. In der Wahl der Fluchten hat sich im Laufe der Zeit mancher Wandel vollzogen. In neuer Zeit kommt man von den fliegenden Drillingen beim Hechtfischen langsam ab und nicht mit Unrecht. An und für sich ist für das Spinnen auf den Hecht ein kleiner oder mittelgroßer Köderfisch empfehlenswerter als ein großer, also Fische von 7—10 oder höchstens 12 cm Länge. Einen solchen Fisch nimmt aber schon ein 5—6pfündiger Hecht ohne viele Anstrengung voll ins Maul, erst recht ein noch größerer, also wozu dann die vielen Haken, wenn es einer, der die rechte Größe hat, auch tut.

Von diesem Gedanken geleitet, habe ich meinen Zelluid-Turbinenspinner auch nur mit einem einzigen, entsprechend großen Drilling bewehrt und kann mich nicht beklagen, mehr Fehlbisse zu haben, als ich vordem hatte, als ich mit den vielen Drillingen angelte. Ein System oder eine Flucht, die absolut jeden Fisch zur Strecke

bringt, der nur irgendwie damit in Berührung kommt, gibt es gott=
lob nicht zum Heil unserer Fischbestände, ebensowenig wie es keine
Büchse gibt, „die auch bei schlechten Schüssen das Wild erlegt",
wie es hie und da zu lesen ist.

Wir dürfen auf die Statistiken der älteren Autore über die
Fängigkeit der Spinnfluchten usw. heute nicht mehr allzuviel Ge=
wicht legen.

Wir dürfen nicht vergessen, daß z. B. die von Heintz zitierte
Pennellsche Statistik von den 60% Fehlbissen vor mehr als einem
Menschenalter aufgestellt ward und die Heintzsche Berechnung der
Erfolgsprozente des Röhrchenspinners fast ebenso alt ist wie diese.

In den letzten drei Dezennien hat sich doch ziemlich alles Ge=
räte verfeinert, technisch wie qualitativ, und darin ist der bessere Er=
folg unserer heutigen Angler begründet, nicht viel weniger aber
auch in einer Vervollkommnung der Technik und des Stils der
Angelmethode selbst.

Ich habe mich meist ziemlich bald von den vielen fliegenden
Haken emanzipiert und es nicht bedauert. Zugegeben, daß ein
kleinerer Haken leichter eindringt wie ein großer, habe ich aber
anderseits die Überzeugung gewonnen, daß ich leichter einen ein=
zigen großen Haken ins Fischmaul zum Eindringen bringe als drei
kleine. Und wenn dieser eine richtig gefaßt hat, was ja immer
der Fall ist, wenn der Fisch richtig zugepackt hat, dann kann ich auf
das Mitfassen von zwei oder drei Hilfsangeln verzichten, welche
mir außerdem das Lösen von der Angel unnötig erschweren. Hat
der Fisch schlecht gebissen, so kommt er eben auch trotz dieser ab, weil
sie auch nicht dort fassen können oder gefaßt haben, wo es am Platze
wäre.

Es kommt mir das genau so vor, wie wenn man beim Schrot=
schusse den großen Streukreis oder eine übernormale Schrotladung
als Faktor dafür in Rechnung ziehen würde, daß mit ihrer Hilfe
das Wild sicherer getroffen werde. Getroffen vielleicht, aber er=
legt? Das ist eine andere Frage; ebenso ist es bei den fliegenden
Drillingen.

Gehakt vielleicht, — aber auch gelandet?

Meiner Ansicht nach ist es viel wichtiger, daß der eine Drilling
die im Verhältnis zum Köderfische passende Größe habe und vor
allem seine Spitzen haarscharf seien, was man stets zu kontrollieren
hat.

Ich habe vorhin gesagt, daß die Beschwerung möglichst in den
Köder verlegt werden soll und jedes Blei an Vorfach oder Leine
zu vermeiden sei. Ich betone diesen Punkt nochmals; abgesehen
davon, daß ein Blei im Leibe des Köders oder eine aufgesetzte Blei=
kappe unsichtlich sind, erlauben sie es dem Köder zu tauchen, und
gerade auf diese Tauchbewegung lege ich fast mehr Gewicht als
auf das Spinnen als solches, ganz besonders beim Angeln in strom=
losen oder stehenden Gewässern. Jene Köder, welche die Spinn=
bewegung beim Tauchen beibehalten, sind als die besten zu be=

zeichnen; es ist doch eine unleugbare Tatsache, daß gerade die größten
Hechte fast immer tief am Grunde stehen und nur im Momente
des Raubens an die Oberfläche gehen. Es gehört viel Glück dazu,
gerade diesen Moment mit einem nicht tief geführten Spinnköder
zu erraten. Andererseits aber ist es mit dem in gewöhnlicher Weise
befestigten Spinnapparat nicht möglich, in die größeren Tiefen
herunterzukommen. — Ganz anders aber, wenn ich meinen Köder
tauchen lassen kann, um ihn dann ruckweise heraufzuspinnen und
wieder zum Grunde tauchen zu lassen und so eine Stelle absuchen
kann. Dieses Tauchen hat für den Hecht etwas ungemein An-
ziehendes und nach meiner Ansicht ist es dasjenige, was die Schluckangel so erfolgreich macht. Ich habe darum auch meine Blinker
mit Kopfbeschwerungen versehen, indem ich einfach beiderseits ein
Stück Bleiblech aufniete, welches ich eventuell noch mit roter Ölfarbe anstreiche, obzwar letzteres nicht unbedingt nötig ist.

Mein erster Versuch mit einem so montierten Blinker brachte
mir einen ungeahnten Erfolg und seither versehe ich alle mit dem
Kopfgewichte. Ich wurde zu dieser Beobachtung veranlaßt, als
ich an einem Flusse Galiziens, der reich an großen Hechten war,
diese stets an den tiefsten Stellen erbeutete, wenn ich einen Köder
mit Bleikappe hinuntertauchen ließ, aber auf den Blinker selbst bei
tiefster Führung, ja nicht einmal beim zu Boden sinken lassen, einen Biß
bekam. Ich führte das auf zwei Umstände zurück: erstens auf das
vor dem Blinker niedergehende Blei, zweitens auf das Aufhören
der Spinnbewegung des Blinkers beim Tauchen. Nach dem Anbringen der Beschwerung am Kopfe taumelt er aber prächtig in
Tiefe wie ein kranker Fisch, und jetzt fing ich damit auch an den
Stellen, wo er früher versagte. Bei dieser Gelegenheit möchte ich
meinen Lesern verraten, daß es zum Zwecke des Hechtefangens
nicht nötig ist, über eine Blinkergröße von 8—9 cm hinauszugehen,
außer zum Schleppangeln, wozu aber Blinker von dünnem Blech
und ohne Seitendrillung zu nehmen sind.

Zur Schleppfischerei aber kann man dafür größere Köderfische
verwenden, die sich besonders gut an den mit Turbinen versehenen
Systemen und Fluchten, selbstverständlich ohne Bleibelastung, anködern lassen.

Ich kann die Besprechung des Themas „Köder" nicht abschließen,
ohne auch den Tauchködern par excellence — den bekannten Kugel-
spinnern nach Behm — und dem Zopf einige Worte gewidmet zu
haben.

Die ersteren sind wohl den meisten Anglern vom Sehen bekannt, daß sie aber wirklich in ihrer Art hervorragend brauchbar
sind, das haben wohl nicht allzuviele erprobt. Sie erfüllen voll und
ganz die Bedingungen, die ich im vorigen erörtert habe und deshalb sind sie ein wertvolles Stück in der Ausrüstung des Hecht-
anglers. Wenn ich an ihnen etwas aussetze, so sind es die zwei
starr hintereinander gesetzten Drillinge bei den gerade für den
Hechtfang in Frage kommenden größeren Spinnern. Ich habe

schon wiederholte Verluste gehabt durch Bruch des hinteren Dril=
lings, und werde es vorziehen, sie nur mit einem einzigen großen
Drilling montiert zu haben.

Der „Zopf" ist zwar ursprünglich nur für die Huchenfischerei
bestimmt gewesen, ich habe ihn aber mit fast noch mehr Erfolg auf
den Hecht verwendet. An und für sich sind an den meisten Hecht=
flüssen Neunaugen fast immer das ganze Jahr hindurch zu haben
und ich wüßte keinen besseren Köder, um einen alten, vergrämten
Hecht zu betören, wie die schlängelnden Leiber derselben an der
unauffälligen und doch so fängigen Flucht. Ich habe oft und oft
damit Hechte gefangen, die jeden anderen Köder, den Frosch mit
inbegriffen, einfach ignoriert hatten, aber auf den ersten Wurf mit
dem Neunaugenzopf bissen.

Von den künstlichen Zöpfen aus Schwamm und Gummi bin
ich nicht begeistert, meine Erfolge damit waren sehr bescheiden, so
daß ich schon in Anbetracht ihres hohen Preises und ihrer sehr ge=
ringen Haltbarkeit sie nicht mit gutem Gewissen empfehle. Am
besten bewährt sich noch der Lederzopf, den man sich bei etwas
Geschick billig selbst herstellen kann.

In den letzten Jahren haben sich insbesondere zur Hecht=
fischerei die von Amerika herübergebrachten Holzköder, welche auch
drüben vornehmlich diesem Zwecke dienen, große Beliebtheit er=
rungen. Ob sie jetzt „Oreno" oder „Dowagiac" oder sonstwie heißen,
ob ihre Körper aus einem Stück oder aus zwei bis drei Gliedern
bestehen, ist für den Erfolg ziemlich einerlei. Ihre Bewegung im
Wasser ist eine äußerst anziehende und lebhafte, der des natürlichen
Fisches ziemlich nahekommend. In seichten Wassern, d. h. solche
von höchstens 1 und 2 m Tiefe, sind sie geradezu ideal und die Mög=
lichkeit, sie nach Bedarf tauchen oder ganz an die Oberfläche steigen
zu lassen, macht sie besonders wertvoll. Die unter dem Namen
„Fish Oreno" im Handel befindlichen Modelle mit dem massiven
Metallknopf erlauben ein Befischen selbst sehr großer Tiefen, so
daß man mit einigen wenigen Exemplaren für alle Fälle gerüstet ist.

Ich habe diese Köder als für unsere Verhältnisse hervorragend
brauchbar kennengelernt und sie dem eisernen Bestande meines
Spinngerätes eingereiht. Ich finde sie nur etwas zu stark bewehrt,
doch kann man nach Belieben die Hakenzahl verringern bzw. die
Größe der Haken wechseln. Für die Schleppfischerei kommen die
großen Modelle vom Typ „Pike-Oreno" ganz besonders in Frage
und sind mit dem größten Erfolge in Verwendung.

Eine der wichtigsten, aber so selten befolgten, aber auch ebenso
selten erwähnten Regeln ist das zuerst vorzunehmende peinliche Ab=
fischen des Ufers durch Würfe parallel zu demselben besonders dort,
wo es unterwachsen ist, was bei den Flüssen der Ebene meistens der
Fall ist; nur zu gerne steht der Hecht unter demselben und der Angler,
der dieses Gebot nicht kennt oder nicht befolgt, sieht dann oft zu
seinem Bedauern den Hecht sein Versteck verlassen, wenn er im
Glauben, es sei an dieser Stelle kein Fisch, unvorsichtig wird; es

ist nicht nur weise, seine Angelstelle leise anzuschleichen, sondern ebenso weise, sie im Falle einer resultatlosen Befischung ebenso leise zu verlassen. Auch unterlasse man es nie, wenn man den Köder schon bis vor seine Füße gearbeitet hat, mit der Gerte noch einen Schwung stromauf zu machen und so dem Fisch förmlich eine letzte schnelle Flucht des Köders vortäuschen zu lassen; gerade in diesem Augenblicke entschließt sich der Hecht oft zum Angriffe und hängt fast regelmäßig.

Dieselben Regeln hat man natürlich auch beim Spinnangeln in Seen oder sonstigen stehenden Gewässern zu beobachten. Jedoch wird man diese meist nicht vom Ufer aus befischen können, da der Schilfbewuchs meist noch weit ins Land reicht und in der nächsten Uferzone gemeinhin zuviel Kraut steht.

Solche Wasser befischt man vorteilhafter vom Kahne aus, der langsam, Kahnlänge um Kahnlänge, in mittlerer Wurfdistanz ent= lang den Rohrkanten, Schilf und Krautinseln mit den leisesten Ruder= schlägen vorwärts bewegt wird. Nun wirft man den Köder in Lücken zwischen Schilf, Seerosenblätter, an die Ränder der Wasser= pflanzen und Krautinseln usw.; hier zeigt sich die Überlegenheit des Über=Kopfwurfes am deutlichsten, denn mit keinem anderen Wurfe läßt sich so zielgenau in die kleinste Lücke treffen und dabei so wenig störende Bewegung verursachen. Da man den Wurf mühelos im Sitzen machen kann, entfällt vor allem die ganz unvermeidliche Er= schütterung und Vibration des Bodens im Boote, welche die Fische so beunruhigt, besonders bei ruhigem Wasser.

Der gute Erfolg hängt aber auch vielfach von der Kunst des Ruderers ab, die Ruder fast lautlos führen zu können und das Boot immer in der richtigen Distanz zu halten. Die Führung des Köders ist ansonst dieselbe, wie ich sie im weiteren Verlaufe beschreibe, nur etwas mühsamer, da eben die Mitwirkung der Strömung ausfällt.

Zu Würfen nach der Strommitte oder ans gegenüberliegende Ufer schreite man erst dann, wenn sich am diesseitigen Ufer nichts mehr rührte. Es wird zwar als Regel angegeben: „Daß man nicht öfter als zweimal über eine Stelle werfen solle, an der man einen Hecht vermutet; wenn er nicht beiße, dann sei er eben nicht da und man solle weitergehen." Ich möchte das nicht so ohne weiteres zugeben, im Gegenteil, und ganz besonders für das Spinnen in der kälteren Jahreszeit, also im Spätherbst und Winter, dem Gesagten direkt widersprechen.

Wie oft habe ich mit einem Freunde an dem vorerwähnten Flusse in Galizien zu solcher Zeit gemeinsam gesponnen, ihm den Vortritt lassend, und hinter ihm her an den Stellen, die er nach zwei Würfen verlassen hatte, mit drei oder vier weiteren Würfen meinen Hecht erbeutet.

Ich möchte an dieser Stelle auch zu der oft geäußerten Ansicht, daß Kälte auf die Beißlust des Hechtes einen lähmenden Einfluß nehme und er in dieser Zeit nicht mehr besonders für den Spinn= angler in Frage komme, meine Ansicht darüber aussprechen, daß

das grundfalsch ist. Der Hecht, der keinen Winterschlaf hält
wie Karpfen oder Schleien, hat genau dasselbe Nahrungsbedürfnis
wie im Sommer oder Herbste, — vielleicht, daß gegen Winter=
ausgang die herannahende Laichzeit seine Beißlust beeinträchtigt,
was man ja bei manchen anderen Fischen auch beobachten kann;
aber soviel ich in meiner Praxis erfahren habe, beißt der Hecht auch
bei sehr kaltem Wetter auf den Spinner, vorausgesetzt, daß man
tief, fast am Boden und sehr langsam spinnt und den Köder an den
geeigneten Stellen Tauchbewegungen machen läßt.

So habe ich nach der eben geschilderten Art in den spätesten
Jahresmonaten viele und große Hechte gefangen. Noch eines möchte
ich zum Angeln in dieser Jahreszeit bemerken, was ich sonst in den
Büchern nicht vermerkt gefunden habe, nämlich daß man ziemlich
viel Geduld braucht, denn eigentümlicherweise ist es sehr häufig
nötig, durchzuhalten, bis die Hechte zu beißen anfangen; dieser
Zeitpunkt ist aber an keine feste Tageszeit oder Stunde gebunden.
Ich denke da an einen Angelausflug, den ein Freund und ich einst
ungefähr Mitte Dezember machten. Das Wasser war ob seines
Bestandes an guten Hechten bekannt; wir angelten am ersten Tage,
der trüb und neblig war, mit wechselndem Erfolge, erbeuteten einige
gute Fische, aber es war nicht das richtige. Der nächste Tag war win=
dig und brachte teilweise Schnee, also eigentlich gutes Hechtwetter,
und wir hatten trotzdem an den besten Stellen den ganzen Tag lang
keinen Biß. Auf einmal gegen drei Uhr nachmittags begannen die Hechte
derart wild zu beißen, wie ich es nur selten erlebt habe, so daß wir
bei Einbruch der Dunkelheit aufhörten, um den Erfolg nicht zu
übertreiben.

Dieses stundenweise Beißen habe ich dann wiederholt im Spät=
herbst und Winter beobachten können und daraus den Schluß ge=
zogen, daß Geduld und Ausdauer in dieser Jahreszeit die Haupt=
träger des Erfolges bedeuten.

Die Führung des Köders erfordert viel Aufmerksamkeit, be=
sonders, wie ich schon vorhin erwähnte, am Ende des Einrollens.
Unbedingt zu warnen ist vor einer mechanischen monotonen Führung
und vor einem überhasteten Hereinspinnen.

Der Hecht, ganz besonders der große, macht seinen Angriff
mit Überlegung, wenn auch meist vehement, — ganz besonders aber
hat er es auf die den größeren Schwärmen von Futterfischen fol=
genden Nachzügler abgesehen, welche aus diesem oder jenem Grunde
ein langsameres Tempo einhalten, und auf kranke oder in ihrer
Schwimmfähigkeit geschädigte Fische. Aus diesem Grunde soll man
langsam spinnen, den Köder durch verschiedene Wasserschichten
führen, ja auch dort, wo die Strömung noch stark genug ist, um ihn
rotieren zu machen, direkt verhalten, wie es ja auch Fische tun,
denen die Strömung zu schwer ist, und ab und zu direkt tauchen lassen,
besonders in Wasserlöchern, Rückläufen, Wehrwinkeln und son=
stigen tiefen Stellen. Im allgemeinen hat man den Hecht in ruhi=
gerem Wasser zu suchen und in der Nähe von Unterständen, wie ver=

sunkenen Bäumen, Schilfgehegen, Krautbeeten neben Mühl-
gerinnen und Schleusen, besonders aber dort, wo unterwaschene
Ufer und überhängende Stauden sind oder Schilfinseln in freiem
Wasser stehen.

In großen Strömen steht er aber auch im freien Strome an
den Köpfen der Buhnen und der Einbauten, wo ihm aber meist
vom Ufer nicht gut beizukommen ist, mit der Spinnangel wenigstens. — Sehr gerne steht er in Altwässern, teils am Einfluß, teils
am Ausfluß, sowie am Eingange von Häfen oder am Zusammen-
schluß zweier Strömungen; hier an der tiefsten Seite.

In Seen steht er meist an der Rohrkante oder in Schilfinseln.
Große Krautbetten am Boden sind sein Lieblingsaufenthalt, solange
das Kraut nicht abstirbt und dort, wo Seerosen stehen, kann man
fast mit Sicherheit auf einen Hecht schließen.

Im allgemeinen ist ein höherer Wasserstand, allerdings ohne
besondere Trübung des Wassers glasklarem Niederwasser vorzuziehen. Heller Sonnenschein und Windstille sind wenigstens im
Sommer kein gutes Wetter, hingegen aber ist Ende September,
im Oktober und späterhin ein sonniger Tag erfolgverprechend,
besonders wenn noch am Morgen und Abend Nebel einfallen.

Die meisten und schönsten Hechte fängt man aber bei hohem
Wasserstande und trübem, womöglich winbigen Wetter, oder vor
einem Gewitter, wenn der einsetzende Sturm das Wasser aufwühlt.
Sehr gut sind auch die Tage, welche einer Regenperiode folgen,
wenn sich das Wasser zu klären beginnt, aber nicht zu rasch fällt,
hingegen ist Landregen für ben Fang ungünstig.

In der warmen Jahreszeit ist die beste Beißzeit der Morgen
und der Abend, doch kann man an manchen Tagen selbst auch in
der Mittaghitze Hechte fleißig rauben sehen und dann, sich vorsichtig
anpürschend, versuchen, sie zu betören. Voraussetzung für eine erfolg-
reiche Betätigung mit der Spinnangel ist und bleibt aber, daß das
Wasser zu dieser Zeit nicht derart vertrautet ist, daß man alle Augenblicke einen Hänger hat oder gar, daß die Wasserfläche derart über-
wachsen ist, daß sie überhaupt keine offenen Stellen zeigt. Der Anhieb ist gegen den Hecht möglichst zugig zu führen; der Hecht ergreift
seine Beute fast in allen Fällen quer über den Rücken, daher trifft
der Anhieb, welcher in diesem Falle fast senkrecht zu seiner Körperebene geführt wird, leicht Stellen, an benen die Haken in die Weichteile eindringen können. Je zugiger der Anhieb, desto nachdrücklicher
geschieht das Eindringen.

Haben die Haken gefaßt, so quittiert das der Hecht mit einem
energischen Ruck oder Schlag. Wenn er aber nach dem Anhieb
nicht reagiert, dann beeile man sich, denselben so rasch wie möglich
zu wiederholen, eventuell auch mehrere Male, bis der Hecht durch
seine Gegenbewegungen kundgibt, daß die Haken sitzen. Unerfahrene
Angler beginnen in solchen Fällen nach dem ersten Anhieb einzurollen, was sich der Hecht mitunter gefallen läßt, bis er einfach den
Köder ausspuckt oder, wenn schon ein Haken oberflächlich gefaßt

hat, schüttelt er denselben einfach heraus. Die Erklärung dafür liegt darin, daß der Hecht seine Kiefer so fest über den Köder schließt, daß der Haken einfach wie in einem Schraubstocke fixiert wird und selbst bei größter Kraftanwendung nicht eindringen kann; erst wenn der Hecht den Köder gegen seinen Schlund drückt, um ihn zu wenden, läßt der Druck auf den Haken nach, der nun bei einem neuen Anhieb in die Weichteile eindringen kann. Große Hechte gehen meist auf den Grund und suchen sich dort von dem sie haltenden Unbekannten zu befreien, während die mittleren und kleinen meist nach der Ober-fläche streben. Aber diese Tendenz haben früher oder später die großen Hechte auch, da sie dann versuchen, aus dem Wasser zu springen oder den aufgesperrten Rachen über Wasser zu schütteln. Darum ist es eine feststehende Regel, den Hecht so zu drillen, daß die Gerte immer zum Wasserspiegel gesenkt bleibt, selbst wenn die Spitze eintaucht, ist das kein Fehler.

Im freien Wasser macht der Drill auch eines schweren Fisches keine besondere Mühe, aber im verkrauteten oder verschilften Wasser stellt er mitunter an die Elastizität der Gerte die höchsten Anfor-derungen, wenn es gilt, den Fisch unter allen Umständen daran zu hindern, ins Kraut oder Schilf, oder unter Brücken oder in ver-sunkenes Holz und Gestrüpp usw. zu flüchten.

Das Forcieren eines schweren Hechtes wird wohl nur recht selten und nur unter ganz außerordentlich günstigen Verhältnissen ge-lingen, wenn man die erste Minute, in welcher der Fisch sich der Situation noch nicht voll bewußt ist, ausnützen kann, um ihn rasch ans Ufer zu schleifen. Im allgemeinen wird man immer mehr oder minder schwer und lang kämpfen müssen.

Große Hechte machen schwere und lange Fluchten, stellen sich auch gerne auf den Grund und „bohren", wie der Kunstausdruck lautet; die kleineren dagegen machen mehr Lärm und schlagen oft wie toll herum. Je besser man es so einrichten kann, dem Fisch während des Drills unsichtbar zu bleiben, desto eher besiegt man ihn; anderseits wehrt sich oft kein Fisch so wütend bis zum letzten Atemzuge als der Hecht, wenn er den Angler erblickt hat, selbst wenn er schon scheinbar abgekämpft dem Ufer zugeführt wird. Da-rum gebe man bis zur letzten Sekunde peinlich acht und sei so vor-sichtig wie möglich, wenn man nicht im letzten Momente seinen Fisch verlieren will. Insbesondere halte man Begleiter davon ab, vor-eilige Landungsversuche mit Netz oder Gaff zu machen, denn das ist gewöhnlich gefährlich. Ich bin einmal so um einen meiner besten Hechte gebracht worden.

Ich hatte den schweren Fisch niedergebrillt und führte ihn zu einer flachen Uferstelle, dabei aber selbst immer weiter ins Land zurückgehend; der Fisch folgte dem Zuge ohne Widerstand und schon war ich daran, ihn glatt auf den weichen Sand zu legen, als mein Begleiter trotz aller vorherigen Instruktionen, scheinbar durch den Anblick des unerwartet großen Fisches vom Beutefieber ergriffen, wie ein Wilder auf ihn zustürzte, um ihn zu gaffen. Ehe er aber

noch richtig bei ihm war, machte mein Hecht ein paar wütende
Schläge und die Schnur lag schlaff da; wie es sich nachher zeigte,
hatte nur ein einziger Haken aller drei Drillinge gefaßt, und dieser
war durch die letzte Abwehr des Fisches gebrochen. Ich bin sicher,
daß ich den Hecht, den ich wohl einige Wochen später doch noch
erbeutete, bestimmt schon damals zur Strecke gebracht hätte, wenn
ich allein gewesen wäre.

Den gefangenen Hecht trage man zunächst einige Meter weit
landeinwärts, ehe man ihm den Fang gibt, und dann erst gehe man
in Ruhe an das Auslösen des Hakens. Lebenszähigkeit, Vorsicht,
Hechtsperren.

Den gefangenen Hecht tötet man am besten durch einen Stich
in den Nacken, indem man dabei die Wirbelsäule bzw. das Rücken-
mark durchtrennt. Ich habe zwar schon oft diese Weisung gelesen,
aber noch niemand hat sich die Mühe genommen, die richtige Handhabung des Messers und die Ausführung des tobbringenden Stiches
zu beschreiben; infolgedessen kann man Unerfahrene genugsam beobachten, die mit geschwungenem Knicker den Fisch quasi erdolchen
wollen, mit dem Resultat, daß sie das arme Tier zerfleischen und
quälen, aber nicht töten, dagegen unter Umständen sich selbst mehr
oder minder verletzten, besonders dann, wenn sie statt eines feststehen
den Messers ein Klappmesser benutzen, welches infolge ungeschickter
Handhabung zusammenschnappt und dann seine Schneide im Hand-
ballen des Fängers versenkt. Der richtige Vorgang ist folgender:
Man drückt den Fisch mit der einen Hand beim Kopf nieder, eventuell
hat man ihn vorher durch einen Schlag mit dem Totschläger oder
einem Stein — aber nicht mit dem Gaff!! — oberhalb des Auges
betäubt, wenn er gar zu ungebärdig war, die andere Hand führt
das Messer. Man braucht dazu nicht einen mächtigen Knicker, im
Gegenteil, eine schmale, aber haarscharfe Klinge mit einer Spitze
von ca. 8 cm genügt. Diese Spitze setzt man ca. 1 cm auf die Körpermitte hinter dem knöchernen Schädelbache an und sticht senkrecht
ein, darauf die Schneide einmal links und einmal rechts durch-
ziehend. Wenn man auf Knochen oder einen Wirbel stößt, wende
man keine Gewalt an, das Messer durchzustoßen, sondern mache
einen neuen Einstich etwas unterhalb des ersten und suche mit der
Spitze tastend nach der weichen Knorpelscheibe, welche die Wirbel
trennt; in diese führt man dann den Stich senkrecht nach unten so
tief, als die Klinge lang ist, damit man auch noch die unter dem
Wirbel liegenden Blutgefäße durchtrennt.

Ein zitterndes Schlagen der Schwanzflosse meldet das Ende
des Getroffenen. Manche stechen auch noch am Schwanze des Fisches
ein, angeblich, um ihn ausbluten zu lassen, ich halte davon nicht
viel. Ist warmes Wetter, dann ziehe ich es vor, den Fisch aufzu-
brechen, die Bauchhöhle trocken zu wischen und dann den Fisch
in Gaze einzuwickeln, von der ich auch eine Portion in die Bauchhöhle stopfe. Das Töten mit dem Totschläger ist eine problematische
Sache. Ich habe schon wiederholt gesehen, daß solche Hechte nach

10*

geraumer Zeit, selbst nach stundenlangem Transport im Rucksack, wieder zu sich kommen, wenn man sie ins Wasser brachte. Der Hecht ist eben ein zäher Geselle.

Zum Auslösen des Hakens aus dem zähnestarrenden Maule besonders wenn dieser tief hinten im Rachen oder den Kiemen sitzt, bediene man sich unbedingt einer Zange, nachdem man vorher den Rachen durch eine Sperre geöffnet und fixiert hat. Das Einfachste ist ein Holzkeil, in die Kieferwinkel eingesetzt, und dann ein kräftiges Hölzchen als Spreize zwischen Ober- und Unterkiefer gesteckt. Es gehört zu den minderen Annehmlichkeiten im Anglerleben, aus einem Hechtrachen tief sitzende Haken mit der Hand herauszuarbeiten und dann mit dieser in den plötzlich zusammenklappenden Zahnreihen gefangen zu sein. Verletzungen durch Hechtzähne sind einmal durch die langen Blutungen unangenehm, außerdem gefährlich durch die Möglichkeit einer Wundinfektion. Wenn man keine Möglichkeit hat, den Rachen des Hechtes aufzusperren und zu fixieren, nehmen man lieber einen frischen Köder oder Blinker. Es gibt verschiedene Vorrichtungen, um das Hechtmaul zu sperren, die recht gut und praktisch, wenn auch nicht billig sind. Ich liebe ihren Gebrauch besonders beim Angeln im Boote, da man hier wenig Bewegungsfreiheit hat und jedes Hilfsmittel, welches zweckdienlich ist, mit Freude begrüßt.

Die Schleppfischerei auf den Hecht kann entweder mit der Gerte oder der Handleine ausgeübt werden. Über den Gebrauch der ersteren ist nicht viel Besonderes zu sagen, es wird sich, wenigstens auf stehenden Gewässern, meist darum handeln, in das Werfen und Einholen eine Pause einzuschalten.

Wenn man die Handleine verwendet, kann man sowohl die einfache Schleppschnur in Anwendung bringen, als auch, was mir vorteilhafter erscheint, die modifizierte Tiefseeschnur mit nur 10—15 m Drahtschnur und zwei Seitenangeln. Mit dieser hat man eben die doppelte Chance, sowohl dem Hechte in der Nähe des Grundes, aber auch dem hochstehenden den Köder anzubieten. Man kann aber auch an ihr natürliche und Kunstköder gleichzeitig anbringen und durch wechselnde Anordnung ihre jeweilige Anziehungskraft auf den Fisch feststellen. Einer meiner Freunde, der fast ausschließlich schleppt, hat in den letzten Jahren seine Erfolge bedeutend verbessert, indem er an der oberen Seitenangel einen Pike-Oreno und an der unteren abwechselnd einen Blinker oder einen frischen Köderfisch führt.

Man fährt entlang der Rohrgehege — einmal näher, einmal weiter — je nach den Bodenverhältnissen, meist aber entlang der Schar an der Tiefwassergrenze; wichtig ist es, nicht schneller zu rudern, als gerade genügt, um den Köder spinnen zu machen. Auch bei der Schleppangel ist es von größter Wichtigkeit, den Drill stets unter der Oberfläche zu führen, daher das Einziehen ganz an derselben zu bewerkstelligen.

Der Barsch.

Nächst dem Hecht ist der Barsch einer der verbreitetsten Fische, allerdings gedeiht er nicht in jedem Wasser gleichmäßig gut. Es gibt solche, in denen er nicht einmal spannenlang wird, während er in anderen bis zu einigen Pfunden aufwächst. Da er einer der am spätesten im Jahre laichenden Fische ist, reichlich Eier produziert und für die Entwicklung seiner Brut die denkbar günstigsten Verhältnisse hat, ist eine reiche Vermehrung leicht erklärlich. In solchen Wassergebieten, wo er auch sonst günstige Aufenthaltbedingungen vorfindet, wird er selbstredend als Allesfresser raschwüchsiger und größer als in anderen, wo er diese nur in mehr oder minder beschränktem Ausmaße hat. Dementsprechend muß man ihn auch als Beuteobjekt von einem jeweils verschiedenen Standpunkt ansehen.

Es ist natürlich, daß schon die Stellung eines Mindestmaßes eine ganz verschiedene sein muß und nicht generalisiert werden soll. An und für sich ist ja der Barsch ein äußerst wertvoller und geschätzter Speisefisch und von großer Bedeutung für den Fischwirt; für den Angler gewinnt er da besonderen Wert, wo dieser mit der Erbeutung in nennenswerter Zahl und Größe rechnen kann.

Der Barsch ist für den Spinnangler in solchen Gewässern ein Beuteobjekt von besonderer Klasse, größere Barsche beißen gierig auf den dargebotenen Köder, wehren sich ziemlich energisch, und da zu ihrem Fange feines Zeug nötig ist, das trotzdem stark genug sein muß, um auch ab und zu den Kampf mit einem Hecht zu bestehen, gestaltet sich das Spinnen auf den Barsch interessant und abwechslungsreich. Wie eben bemerkt, muß das Geräte fein sein, also eine leichte einhändige Spinngerte oder eine Überkopfgerte, feine Schnur und Vorfächer, vor allem kleinere Köder.

Von den natürlichen Ködern sind es besonders Pfrillen, Grundlinge und Lauben, aber auch Steinbeißer und Grundeln oder Kopfen, die in Frage kommen. 5—6 cm Länge ist das richtige Maß und zum Anködern empfehlen sich hiefür als Fluchten, welche Innenbeschwerung haben, oder eine solche durch Bleikappen.

Die Barsche lieben das tiefere Wasser, womöglich Unterstände am Boden, daher ist es direkt notwendig, die Spinnbewegung mit der tauchenden zu verbinden. Idealwobbler mit Einhakenarmierung der Zelluloidturbinenspinner u. ä. sind die richtigen Fluchten. Auch beim Barsch genügt ein einziger Drilling zur Bewehrung der Flucht, der aber angesichts der kleinen Köder ziemlich weit hinten liegen darf, da der Barsch vielfach die Beute vom Schweif her angreift und faßt. Die Beschwerung des Köders selbst ist der durch einen im Zeuge eingeschalteten Senker vorzuziehen, einmal wegen der besseren Tauchfähigkeit, das andere Mal, weil die Barsche nur zu gerne auf das dem Köder voransinkende Blei beißen und dann jenen ignorieren, nachdem sich der erste Bissen als ungenießbar herausgestellt hat. Ich habe diesen Vorgang wiederholt in klarem Wasser beobachten können und bin dadurch zu der von mir vorgeschlagenen Beschwerung gekommen, auch habe ich die Überzeugung davon= getragen, daß durch solche Vorgänge der Barsch trotz seiner Freßgier leicht vergrämt wird.

Wenn die Barsche gut beißen, habe ich auch oft mit dem ein= fachen Einhakensystem, wie es zum Forellenfange verwendet wird, gute Erfolge gehabt.

Von den Kunstködern sind es vor allem jene, welche exakt tauchen, also die Kugelspinner nach Behm in mittlerer Größe, der Storkspinner u. dgl., auch die mit Kopfbeschwerung versehenen Blinker, mittelgroße, schwere Löffel und das „Wunderfischli" sind gute Köder. Wichtig ist, daß sie einen starken Glanz besitzen und mithin leuchten, was auf den Barsch äußerst anziehend wirkt. Fängt man ihn doch massenhaft mit einer so primitiven Vorrichtung wie den Zuckerfisch oder Kosaken.

Der Barsch geht das ganze Jahr über an die Angel, auch im tiefsten Winter. Die ungünstigste Zeit ist der Hochsommer, wenn das Wetter heiß und windstill, der Himmel wolkenlos und das Wasser klar und niedrig ist, ferner im Spätherbst oder Winter starker Frost bei hellem Wetter und Wasser und bei Nordwind. An= sonst ist trübes oder regnerisches Wetter und windiges Wetter be= sonders im Frühjahr und Sommer günstig und im Herbst und Winter die milden Tage mit gelegentlichen Sonnenblicken.

Die Barsche stehen meist jahrgangsweise in größeren und klei= neren Schwärmen beisammen, immer in Bewegung auf der Suche nach Nahrung. In der warmen Jahreszeit gehen sie zuzeiten ziemlich hoch, wenn sie nach kleineren Fischchen jagen; sieht man solche aus dem Wasser springen, ohne daß dahinter ein Fisch auf= schlägt, höchstens daß eine kielwasserähnliche Veränderung der Ober= fläche erfolgt, dann ist der Barsch auf der Jagd und ein wohlgesetzter Wurf bringt ihn meist an die Angel. Ansonsten hat man die Barsche zu dieser Jahreszeit in und an Krautbetten und Schilfständen zu suchen, bei Faschinenbauten, unter Floßholz, in der Nähe von Brücken, Schiffen, sowohl im Strome wie in Altwässern. Ganz be= sonders lieben sie aber zu allen Zeiten tiefe Gumpen und Kolke, wo sie meist in der Rückströmung stehen, Stauwasser oder aber den Rücklauf hinter Mühlgrinnen und Schleusen.

Solche Stellen muß man gründlich abfischen und den Köder fleißig tauchen lassen, denn die größten Burschen stehen meist recht tief.

Mit zunehmender Jahreszeit stellen sie sich immer tiefer.

In den Seen, die kälteres Wasser haben, wie die meisten Berg= seen, leben sie mehr in der warmen Uferzone, die reichlichen Boden und Uferbewuchs besitzt. Dagegen in den großen Landseen des Nordens und Ostens in allen Zonen derselben. Besonders beliebte Aufenthalte sind in diesen die sog. Barschberge, das sind Erhebungen des Seegrundes von verschiedener Höhe und Ausdehnung, aus denen die besten Fische erbeutet werden. In manchen Seen gehen sie schon ziemlich frühzeitig in die Tiefe, und es ist von Wichtigkeit, darüber orientiert zu sein, wo und wann dies eintritt.

Im allgemeinen kann man sagen, daß das eigentliche Spinnen des Köders beim Barsche erst in zweiter Linie in Frage kommt und das Tauchen desselben besonders in jenen Wassern, die sehr tief sind, viel mehr Bedeutung hat.

Inwieweit der Barsch für die Schleppangel in Betracht kommt, wenigstens für unsere Gewässer, ist schwer zu sagen. Die Literatur gibt darüber keine Auskunft und in den Zeitschriften liest man nichts darüber, daß jemand dieser Frage nahegetreten wäre. Heintz schreibt zwar, daß die Berufsfischer der italienischen Seen zum Fange des Barsches außer kleinen Blinkern noch einen fliegenartigen Spinner mit Federnmontierung verwenden, er selbst hat aber scheinbar den Fang dieses Fisches nie mit der Schleppangel betrieben.

Ich selbst hatte nie das Glück, in einem See zu angeln, wo es mir möglich gewesen wäre, die Schleppangel speziell auf Barsche praktisch zu erproben, aber ich stelle es mir als einen ebenso feinen als lohnenden Sport vor, z. B. auf einem der großen norddeutschen Landseen auf Barsche zu schleppen. Das hiefür nötige Schleppzeug denke ich mir so zusammengesetzt.

Je nach der Tiefe des Sees und der beabsichtigten Fahrt bzw. dem jeweiligen Tiefstande des Fisches: eine 10—15 m lange Tiefseeschnur aus Galvanodraht oder besser aus Stahlseide mit Umläufen auf Meterdistanz abgesetzt. Zu unterst einen variablen Senker von 25—75 g Gewicht und 3—4 Seitenangeln an Booms. Die untere Seitenangel ungefähr 8 m lang, zwei Drittel graue oder grüne Seidenschnur, das Enddrittel aus feinster Stahlseide. Die oberen Seitenangeln 2½—3 m lang, nur aus feinster Stahlseide mit je einem Wirbel an den Enden und einem in der Mitte. Da man immer auf den Biß eines Hechtes rechnen muß, ziehe ich die Stahlseide dem viel empfindlicheren und vielfach kostspieligeren Gut vor. Kleine aber gut laufende Wirbel und Einhänger bester Qualität. Als Köder kleine Blinker mit nur einem Enddrilling oder einem Turbinensystem, kleine Löffel entweder von der gewöhnlichen Form oder fliegend. Als Köderfische Lauben oder Grundlinge, 5—7 cm lang. Die Metallköder sollen außer guter Rotation glänzende Politur besitzen.

Die Handleine kann aus geklöppelter Hanfschnur bestehen und 35—40 m lang sein. Die Fahrt soll langsam sein, damit die Barsche Zeit finden, gut zu beißen, und der Senker soll möglichst Fühlung mit dem Boden behalten. Dazu wären ungefähr 25 m der Handleine auszulassen.

Voraussetzung für das Unternehmen dieses Versuches ist natürlich außer einer sehr genauen Orientiertheit mit Bodenverhältnissen und dem Stand der Fische das genügende Vorhandensein dieser überhaupt und besonders großer Exemplare; denn wegen handlanger Schneider den immerhin nicht billigen Apparat in Aktion zu setzen, lohnt nicht der Mühe.

Der Zander oder Schill.

Eigentlich ist der Schill das undankbarste Objekt für den Spinn=
angler, trotzdem darf ich ihn aber nicht übergehen, der Vollständig=
keit halber.

Obwohl ein Raubfisch und noch dazu ein sehr gefräßiger, ist
es einmal seine Lebensweise und nicht minder seine Scheu und Vor=
sicht, welche ihn nur unter ganz bestimmten Verhältnissen mit der
Spinnangel fangen lassen. Über das Warum herrschen ziemlich
unklare Ansichten, und ich will mich im folgenden bemühen, dies
zu erklären.

Vor allem andern ist der Zander ein Bewohner der großen
Flußläufe und namentlich jener, deren Wasser nie allzu klar wird.
Ferner ist er ein ausgesprochener Bewohner der Tiefe, und zwar
gerade der allertiefsten Stellen mit betonter Vorliebe für Deckungen
und Hindernisse des Bodens als große Felsstücke, versunkenes Holz,
Faschinen und Wurzelwerk u. dgl. Besonders in der kalten Jahres=
zeit geht er den Futterfischen in die größten Tiefen nach. Wie ich
schon sagte: trotz seiner Gefräßigkeit ist er ungewöhnlich scheu und
mißtrauisch.

Was ist nun aus dem Gesagten zu folgern?

Vor allem einmal, daß man tief, sogar sehr tief mit dem Köber
hinuntergehen muß, um überhaupt an seinen Standort zu gelangen,
zweitens, daß alles Auffällige an Köder und Zeug vermieden werden
muß. Und nun sind wir dort, wo wir hin wollen.

Sehr tief mit dem Köder kommen, also in Tiefen von 5—10 m,
ist selbst mit sehr viel Blei ausgeschlossen; braucht man großes Blei,
so ist dieses sehr auffällig und noch die Tatsache in Betracht ge=
zogen, daß der Fisch an und für sich Wasser bewohnt, die nie richtig
klar werden und daher in der Tiefe noch weniger sichtig sind als
in den oberen Schichten, so kann man sich ohne Schwierigkeiten
die Chancen für die Spinnangel ausrechnen.

Eine Ausnahme bilden nur die Hochsommermonate, wenn der
Schill in den Morgenstunden und dann wieder am Abend gegen die
seichteren Ränder aufsteigt, um auf Raub auszugehen.

Da gelingt es, ihm den Köder vorzusetzen und ihn zu erbeuten.
Da er ein Standfisch ist wie der Hecht, kann man seinen Stand
auskundschaften, wenn man sich zu dieser Zeit auf die Lauer legt.
Dort, wo man die Lauben, denen er mit Vorliebe nachstellt, flüchten
sieht, dort jagt er. Da man bei dieser Gelegenheit nicht tief zu
spinnen braucht, kann man ihn mit Erfolg mit der Spinnangel
angehen.

Ich glaube mit dem Gesagten dem Leser erklärt zu haben, warum
— wie Heintz sagt — nie ein Zander an der Huchenangel gefangen
wird, trotzdem diese beiden Fische, in der Donau wenigstens, neben=
einander wohnen.

Rechnet man noch hinzu, daß die beiden ganz getrennte Sommer=
und Winterstände haben, daß außerdem der Huchen die scharfe

Strömung bevorzugt, während der Zander mehr die ruhige, ja sogar das stromlose Altwasser als Stand wählt, dann wird man an dieser Tatsache nicht mehr zweifeln.

Ein Fisch aber, der für eine Angelmethode, in unserem Falle die Spinnangel, eine so beschränkte und unsichere Fangmöglichkeit bietet, scheidet für den Großteil der Spinnangler a priori aus, weshalb ich glaube, auch damit den Beweis für die Richtigkeit des ersten Satzes dieses Kapitels erbracht zu haben.

Wer unmittelbar oder in naher Entfernung von seinem Fischwasser wohnt, der mag sich ja immerhin damit vergnügen, den schönen Fisch auszuspüren und seinen Fang zu versuchen, aber eigens ihm zuliebe weite Wege zu machen, ist in Anbetracht des immerhin fraglichen Erfolges zu riskant, wenn man eben nur, um lediglich zu spinnen, irgendwohin fährt.

Zum Spinnen auf Zander genügt im allgemeinen eine leichte Hechtgerte, erst recht, wenn man ein Boot zur Verfügung hat, die gleiche Rolle und Schnur, wobei der feineren 12-Pfund-Leine der Vorzug zu geben ist.

Wer in größeren Strömen vom Ufer fischen muß, wird besonders dort, wo Uferbauten und breiter Steinwurf vorhanden sind, und das ist leider fast schon überall der Fall, sich einer langen, aber leichten Spinngerte bis zu 5 m bedienen müssen, um nicht am Steinwurf zu schnell angetrieben zu werden und ein über das andere Mal hängen zu bleiben. Das Vorfach wähle man so fein wie möglich, bei sehr klarem Wasser aus einfachem Lachsgut, und nur die untersten 10 cm seien von dünnstem, doppelt gedrehtem Stahldraht angelenkt. Auch die Wirbel seien klein und unsichtig, etwa von der Größe 8. Die Bleibeschwerung sei möglichst im oder am Köder selbst, sei es als Schlundzapfen oder als Käppchen angebracht.

Verwendet man Blinker, so wähle man diese möglichst schmal und versehe sie in der von mir geschilderten Weise mit einer Kopfbeschwerung. Keinesfalls aber gehe man über eine Größe von 6 bis 7 cm hinaus und verwende eher noch kleinere Muster, dafür aber recht scharfe und feine Drillinge. Da der Schill seiner Beute in scharfem Tempo auch in guter Strömung nachfährt und dieselbe von hinten her faßt, so habe ich den Kopfdrilling als überflüssig fortgelassen, dafür aber den Schweifdrilling um eine Nummer größer genommen.

Angelt man mit natürlichen Ködern, so wähle man vor allem als solche Lauben von 5—7 cm Länge. Die beste Köderung für diese erscheint mir nach meinen Erfahrungen das Dee-System mit nur einem Drilling; mit Rücksicht auf die Weichheit des Laubenkörpers empfiehlt es sich, den Fisch nicht vom Weibloch aus aufzufädeln, sondern die Ködernadel nahe ober dem Ansatze der Schwanzflosse schon einzustechen und dem Fischleib durch je eine Bindung dort, wo die Hakenbogen anliegen, sowie ein Stück weiter oben einen Schutz gegen das vorzeitige Aufschlitzen zu geben.

Der schon von Bischoff angegebene Köder, bestehend aus einem in Streifen geschnittenen Weißfisch, mit einem Einhaken bewehrt, ist nicht gut und erfordert ein Blei am Vorfach, welches ich nach Möglichkeit vermeide, das sich aber in der Weise umgehen ließe, indem man ein Exzenterblei direkt vor den Haken schaltet, sei es mit oder ohne Wirbel; im ersteren Falle kann man dann das Ganze direkt in das Vorfach einhängen, nur muß man selbstverständlich Ringhaken verwenden.

Inwieweit die Köder von der Gattung der Oreno usw. sich zum Zanderfange eignen, kann ich aus eigener Erfahrung nicht beurteilen, da ich noch keine Gelegenheit hatte, sie daraufhin zu erproben. Aber nach den Erfahrungen, die ich ansonst mit ihnen machte, glaube ich, daß sich ein Versuch mit ihnen lohnen dürfte, schon wegen der außerordentlichen Lebendigkeit, welche diese Köder im Wasser zeigen. Da ihre Verwendung ohnehin in eine Zeit fällt, wo der Schill hoch geht, dürfte auch ihre Tauchtiefe im allgemeinen ohne Bleivorlage genügend sein. Ich würde aber empfehlen, auch sie nur mit einem Eindrilling allein zu verwenden, um so mehr, als ja ohnehin nur die kleinen Modelle in Frage kommen.

Unbedingt des Versuches wert dürfte aber auch ein in Amerika sehr beliebter und äußerst wirkungsvoller Köder sein, nämlich der aus einem Streifen Schweineschwarte geschnittene, den man in verschiedenen Längen fertig zum Gebrauch und konserviert in Gläsern zu kaufen bekommt; auch spezielle Haken für die Anköderung der Schwartenstreifen sind im Handel und wären auch für den Zweck des Zanderfanges zu empfehlen.

Wenn man den Stand eines Zanders kennt oder ihn gar jagen sieht, ist es leicht, ihm den Köder vorzuführen. Man wirft quer über den Strom und wirft das Fischchen oder sonst einen Köder knapp am Ufer herauf, möglichst in der Tiefe bleibend. Den Wurf wiederholt man einige Male an derselben Stelle, ihn immer weiter machend, bzw. läßt man den Köder durch Schnurgeben vom Strome weitertreiben.

Sucht man den Zander, dann muß man besonders jene Stellen im Auge behalten, wo sich das Wasser bricht und tief neben dem Ufer herläuft oder wo eine Schotterbank scharf in die Tiefe abfällt. Weiß man einen versunkenen Baum oder einen großen Stein in der Tiefe, dann fische man diese Gegend besonders peinlich ab, ebenso das Wasser hinter Brückenpfeilern oder Eisschützen.

Hat man ein Boot, so ist man insofern im Vorteil, als man dieses nur streckenweise zu verhalten braucht und den Köder einfach in der Strömung weit vorausrinnen läßt, ihn abwechselnd weiter oder näher zum Ufer oder sonst einem Stand, wo man den Zander vermutet, hindirigierend. Erst recht mit dem Boote sind die meisten sicheren Stände an Brücken usw. zu erreichen und zu befischen.

Der Zander bleibt ziemlich energisch, sein Maul ist aber nicht so eminent knochig wie das des Hechtes, so daß die Haken bei ihm in der Regel gut eindringen. Auch bei ihm empfiehlt es sich, den Anhieb zügig zu führen, schon in Anbetracht des feinen Zeuges.

Große Fische geben einen aufregenden Drill. Wiederholte scharfe Fluchten nach allen Richtungen stellen an die Widerstandskraft von Gerte und Schnur große Anforderungen. Sehr gern schlägt der Zander mit dem Schweif nach der Schnur und man muß immer darnach achten, dieses Vorhaben durch Ausweichen zu passieren.

Den ermüdeten Fisch führt man zu einer günstigen Landungsstelle und hebt ihn am besten mit dem Gaff, der in die Kiemen eingeführt wird, heraus, wenn man es nicht vorzieht, einen Gehilfen mit einem großen Landungsnetze mitzunehmen.

Das Herausnehmen mit den Händen wird zwar von einigen empfohlen und ausgeübt, aber es ist nicht sehr ratsam, denn an den Stacheln der Rückenflossen kann man sich bösartig verletzen. Auch das Auslösen der Haken nehme man erst vor, nachdem man den Fisch durch einen Schlag auf den Kopf getötet hat.

Leider hört man aus den verschiedensten Gauen, daß die Zahl und Größe der Zander rapid abnehme, besonders in jenen Flüssen oder Flußstrecken, die fehlerhaft reguliert wurden. An und für sich ist der Zander nicht sehr produktiv und für seine Laichtätigkeit benötigt er sonnendurchwärmte flache Ufer. Eben diese sind aber in den regulierten Stromrinnen vollständig verschwunden, ebenso die durchströmten Altwässer, welche noch halbwegs günstige Laichstätten boten, fast zur Gänze. Der Rest der Brut, soweit eine solche sich überhaupt entwickeln konnte, wird durch den Wellenschlag der Dampfer ans Ufer geschleudert und geht elend zugrunde, so daß nur noch ganz wenige Fische aufwachsen. Andererseits ist wiederum der Zander ein außerordentlich dankbarer Fisch für die künstliche Aufzucht und für die Besiedlung geeigneter Gewässer, so daß in dieser Hinsicht für die Erhaltung seiner Rasse viel mehr geschehen sollte. Denn er ist nicht allein ein begehrenswertes Objekt für den Angler, sondern auch ein Wirtschaftsfisch ersten Ranges, dessen feines Fleisch teuer bezahlt wird.

Die Forelle.

Über den Wert bzw. die Zulässigkeit des Spinnangelns auf Forellen gehen die Meinungen stark auseinander. Ganz abgesehen von dem starren Standpunkte der orthodoxen „Dry-fly-Puristen", welche überhaupt alles als Sakrileg in Grund und Boden verdammen, was nicht Trockenfliege heißt, gibt es auch in unseren Landen noch genug Leute, die es zwar als durchaus korrekt betrachten, die Forelle an der Fliege zu fangen, dagegen die Spinnangel perhorreszieren und lieber zum Wurm greifen. Ist es mir doch selbst passiert, daß ich einmal, einer Einladung eines lieben Onkels folgend, seinen höchsten Unwillen erregte, als ich nebst anderen Herrlichkeiten auch meine Spinnausrüstung auspackte, deren Verwendung er sich auf seinem Wasser kategorisch verbat; dagegen stellte er es mir anheim, — es war gerade hohes Wasser und mit der Fliege wenig oder nichts zu machen —, mit dem Wurm zu fischen.

Es gibt allerdings Gewässer, in denen man nur mit der Fliege fischen sollte; andererseits aber gibt es deren eine Menge, und das sind speziell die großen Flüsse der Alpen, wo man mit der Fliege meist nur mittelmäßige Fische, bis zu einem Pfund höchstens, bekommt, die großen aber nur mit der Spinnangel erbeuten kann. Der Typus eines solchen Wassers war der Isonzo, aber auch die Etsch, Traun und viele andere bieten ähnliche Verhältnisse, ferner viele Seen und Stauanlagen.

Die Gewässer mittlerer Breite und Mächtigkeit des Wassers werden im allgemeinen nur zu gewissen Zeiten den ausschließlichen Gebrauch der Spinnangel verlangen bzw. rechtfertigen, ganz besonders dann, wenn in ihnen auch die großen Fische gern und gut nach der Fliege steigen.

Die kleinen Gewässer, welche für das Fliegenfischen zu schmal sind oder deren Ufer zu verwachsen sind, würden eher für das Spinnen in Frage kommen, wenn sich auch in ihnen von einem kunstgerechten Führen des Spinners nicht gut reden läßt, vielmehr angesichts der geringen Ausdehnung der Gumpen und sonstigen Angelstellen mehr oder minder nur ein Heben und Senken durchführbar ist, wenn sich auch dieses mit der Spinnbewegung des verwendeten Köders verbinden läßt.

Abgesehen von den im vorhergehenden erwähnten großen Flüssen wird man im allgemeinen die Spinnangel auf die ersten Wochen der Forellensaison beschränken, solange die Flüsse noch hoch sind, und auf jene fallweisen Verhältnisse, in denen das Wasser zum Fischen mit der Fliege nicht geeignet ist, was in einzelnen Gebirgsgegenden vielfach mit der spät einsetzenden Schneeschmelze in den höheren Lagen der Fall ist und im Laufe des übrigen Sommers vielfach mit der Zahl, Menge und Ständigkeit der Niederschläge zusammenhängt.

Allerdings gibt es noch eine Zeitperiode, welche weniger für reine Alpenflüsse als vielmehr für die Gewässer der Mittelgebirge und Ebenen zutrifft. Das ist jene Zeit, in welcher die Forellen erfahrungsgemäß schlecht an die Fliege gehen, also ungefähr nach Mitte Juli bis gegen Ende August, natürlich normale Verhältnisse für diese Zeit vorausgesetzt, d. h. einen heißen Sommer, klaren Himmel und klares, niederes Wasser.

Unter diesen Verhältnissen wird man gerne zur Spinnangel greifen, namentlich dann, wenn man auf das Spinnen mit dem feinsten Zeuge Wert legt. — Ich werde auf diese Art zu spinnen später noch ausführlicher zurückkommen.

Wer viel oder ausschließlich auf Forellen die Spinnangelei ausüben will, wird sich notgedrungen dazu entschließen müssen, sich zu diesem Zwecke eine spezielle Ausrüstung anzuschaffen, es sei denn, er angle auf die großen Exemplare, welche die südlichen Alpenflüsse bevölkern, welche in die Adria münden; für diese oft

viele Kilo schweren Fische wird eine leichtere Hechtrute gerade richtig sein, welche für die Bach- und Seeforellen (nicht die Trutta
lacustris) zu schwer wäre, da doch hier Exemplare von über 3 bis
4 Pfund schon zu den Seltenheiten gehören. Und selbst für diese
langt eine leichte Forellenspinngerte völlig.

Ich möchte für den durchschnittlichen Gebrauch keine längere
Gerte empfehlen als 2,60 bis höchstens 3 m Länge, und diese in
einem Gewicht von 240—300 g Maximum, vorausgesetzt, daß sie
aus gespließtem Bambus hergestellt ist. Aus Greenheart sind diese
Gerten ebenfalls von hervorragender Güte — bestes Holz als Bedingung — billiger, aber naturgemäß etwas schwerer. Solche Gerten
lassen sich angenehm auch mit einer Hand führen.

Ausnahmsweise mag sich ja eine längere Gerte vorteilhafter
erweisen, aber da gerade der Forellenangler oft und gerne watet,
hebt ihn dieser Umstand über die unbedingte Notwendigkeit einer
langen Gerte hinweg, die naturgemäß schwerer ist und sein muß
und doch nur eine beschränkte Verwendungsmöglichkeit hat.

Die sich in neuerer Zeit immer mehr einbürgernden Überkopfgerten sind speziell für die Spinnfischerei auf Forellen hervorragend
geeignet. Es wird sich vielleicht empfehlen, die 1,80 m lange Gerte zu
wählen, welche immerhin trotz der größeren Länge leicht genug ist;
wer sich für eine solche Gerte aus Stahl entscheidet, der hat eine federleichte und dabei recht billige Spinnrute. In den letzten Jahren bin ich
ganz zu den Überkopfgerten übergegangen und beherrsche mit ihnen
mein Wasser so wie früher mit den längeren. Was sie mir so besonders
sympathisch macht, ist ihre Kompendiosität und die Möglichkeit,
einen totsicheren Wurf in Stellen machen zu können, die man mit dem
Seitenwurfe selbst bei meisterhafter Beherrschung desselben nicht
erreichen konnte; oder aber in einem verwachsenen Ufer überall dort
meinen Köder ins Wasser zu bringen, wo es mit Seitenwurf und
längerer Gerte bisher einfach unmöglich war, einen Wurf anzubringen.

Wenn einmal die veralteten und ungerechtfertigten Vorurteile
hinsichtlich des Überkopfwurfes und der dazugehörigen Gerten überwunden sein werden, dürfte sich die Ansicht, daß eine solche Gerte
das Bedürfnis des Spinnanglers am Forellenwasser so ziemlich
vollständig deckt, allgemein durchsetzen; wenigstens ich empfinde
heute kaum noch die Notwendigkeit, zu der früher von mir geführten
längeren Gerte zu greifen, und viele meiner Angelfreunde haben sich
im Laufe der Zeit zu derselben Ansicht bekehrt.

Nur vor einer Anschaffung möchte ich warnen: vor der einer,
wenn auch mit noch soviel Reklame angepriesenen, „Kombinations-
gerte“, welche lediglich durch den Wechsel der Spitze aus einer
Fliegenrute sich in eine Spinngerte verwandeln läßt. So etwas
ist ein Unding, im besten Falle noch eine halbwegs brauchbare
Fliegenrute, aber nie eine Spinngerte; gewöhnlich aber taugen
beide Kombinationen nichts.

Es gibt wohl, was ich zur Information des Anfängers nicht unerwähnt lassen will, eine Art Gerten, deren Handteil so gerichtet ist,

daß man darauf die Teile der Fliegengerte bzw. die der Spinnrute aufstecken kann; meist ist der Handteil zum Umstecken eingerichtet. In diesem Falle aber hat man zwei komplette Gerten mit einem gemeinsamen Handteil, also nicht weniger oder ebensoviel, als wenn ich zwei vollständige spezielle Gerten mitnehme, nur mit dem Unterschiede, daß ich mit den immerhin zarten Teilen der einen oder anderen belastet bin, deren Bruch oder Verlust riskiere, und der Preis des Instrumentes ist beinahe so hoch, eventuell höher als der zweier Gerten, deren jede dem für sie gedachten Zwecke vollauf gerecht wird.

Die Wahl der Rolle zu den vorgenannten Gertenformen ist nicht allzuschwer. Wer sich von Hause aus für die amerikanischen Antibacklash-Rollen entscheidet, der hat eine solche von universeller Verwendbarkeit, welche ihm, besonders wenn er im Wurfe mit leichten Ködern noch Schwierigkeiten hat, über dieselben rasch hinweghelfen wird. Da sie ebensogut zum Seiten= wie zum Überkopf= wurfe dient, ist sie für alle Gertenarten passend. Ihr höherer Preis macht sich durch die großen Annehmlichkeiten und Vorteile, welche sie bietet, bald bezahlt.

Die Speichenrolle ist das zweite Modell, das unseren Bedürfnissen gerecht wird. Für den Seitenwurf unbedingt und unter allen Umständen; da sie sich dem jeweiligen Ködergewichte entsprechend aufs feinste einstellen läßt, gestattet sie nicht nur den Wurf mit sehr leichten Ködern, sondern auch die Verwendung für den Überkopfwurf. Ich gebe zu, daß bei diesem das Bremsen vielen, im Anfang wenigstens, mehr oder weniger Schwierigkeiten bereiten wird, die sich aber durch Übung und guten Willen überwinden lassen. Es mag sein, daß man beim Seitenwurf das Bremsen leichter lernt und ausführt, weil doch das Auge dabei die Tätigkeit der bremsenden Finger kontrolliert, was beim Überkopfwurf nicht der Fall ist, da diese Tätigkeit hier nahezu rein vom Empfinden und von dem feinen Gefühl in den Fingerspitzen beherrscht wird, was eine ganz andere längere und weniger empfindliche Nervenleitung betätigt als die direkte vom Auge zum Hirn.

Entgegen den älteren Anschauungen, welche für die leichte Spinnfischerei und den Wurf mit leichten Ködern Rollen kleineren Durchmessers empfehlen, bin ich auf Grund meiner Erfahrungen der Ansicht, daß die Speichenrolle von 10 cm Durchmesser eben auch für den genannten Zweck vollkommen genügt. Ich besitze zufälligerweise die Speichenrolle neuester Konstruktion in den Durchmessern 7½, 9 und 10 cm und finde in der Wurfleistung aller drei bei gleich schweren Ködern von sagen wir 7—10 g Gewicht effektiv keinen Unterschied. Da aber die 10=cm=Rolle für alle Zwecke der Spinnfischerei dienlich ist, finde ich es überflüssig, sich die kleineren Durchmesser anzuschaffen. Auffallend dagegen ist der Unterschied in der Wurfleistung, wenn man z. B. die der 8=cm=Marston= Croßle und der 10=cm=Speichenrolle bei gleichem zu werfenden Gewichte — sagen wir 10 g — vergleicht, da zeigt sich erst die unvergleichliche Überlegenheit der letzteren.

Speziell für die leichte Spinnangel ist die von mir angegebene Wenderolle gebaut, welche das Werfen der allerleichtesten Köder sicher und mühelos erlaubt. Da bei ihr jedwede Bremstätigkeit der Finger in Fortfall kommt, ist sie auch für den Überkopfwurf hervorragend geeignet. Wer in klarstem Wasser mit den kleinsten Pfrillen fast ohne jede Beschwerung fischen muß und damit weitere Würfe zu machen hat, wird ihre Vorzüge in dieser Hinsicht bald zu würdigen wissen. Ich gebe neidlos zu, daß sie von der Illingworth-Rolle in manchen Punkten weit übertroffen wird, aber dafür kostet sie kaum ein Viertel dieser wenn auch herrlichen, so doch immens kostspieligen Rolle.

Wenn aber jemand die Kosten nicht scheut und andererseits für Angeln mit dem allerfeinsten Zeuge und Geräte schwärmt, der soll sich unbedingt die Illingworth anschaffen.

Entsprechend dem größeren Gewicht der zu fangenden Fische und der durch das Werfen und Durch-die-Ringe-Laufen größeren Beanspruchung der Leine wird man im allgemeinen bei der Wahl der Spinnschnur zu einer Schnurstärke greifen, welche größte Feinheit mit größter Reißfestigkeit und relativ größter Lebensdauer verbindet. Hinsichtlich der Tragfähigkeit entspricht eine solche zwischen 8 und 12 Pfund auch für den Fang sehr schwerer Fische; leider sind aber die Stärkendimensionen der Leinen so furchtbar ungleich, sogar bei Produkten derselben Erzeugungsstätte, daß man für diese gar kein Maß als Anhalt geben kann. Ich verwende für das Spinnen in klarem Wasser sogar nur Schnüre von 6 Pfund Reißfestigkeit. Naturgemäß darf man so feine Leinen nicht unendlich lange benützen wollen, da sie sich doch bei aller Pflege rasch verbrauchen. Entsprechend der Schnurstärke und der Helligkeit des Wassers wählen wir das Material für das Vorfach. Bei wenig sichtigem Wasser ist die feinste Nummer Stahlseide, die immer noch 7 Pfund totes Gewicht trägt, unbedingt das beste, jedenfalls billiger und dauerhafter als Gutvorfächer.

Der seinerzeit beliebte einfache Stahldraht ist zwar ebenfalls billig, jedoch nie bruchsicher und vor allem starr, eine Eigenschaft, welche mir aus verschiedenen, später noch zu erwähnenden Gründen gerade beim Spinnen auf Forellen nicht sympathisch ist. Spinnt man in sehr hellem und nicht zu tiefem Wasser, dann bleibt wohl oder übel keine andere Wahl, als Gutvorfächer zu gebrauchen, und diese von verschiedener Feinheit.

Ein besonderes Gewicht ist auf die Größe der Wirbel zu legen. Die fertig zu kaufenden Vorfächer sind, abgesehen von ihrer meist überflüssigen Länge, vielfach mit zu großen Wirbeln versehen. Die Größe 9 ist meines Erachtens genügend für stärkere Gut- und Drahtvorfächer. In ganz hellem Wasser ist Nr. 10 zu nehmen. So klein und unsichtlich auch diese winzigen Wirbel sind, so habe ich es wiederholt beobachtet, daß sie von Forellen angenommen wurden; wahrscheinlich hielten sie dieselben für Insekten oder Larven u. dgl. Nur muß man bei diesen ganz kleinen Wirbeln peinlich darauf achten, daß sie tadellos beschaffen sind und leicht laufen; besonders achtsam schütze man sie vor Rost und halte sie gut in Öl!

Die Senker sind hinsichtlich ihrer Größe und Anordnung nicht minder wichtig einzuschätzen. Außer vielleicht dem Rapfen gibt es nicht leicht einen Fisch, der so gerne auf das Blei losgeht wie die Forellen.

Ich verwende daher heute nur noch Köderungen, welche das Blei entweder im Leibe des Köders haben oder bei denen als Beschwerung eine Bleikappe in Verwendung tritt. In ganz hellem Wasser habe ich auch die Bleikappe in vielen Fällen als zu auffällig gefunden, selbst wenn ich in großer Tiefe angelte und die Fische nicht sehr beißlustig waren.

Aus dem Vorgesagten ergibt sich auch, daß wir in der Wahl der Fluchten und Systeme uns nach den jeweiligen Verhältnissen richten müssen.

Ist das Wasser sehr tief und nicht allzu klar, dann können wir größere Köderfische an mehr oder weniger stark bewehrten Fluchten verwenden, ebenso, wenn wir vor Tag oder in der Dunkelheit des hereinbrechenden Abends oder gar bei Nacht angeln. Auch können wir zu solcher Zeit größere Blinker verwenden.

Nach langer Durchprobung halte ich auch für den Fang der Forellen jene Fluchten für die fängigsten, welche nur mit einem Drilling bewehrt sind, der beiläufig im hinteren Drittel des Köderleibes liegen soll, um auch den von hinten angreifenden Fisch zu fassen. Dafür darf er um eine bis zwei Nummern größer sein als die Drillinge, mit welchen die landläufigen Fluchten mit 2—3 derselben ausgestattet sind.

Dieser Bedingung entspricht vor allem das altbewährte Deesystem und mein Zelluloid-Turbinenspinner. Auch der Heintzsche Röhrchenspinner mit nur einem größeren Schweifdrilling montiert, gehört in diese Kategorie. Wer aber ohne eine Mehrzahl von Haken nicht auskommen zu können glaubt, der nehme den Idealwobbler, die Pennell-Bromley-Flucht oder den Krokodilspinner von Hardy.

Von den künstlichen Ködern empfehlen sich vor allem die verschiedenen Blinker, auch der fliegende Löffel, einfach oder doppelt,

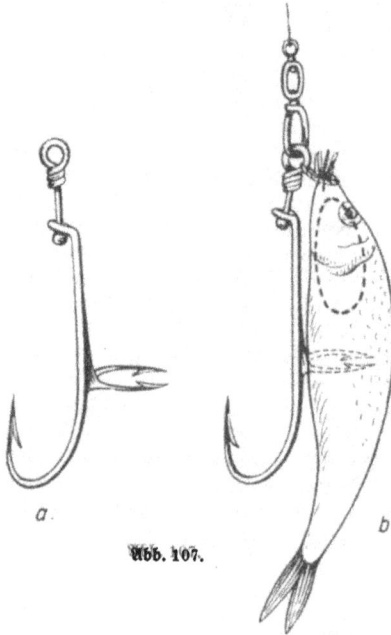

Abb. 107.

sowie die Kugelspinner u. ä. Aber auch diese empfehle ich mit nur einem Drilling am Schweifende montiert. Ich besitze noch einige der allerersten Blinker, welche Heinz sich gemacht hat; diese haben nur einen ziemlich großen Schweifdrilling, und mit der von mir früher erwähnten Bleibeschwerung am Kopfe spinnen und tauchen sie prächtig bei immenser Fängigkeit.

Je klarer und sichtiger aber das Wasser ist, desto unsichtlicher soll die Bewehrung des Köders werden. In dieser Beziehung sind die Einhakensysteme das einzige Empfehlenswerte. Da es bei ganz klarem Wetter auch ratsam ist, im Vorfach keine Wirbel zu haben, sind jene, welche den Wirbel am Haken haben, vorzuziehen, also vor allem die von Heinz angegebene Konstruktion mit und ohne Bleibeschwerung. Nebenstehende Abb. 107 zeigt ein Einhakensystem, welches ich mir zusammengestellt habe, mit separatem Schlundblei. Infolge seiner Einfachheit kann man es sich selbst herstellen. Sein Vorteil ist, daß die Köder nicht durch den Haken aufgeschlitzt werden und daß dieser gut und am Leibe des Köderfischchens anliegend unsichtlich ist, dabei durch die Gabel im Fischleib verankert, beim Anbiß nicht auskippen kann und doch jede gewünschte Krümmung desselben erlaubt.

Der Gabeleinhaken wird auf die einfachste Weise mit Hilfe einer Stecknadel zum Nadelwirbel verwandelt (Abb. 107 a) in den das Vorfach direkt eingebunden oder eingehängt wird. Das Schlundblei besteht aus einer halben Bleiolive. Über derselben wird das Maul des Fischchens oder der unten beschriebene Hautsack (wenn man mit großen Koppen fischt) durch eine Bindung festgelegt. Darauf bringt man den Leib des Köders zur gewünschten Krümmung und stellt diese durch Eindrücken der Gabel fest. Das Ganze wird dann in den Einhängewirbel am Vorfach eingeführt. (Abb. 107 b.)

Außer diesen mit dem Köderfische fest verbundenen Systemen sind vielfach solche beliebt, — namentlich zur Anköderung von Koppen —, bei welchen der Köder beim Anbiß bzw. Anhieb an dem Gutfaden- oder Drahtzwischenfach hinaufrutscht, wodurch er länger gebrauchsfähig bleibt. Diese Systeme setzen aber die Verwendung von Ködernadeln voraus, um den Haken richtig im Leibe der Koppe placieren zu können. Man führt die Nadel, in welche die Öse des Zwischenfaches eingehängt ist, vom hinteren Leibesende her, am besten vom Rücken durch das Maul heraus. Bei größeren Koppen muß man den Kopf abtrennen und dann noch das Fleisch aus der Haut schälen, so daß ein größerer oder kleinerer Sack entsteht und vom Fischkörper ein ca. 5—6 cm langer Stumpf übrigbleibt; in diesem Falle führt man die Nadel besser in dem Fleische des Stumpfes direkt unterhalb des Rückgrates. Man zieht soweit an, daß der Hakenbogen dem Fischleibe fest anliegt, streift hierauf das Schlundblei, über das Zwischenfach, schiebt es in den Schlund bzw. den Hautsack und bindet nun diesen oder das Maul am Blei fest. Wenn ich recht große Koppen habe, mache ich den Hautsack ziemlich groß und streife dann den überstehenden Teil über die Bindung zurück; es scheint,

daß die helle Unterseite der zurückgeschlagenen Haut mit den teil=
weise noch anhaftenden weißen Fleischfetzen auf die Forellen einen
besonderen Reiz ausübt.

Es empfiehlt sich, Bleie verschiedener Größe zu haben, ebenso
auch Haken an Gut oder Drahtgespinst in den Nummern 2—2,0,
je nach der Größe der Köderfische oder der Beißlust der Fische.

Für den Fall, daß man die beschriebene Anköderungsweise für
Pfrillen oder kleine Gründlinge anwenden will, muß man, abge=
sehen von viel feineren Ködernadeln, auch kleinere Hakengrößen
nehmen, etwa Nummer 4 oder 3. Statt des massiven Schlundbleies
empfehlen sich die von Heintz angegebenen aus Bleiröhrchen. Wünscht
oder braucht man eine stärkere Beschwerung, so stülpt man auf den
Kopf der Pfrille noch ein kleines Bleikäppchen.

Eine der besten und vielleicht unsichtigsten Anköderungen am
Einhaken ist wohl die von Heintz angegebene: einen Perfekthaken
der Größe 4—1, seitlich von unten her durch die Unterlippe und
durch das entgegengesetzte Nasenloch bzw. die Augenhöhle hindurch=
zuführen, nachdem man vorher dem Köderfischchen einige große
Schrote oder eine kleinste Bleiolive in den Schlund eingeführt hat.

So einfach die Sache ist und so schön der Fisch, so geködert,
sich im Wasser bewegt, so wenig angewendet wird diese Methode,
so daß man schier glauben muß, daß gerade das Allereinfachste vielen
die größten Schwierigkeiten bereitet, wenn sie schon nicht auf den
berühmten Grundsatz eingeschworen sind: „Warum denn einfach,
wenn's kompliziert auch geht?"

Allerdings, ein eigentliches „Spinnen" ist's meistens nicht, das
ein so geköderter Fisch ausführt, es ist mehr ein unsicheres Taumeln,
aber richtig und mit Leben geführt, bringt diese Methode ungeahnte
Erfolge. Nur muß man möglichst kleine und schmale Köderfische,
wie Pfrillen, Koppen, eventuell Lauben, — je kleiner, desto besser —,
verwenden, die man teils tauchend, teils im Zickzack hin und her
fluchtend durch das Wasser führt.

Was nun das Spinnen auf Forellen selbst anbelangt, so muß
man in erster Linie das zu befischende Wasser in Betracht ziehen.
Es ist ein großer Unterschied, ob ich einen größeren oder gar großen
Fluß oder aber einen mittleren oder kleinen Wasserlauf zum Felde
meiner Tätigkeit wähle; helles, scharf strömendes Gebirgswasser
oder ein mehr oder weniger ruhig, vielfach dunkel dahinfließendes
Gewässer der Vorberge oder der Ebene, oder gar einen See oder
eine Stauanlage. Danach richtet sich in erster Linie die Wahl der
Geräte und die Führungsweise des Köders.

Wie bei jeder anderen Art zu angeln ist es die Kunst, seinen
Köder dahin zu bringen, wo die Fische stehen. Bei den Forellen
ist es verhältnismäßig leicht, besonders in nicht zu großen Wassern,
in denen man sich auch als Fremder mit einiger Erfahrung ziemlich
rasch zurechtfindet. An den besten Plätzen, als da sind Stauwasser
oder Wehren, Einbauten, Mühlschüsse und Ausläufe, Faschinen=
anlagen, versunkene Bäume und große Steine am Grunde oder

beim Ufer, besonders aber tiefe Gumpen, Wirbel und Wehrtümpel
sowie tief unterwaschene Ufer in den Flußkrümmungen, werden wir
die besten Fische erwarten und suchen können. Je unzugänglicher
diese Stellen sind, desto sicherer sind sie im allgemeinen der Aufent-
haltsort eines oder mehrerer großer Fische, je nachdem, wie groß
ihre Ausdehnung und Tiefe ist.

Nach diesen Umständen müssen wir auch unseren Wurf richten.
Im allgemeinen wird man keine besonderen Weitwürfe machen,
außer man befischt die großen Flüsse der Alpen oder Seen und große
Stauanlagen. Dafür wird man mehr auf präzises Werfen achten
müssen, besonders dort, wo überhängende Bäume oder große Felsen
vorhanden sind, um überflüssige Hänger oder den Bruch von Haken-
spitzen durch Anschlagen auf Stein zu vermeiden.

Nach meinen Erfahrungen unterläßt man es besser, nach hochstehenden Fischen, welche man sieht, zu werfen, denn es ist hundert
zu eins zu wetten, daß der Angler von diesem fast immer früher
gesehen wird, ehe er den Wurf machen kann, bestimmt schon bei
heller Beleuchtung. Solche Fische kann man höchstens mit dem
feinsten Zeuge, das nur mit der Illingworthrolle gehandhabt werden
kann, angeln, und auch dann nur durch einen entsprechenden Weitwurf, womöglich stromauf, wobei man dem Fische die Pfrille wie
eine Trockenfliege fast vor die Nase setzt, ohne ihm Wirbel und Vorfach zu zeigen. Die Erfahrung hat mich gelehrt, daß es weiser ist,
einen guten Fisch und seinen Stand zu kennen, welchem man bei
geeigneter Gelegenheit den Köder anbieten kann, als sich einen
solchen Fisch durch Voreiligkeit und ungeschickte Hast zu vergrämen.

Wenn es schon im allgemeinen beim Spinnen als goldene Regel
gilt, so tief wie nur möglich zu spinnen, so möchte ich für das Spinnen
auf Forellen empfehlen: „Halte dich so nahe am Boden, als du
kannst und dich getraust."

Aus diesem Grunde lege ich mehr noch als sonstwo darauf den
größten Wert, daß meine Spinnköder auch richtig tauchen. Das
aber können sie nur bei Innenbeschwerung bzw. bei solcher am
Kopfe. Man beobachte nur einmal in einem klaren Wasser die
Forellen auf der Jagd nach Koppen oder sonstigen Fischchen; da
sieht man keine Jagd an oder nach der Oberfläche, kein Aufschlagen
und Springen wie beim Hecht, Zander oder Barsch, sondern die
ganze Sache spielt sich am Grunde ab, hinter und unter dessen
Steinen oder Grasbetten die Fischchen Schutz suchen. Und erst gar
der Koppen, der an und für sich unter Steinen seine Heimat hat
und nur kurze Strecken knapp am Boden hinschlüpfend seinen Standort wechselt.

Diesem Verhalten Rechnung tragend, müssen wir auch unsere
Köder beim Spinnen führen, also möglichst nahe am Boden, möglichst nach der schützenden Deckung strebend, so wenig wie möglich
im freien Strom, und vor allem: keine übertriebene Rotation und
keine übertrieben rasche Vorwärtsbewegung. Besonders die letztere
ist geeignet, der Forelle Mißtrauen einzuflößen, denn als Bewohnerin

11*

der scharfen Strömung muß ihr ein mit Windeseile dahinschießendes Fischchen, dem sie kaum zu folgen vermag, bedenklich verdächtig vorkommen. Und daß dem so ist, davon kann man sich reichlich oft überzeugen, wenn man gut gedeckt in hellerem Wasser sehr rasch hereinspinnt: die Forelle folgt dem Köder, aber stets in gleicher Distanz, so lange, bis ihr die Sache zuviel wird; anders aber ist die Sache, wenn man langsam einrollt und den Köder immer nahe am Boden öftere Tauchbewegungen machen läßt; diese Bewegung ist der Forelle durchaus vertraut und oft genug holt sie sich den Köder — den natürlichen vorausgesetzt — direkt vom Boden weg, wenn er nur unsichtlich beschwert und armiert ist.

Diese Tauchbewegungen erfordern aber weiche, schmiegsame Vorfächer, welcher Bedingung der starre, einfache Draht nicht entspricht, weshalb ich ihn in meiner Fischerei nicht mehr verwende.

Ein ganz spezieller Zweig der Spinnfischerei auf Forellen ist das „Klarwasser-Spinnen", das sich in den letzten Jahren, dank der enormen Verfeinerung unserer Geräte, mehr und mehr die Beliebtheit der Angler erringt. Manch einem mag die „Klarwasser-Wurmfischerei" nicht gefallen, obzwar gerade sie eine feine sportliche Methode darstellt; dieser wird bestimmt eine Anregung zum Spinnen in klarem Niederwasser gerne begrüßen. Die oberste Bedingung dafür ist feinstes Zeug, kleinste Köder und — so paradox es klingen mag — Wurf stromauf mit Führung und Einrollen des Köders stromab. In den meisten Fällen wird es unerläßlich sein, zu waten, welche Bewegung selbstredend auch stromauf zu erfolgen hat. Nun wird man vielleicht dagegen einwenden: „Ein stromab geführter Köder spinnt ja nicht", — aber er spinnt doch, nur muß man ihm in dem Augenblicke, da er ins Wasser fällt, einen scharfen Ruck geben und ihn etwas schärfer krümmen als für den Zug gegen den Strom.

Als beste Bewehrung des Köders, meist handelt es sich um kleine Pfrillen, kleinste Koppen oder Gründlinge, empfiehlt sich die in Abb. 108 in natürlicher Größe abgebildete Flucht. Obschon kein Freund vieler Drillinge, hier anerkenne ich ihre Berechtigung wegen ihrer eigenen Kleinheit und der des anzuködernden Objektes. Ein Drilling wird hinter den Kiemen, der mittlere in den Rücken versenkt, der Schweifdrilling bleibt frei hängend. Trotz der Kleinheit des Rachenbleies genügt dieses doch, den Köder tief zu führen, da der Strom den Köder zur Tiefe treibt.

Die zu dieser Flucht passenden Vorfächer sind 45 cm lang und mit den allerkleinsten Wirbeln Nr. 10 oder noch kleiner versehen. Ich möchte nur für unsere Wässer, außer man führt die Illingworthausrüstung, nicht die Originalstärke aus $2 \times$ oder $3 \times$ Gut empfehlen, sondern je nach der Größe der in dem Wasser vorkommenden Fische die Gutstärken $1 \times$ bis $^1/_4$ Drawn, was immer noch reichlich sein ist.

Da nun eine Pfrille usw. an dieser winzigen Flucht samt Blei kaum 6 g wiegt, muß man eine Rolle haben, welche gestattet, diesen federleichten Köder sicher und hemmungslos auf mindestens 15 oder mehr Meter zu werfen, und dazu ist eben die Wenderolle souverän und von keiner anderen zu übertreffen. Es mag sein, daß sich nach einer Reihe von Würfen die Schnur zu verdrehen anfängt; dieser Übelstand läßt sich aber leicht beheben, wenn man erst einmal die leere Schnur sich durch das Auslaufen in der Strömung und dann Wiederaufrollen von der Verdrehung befreit und dann einfach dem Köder eine Krümmung nach der anderen Seite gibt, so daß er nun in der der vorigen entgegengesetzten Richtung rotiert, was einfach durch Umstecken der Mitteldrillings erreicht wird.

Diese Methode des Stromaufspinnens eignet sich mehr für die breiteren Gewässer als für schmale Flußläufe, obzwar sie auch in diesen zum Teil wenigstens anwendbar ist, sofern man in diesen überhaupt spinnen kann.

Man wirft entweder direkt oder quer stromauf, beim Waten vom Seichten gegen die tieferen Stellen, also gegen die Uferlöcher, Gumpen usw., und führt nun den Köder unter Anheben der Gerte und Einrollen, aber immer möglichst nahe dem Boden und tauchend nach den Unterständen der Fische.

Der Vorteil, dieser Art zu fischen, liegt einmal darin, daß man stromauf gehen oder watend stets außerhalb des Gesichtskreises der Fische ist, beim Vorwärtsgehen sich immer im bereits abgefischten Wasser befindet und schließlich und endlich nicht nur den Drill auch in diesem durchführt, so das weiter zu befischende Wasser nicht beunruhigend, sondern auch, daß man stets stromab vom gehakten Fische steht, was für den Drill an feinem Zeuge eine nicht zu unterschätzende vorteilhafte Position ist.

Der Anhieb beim Spinnen auf Forellen, besonders wenn diese gut beißen, sei kurz, a tempo, aber zügig; nach dem Anhieb sperrt man die Rolle und hält den Fisch stramm. Mit kleinen Fischen bis etwa zu einem Pfund oder so läßt man sich, außer mit sehr feinem Zeuge oder sehr ungünstigen Landungsmöglichkeiten, in keinen langen Drill ein, sondern führt sie möglichst auf dem kürzesten Wege ins Netz. Nur sei letzteres nicht zu klein, damit sich nicht Haken in seine Maschen verfangen. Aus demselben Grunde tauche man es gut unter Wasser und trachte — außer man watet — dasselbe von

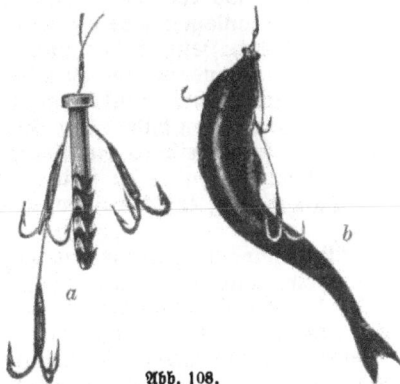

Abb. 108.

hinten her unter den Fisch zu schieben. Muß man den Fisch aber über einen Felsen, eine Mauer oder sonst eine ungünstige Stelle hinübergeben, dann drille man ihn, so rasch es geht, müde und hebe ihn an der Schnur Zug um Zug herüber, nachdem man die Gerte zur Seite gelegt hat, vorsichtig darauf bedacht, nirgends anzustreifen, da er sonst sofort zu schlagen anfängt, wobei er meist loskommt oder Haken usw. brechen können. Ich halte das für besser und das Gerät schonender als das Herausheben oder -schwingen mit der Gerte, wenn der Fisch halbwegs gewichtig ist.

Das Landungsnetz genügt auch für Fische von 3—4 Pfund, wenn es entsprechend geräumig ist. Der Durchschnitt unserer Fische reicht ja kaum so bald irgendwo an dieses Gewicht heran, und da tut es das von mir auch zum Fliegenfischen gebrauchte zusammen= legbare Netz in dreieckiger Form von 50 cm Seitenlänge.

Allerdings, für die großen Forellen von der Gattung Trutta marmorata, welche wir seinerzeit im Isonzo und der unteren Etsch erbeuteten, die oft ein Gewicht von vielen Kilogrammen erreichten, mußten wir den Gaff benutzen.

Die Spinnfischerei in Seen und Stauanlagen unterscheidet sich in manchen Belangen von jener im fließenden Wasser. Soweit sie nicht gerade an den strömenden Zu= und Abflüssen oder an der Einmündung von Seitengewässern ausgeübt wird. In den Seen, und besonders in den großen, ist vor allem Lokalkenntnis erforderlich, denn in ihnen haben die Fische zu Zeiten wechselnde Stände, sowohl der Tiefe als auch der Lokalität nach, anders im Frühjahr, anders im Hochsommer, anders bei Hoch= und anders bei Niederwasser, anders bei Tage und anders bei Morgen oder Abend, ja auch die jeweilige Windrichtung und der damit verbundene Wellenschlag, der Nahrung dahin und dorthin bringt, sind auf den jeweiligen Stand der Fische von Einfluß. Ganz besonderes Augenmerk muß der Angler auf Buchten, Landzungen und Felskanten, ferner auf jene Punkte, wo der Wind dichte Schaumstreifen treibt.

In Stauanlagen ist es von besonderer Wichtigkeit, sich Kenntnis von der Beschaffenheit des unter Wasser gesetzten Geländes zu verschaffen, besonders von Gehölzpartien usw., nicht minder aber auch von Gräben und Mulden, welche das ehemalige Festland durch= zogen. Die ersteren bilden eine Gefahr für das Angelzeug, die letz= teren aber sind meistens die Standplätze der schwersten Fische, da hier das meiste Futter zu finden ist.

Danach muß es sich richten, ob man seichter oder tiefer spinnen muß.

Meist wird man, namentlich auf ausgedehnteren Wasserflächen, vom Boote aus angeln und vielfach statt des auf die Dauer er= müdenden Werfens von der Gerte schleppen. Zu letzterem Behufe und überhaupt zum Spinnen am Tage eignen sich nach meiner Erfahrung in den meisten Fällen am besten natürliche Köder, wäh= rend den künstlichen am Abend oder noch später der Vorzug zu geben ist; aber das soll keine unumstößliche Regel sein, denn solche Verhältnisse wechseln von Wasser zu Wasser und gar manchmal macht man die Erfahrung, daß gerade das umgekehrte Verfahren das bessere und erfolgbringende ist. Man muß das eben heraus=

bekommen, erst recht, wenn man ein Wasser nicht oder nur wenig kennt; aber selbst die „Kenner" sind nicht unfehlbar, das soll man nie außer acht lassen, wenn auch ihr Rat nicht von der Hand zu weisen ist.

Zum Schleppen mit der Handleine empfiehlt es sich, die mobilisierte Tiefseeschnur von 10—15 m Länge zu verwenden, eher die letztere mit einem nicht zu schweren Senker und drei Seitenangeln aus Lachsgut, welche es erlauben, mit verschiedenen Ködern zu fischen und diese selbst durch Wechseln an den jeweiligen Seitenschnüren auf ihre Wirksamkeit zu erproben.

In typischen Gebirgsseen wird man sich von Hause aus an die felsige Seite, welche die tiefere ist und das kältere Wasser hat, mehr halten als an die flachere, warme Uferzone, welche mehr die Domäne des Hechtes ist, wenn auch an der Grenze dieser Region die Forelle steht.

Die Tiefe der Fahrt richtet sich nach der Häufigkeit der jeweiligen Anbisse; ansonsten gelten über Drill und Landung die Regeln, welche im Kapitel über die Schleppfischerei niedergelegt sind.

Im allgemeinen kann ich es mir aber nicht versagen, auf den krassen Mangel hinzuweisen, den unsere anglerische Literatur gerade hinsichtlich des Angelns in Seen usw. aufweist. Es ist direkt beschämend, wenn man die große Zahl unserer Angler betrachtet, die alle an unseren herrlichen Alpenseen den Sport ausüben, und das Nichts, welches darüber verlautbart wird, höchstens daß hie und da einer einem Blatte ein Bild mit irgendeinem Rekordfisch schickt. Wie anders ist das in England, über dessen Seen und Stauwässer eine Menge Monographien erschienen, so daß sich der Angler, welcher seine Ferien an diesem oder jenem Wasser zubringen will, orientieren kann, ohne erst Zeit und Geld an Mißerfolge verschwenden zu müssen.

Ich gebe der berechtigten Hoffnung Raum, daß dies in der Zukunft anders wird und der Leser in einem Buche über das Angeln mehr und Konkreteres über das Angeln in Seen usw. zu lesen und zu lernen finden wird als heute, wo man ihm nur mit allgemeinen Ratschlägen und subjektiven Allgemeinerfahrungen dienen kann.

Der Huchen.

Was für den Hochwildjäger die Zeit der Hirschbrunst und das Erlegen eines Hochgeweihten oder gar das eines kapitalen Bartgamses ist, das bedeutet für den Spinnangler der Spätherbst und Winter und die Fischweid auf den Lachs unserer Binnengewässer, den Traum und die Sehnsucht so vieler und leider die Beute nur weniger.

Wenn schon die Aussichten auf einen guten Hirsch oder Gams heutzutage recht gering geworden sind, so sind die Chancen aber immer noch größer als die auf einen Großhuchen. Vielleicht wird mancher meiner Leser zweifelnd den Kopf schütteln und mich eines unbegründeten Pessimismus zeihen, aber leider spreche ich die reine Wahrheit, die verschiedene alterfahrene Huchenangler vorbehaltlos bestätigen werden.

Schon Altmeister Heintz klagt über die rapide Abnahme der Huchen und führt hierfür Gründe an, die nicht nur ihre Geltung nicht verloren haben, sondern noch immer mehr gewinnen.

Leider, und Gott sei's geklagt, arbeitet die Trias „Gewässerverunreinigung, fehlerhafte Flußregulierung und mangelhafte Schutzgesetze" mehr denn je mit Hochdruck.

Es ist noch kaum ein Jahr her, daß unser vielleicht bester Huchenfluß, die Enns, einige Male hintereinander durch zyankalihaltige Abwässer aus den Hieflauer Hochöfen radikal vergiftet wurde. Und wie oft sich dieser himmelschreiende Vorgang noch ungestraft wiederholen wird, ist nicht vorauszusagen.

Die Donau wird von Jahr zu Jahr ärmer an Huchen infolge ihrer fehlerhaften Regulierung einerseits und der Vernichtung der Laichstätten in den Nebenflüssen andererseits, die teils durch Verunreinigung, teils durch Versandung und andere Umstände erfolgt, wozu noch die fehlerhaften Regulierungen der Seitenflüsse kommen.

Einer unserer einst schönsten Huchenflüsse, die Traun, ist als solcher durch die rinnsalartige Regulierung schon längst erledigt — und so kann man Fluß für Fluß aufzählen. Wer heute noch große Huchen fangen will, wenigstens halbwegs mit Sicherheit, der muß schon nach Jugoslawien fahren, wenn anders er nicht derart mit Glücksgütern gesegnet ist, daß er sich noch eine gute Huchenstrecke pachten kann. Und nicht einmal ein solcher ist noch unter die Glücklichen zu zählen, was den Erfolg anbelangt, denn dieser ist heutzutage schon von zu vielen Faktoren abhängig: es kann einem heute passieren, daß er einige Fahrten zu seinem Wasser macht, ohne auch nur einen nennenswerten guten Fisch zu erbeuten, lediglich aus dem Grunde, weil das und das und jenes nicht stimmte und der Angler keine Zeit hatte, um auf günstige Verhältnisse zu warten bzw. deren erfolgten Eintritt auszunützen.

Dazu kommt noch das beschränkte Verbreitungsgebiet des Huchens: lediglich das Donaugebiet, speziell der Alpenteil desselben. Wenn nun das Hauptreservoir, die große Donau, nach und nach leer wird und ihre Nebenflüsse desgleichen, dann wird man das eingangs Gesagte verständlich finden, daß man heutzutage leichter und sicherer zu einem guten Hirsch kommt als zu einem Huchen, denn Hirsche und Hirschreviere gibt es noch genug in unseren Landen.

Wenn aber andererseits unsere Fischerei sich nur eines größeren Bruchteiles jenes Entgegenkommens und jener Fürsorge seitens der maßgebenden Faktoren erfreuen könnte, welche trotz aller gegenteiligen Behauptungen der Jagd und ihrer Erhaltung entgegengebracht werden, dann brauchte uns um den Bestand und die Zukunft unserer Huchenreviere nicht so bange zu sein als gegenwärtig.

Zwar in einem ist ja ein geringer Anlauf unternommen worden: nämlich in der Art und Durchführung der Flußkorrekturen, allerdings reichlich zu spät, nachdem das meiste verdorben wurde und der Schaden nicht mehr auszubessern ist.

Dagegen geschieht hinsichtlich der Gewässerverunreinigung so gut wie nichts.

Es gibt wohl da wie dort eine Menge Verordnungen, aber nur auf dem Papier und meist nur für den gültig, der sie zu halten gewillt ist. Wäre dem nicht so, dann könnten sich solche standalöse Vorgänge wie die Vergiftung der Enns nicht ereignen bzw. wiederholen. Es fällt keinem vernünftigen Menschen ein, die Interessen und Existenzberechtigung der Industrie zu bestreiten oder zu verneinen, aber jeder Bürger hat das unbestreitbare Recht, zu verlangen, daß die Industrie Rechte und Interessen der anderen und die sie schützenden Gesetze achte.

Allerdings dürfen wir nicht vergessen, daß die ungeheure breite Masse der Bevölkerung noch immer allem, was Fischerei heißt, absolut verständnislos gegenübersteht, ohne einen Begriff davon zu haben, daß es Volksvermögen ist, welches da in unverantwortlicher Weise vernichtet wird.

Und solange in dieser Beziehung kein Wandel geschaffen wird, solange die Masse unseren Bestrebungen fremd und teilnahmslos gegenübersteht, solange wird sich an diesen Sachen nichts ändern. Es wird allerdings noch sehr lange dauern, bis dieser Gedanke sich auch so in die Seelen unseres Volkes eingewurzelt haben wird, wie er in der englischen Volksseele verankert ist.

Über das Thema Schutzgesetze ließe sich viel schreiben und sagen, viel mehr, als in den Rahmen dieses Kapitels hineingeht; feststellen kann ich hier nur mit Bedauern, daß alle unsere Schutzgesetze mangelhaft und unzureichend sind und leider viel zu lax gehandhabt werden. Was wir uns als zu erreichende Ziele vorhalten müssen, ist vor allem erstens ein ausreichenderes und unsere Interessen völlig deckendes Gesetz gegen jedwede Verunreinigung der Fischwässer, auch im Interesse der allgemeinen Volksgesundheit und Wohlfahrt.

Zweitens: ein den tatsächlichen Verhältnissen entsprechendes Gesetz über Schonzeit und den Verkehr mit Fischen jeder Art sowie deren Laichprodukten mit besonderer Berücksichtigung der am meisten gefährdeten Arten, besonders Huchen und, wie ich später dartun werde, der Saiblinge und Seeforellen.

Vor allem ist die Schonzeit für Huchen zu kurz; in höheren Lagen laicht der Huchen erst Ende April bzw. auch erst im Mai, nichtsdestoweniger kann er vom 1. Mai an gefangen werden. Wieviele Huchen aber in den unteren Lagen Ende Februar voll Laich und erst recht bis Mitte März gefangen werden, wenn die Schonzeit erst am 16. dieses Monats einsetzt, ohne daß die Laichprodukte erhalten werden, das läßt sich überhaupt nicht kontrollieren. Und wie viele werden an den Laichgruben gestohlen? Gespeert oder sogar

in Schlageisen gefangen? Das entzieht sich jeder Berechnung, denn
die Wasseraufsicht ist bei uns nur ein schöner Traum, in Wirk=
lichkeit gibt es so gut wie keine, und wer überwacht den Verkehr
mit Fischen? Doch kein Mensch.

Es ist daher mit allem Nachdruck darauf hinzuarbeiten, daß
die Schonzeit für Huchen ausgedehnt werde, und zwar von Mitte
Februar bis Mitte Juni, und gleichzeitig das Mindestmaß auf
55 cm, wenn schon nicht auf 60. Laichstätten wären unter gesetz=
lichen Schutz zu stellen und das Abfangen von Laichhuchen beeideten
oder von der Behörde beauftragten Personen zu übertragen.

Besitzern von Huchenwässern wäre ein obligatorischer Besatz
von Gesetzes wegen vorzuschreiben.

Das wären in großen Umrissen die Ziele, denen wir entgegen=
zuarbeiten hätten.

Wenn wir unsere Huchenbestände noch retten wollen, dann
müssen wir eben dort, wo eine natürliche Laich= und Erbrütungs=
möglichkeit nicht mehr besteht oder zum mindesten sehr eingeschränkt
ist, mit künstlicher Aufzucht und Besatz eingreifen. Allerdings dort,
wo man dem Huchen so ziemlich jede Möglichkeit genommen hat,
sich einen Stand zu schaffen, wo kein Felsen und keine Kugel ihm
mehr einen Ruhepunkt in der schweren Strömung bieten, dort
werden wir kaum mehr damit rechnen dürfen, ihn wieder zum Stand=
fisch zu haben. Wo das Strombett zur Rinne geworden ist, dort
hat auch der Futterfisch keinen Platz, der ihm Ruhe und Schutz
gewährt oder an dem er seine Vermehrung besorgen kann. In
einem so nahrungsarmen Wasser dürfen wir auch keine Huchen
mehr erwarten.

Aber auch in jenen Wässern, in denen man heute noch von
einem Stand an Huchen reden darf, soll man diesen durch fleißiges
Nachsetzen zu heben trachten, um allen in Betracht kommenden
Schädlichkeiten begegnen zu können. Wir tun dies ja heutzutage
schon in unseren Forellenwassern und mit Erfolg, also sollen wir
es erst recht tun, wenn es sich um die Erhaltung der edelsten Fisch=
gattung handelt, die unsere Gewässer noch beherbergen. Es ist
durchaus nicht zu fürchten, daß wir unsere Huchen „überhegen"
werden; dafür sorgen schon die Verhältnisse, unter denen der Fisch
heute leben muß.

Zu den Klagen über das Verschwinden der Huchen gehört
auch die, daß die zunehmende Zahl der Angler daran teilhabe. Etwas
Wahres mag ja daran sein, obzwar ich ein Büchlein vor mir liegen
habe, verfaßt von dem Angelschriftsteller Baron Ehrenkreuz im Jahre
1846 (!), wo dieser klagt, daß der Fischreichtum dahinschwinde, weil
schon zu viele fischen! Und damals lag doch der Angelsport in deut=
schen Landen sozusagen noch in den Windeln. Fünfzig Jahre später
schreibt Heintz noch den stolzen Satz: „Wie viele Zentner Huchen
mehr hätte ich gefangen, wenn ich zeitlebens Masheerhaken besessen
hätte!" Daß wir mehr Angler haben als vor, sagen wir 25 Jahren,
das stimmt; daß von diesen viele nicht weidgerecht fischen und un=

bedenklich den Fisch knapp mit oder vielleicht unter dem Durch-
schnittsmaße behalten, gebe ich unbestritten zu; aber das allein
kann der Grund nicht sein, denn dann müßte deren Zahl in die
Legion gehen.

Der Grund für die Abnahme des Huchens liegt eben darin,
daß er recht- und schutzlos wurde, allen Schädlichkeiten der Kultur
geopfert ward und deshalb in absehbarer Zeit aussterben wird wie
Bär und Wolf und Biber, die in unserer kultivierten engen Welt
keinen Platz mehr haben, wie der Lachs aus unseren Strömen verschwunden ist, wo er so gemein war wie Hechte und Karpfen.

Im besten Falle wird aus ihm ein Tiergartenfisch, der vielleicht
in einzelnen Reservaten oder Schutzgebieten noch ein kümmerliches
Dasein fristen wird, wenn es so weitergeht wie bisher.

Und fast fürchte ich, das richtige prophezeit zu haben, so sehr
es mich freuen würde, wenn die Zukunft mir das Gegenteil beweisen könnte.

Der Huchenangler braucht für seinen Sport besondere Geräte,
wenn er schweres Wasser zu befischen und große Fische zu erwarten
hat. In den kleinen Flüssen, in denen nur ausnahmsweise sehr
schwere Fische vorkommen, wird man mit einer leichten Hechtgerte
sein Auskommen finden, aber in jenen großen Flüssen, deren
schwere Strömung größere Beschwerungen erfordert, wird man
wohl oder übel zu einer speziellen Gerte greifen müssen.

Heintz hat seinerzeit drei besondere Gertenformen angegeben,
deren mittelstarke wohl den meisten Ansprüchen durchaus genügen
wird, besonders dann, wenn man viel waten kann und noch ein
Boot zur Verfügung hat. Wenn aber jemand fast nur oder ausschließlich vom Ufer angeln kann und dieses ungünstige Formen
und Begehungsmöglichkeiten bietet, dann bleibt nichts anderes
übrig, als zu einer wenigstens 4 m langen Gerte seine Zuflucht
zu nehmen.

Wie ich bei der Besprechung der Gerten erwähnte, eignet sich
hierfür am besten eine solche aus Tonkinrohr mit gespließter Spitze,
da diese Kombination noch am ehesten den Aufbau einer verhältnismäßig leichten Gerte gestattet.

Die Zahl und Größe der Ringe muß besonders bei Huchen-
gerten ein besonderes Augenmerk zugewendet werden wegen des
Vereisens. Die meisten Gerten tragen deren zu viele. Ich bin der
Ansicht, daß wenige es auch tun, die man dafür um so weiter nehmen
darf. Das letztere gelte besonders für den Endring, der mindestens
eine lichte Weite von 2—2½ cm besitzen soll, um auch bei Eisbildung noch ein ungehindertes Passieren der Schnur zu gestatten.
Denn gerade am Endring setzt sich das erste und meiste Eis an.

Da die Huchengerte einmal infolge des Werfens mit schweren
Ködern und weiter durch die viel angreifenderen Witterungs-
verhältnisse bei der Winterfischerei, besonders durch Eisbildung
viel mehr strapaziert wird als jede andere Angelrute, soll man auf
ihre Pflege die größte Sorgfalt verwenden; ganz besonderes

Augenmerk richte man auf die tadellose Beschaffenheit des Lack-
überzuges und gebe ihr lieber jedes Jahr ein neues Kleid von
bestem Bootslack.

Viel kommt beim Huchenfischen auf die ungestörte Funktion
der Rolle an. Alte Huchenfischer benützen zwar noch immer die
althergebrachte Nottinghamrolle aus Holz, aber ich glaube, daß
diese heutzutage doch schon überlebt ist. Der ihr angerühmte Vorzug des weniger leichten Einfrierens der Leine ist bei näherer Betrachtung nicht so groß, und das wäre ihr einziger, nebst ihrer ver-
hältnismäßigen Wohlfeilheit. Trotzdem ziehe ich eine moderne
Speichen- oder andere Metallrolle vor. Für die Uferfischerei an
großen Strömen empfiehlt sich trotz vieler gegenteiliger Meinungen die Magnaliumrolle. Für alle anderen Verhältnisse genügt ein
Trommeldurchmesser von 10 cm.

Wenn man die Stärken der Spinnschnüre, die vor noch 25 Jahren gebraucht und empfohlen wurden, mit denen der heute benützten vergleicht, findet man einen auffallenden Fortschritt. Unsere
heutigen Schnüre sind ganz erheblich dünner und vor allem viel
fester und gleichmäßiger in der Ausführung. Hanfschnüre sind heute
kaum noch mehr in Verwendung.

Allerdings haben sich bei den meisten Huchenanglern die Ansichten betreffs Drill und Führung des Fisches gegen früher geändert.

Wie ich schon wiederholt betonte, sind leider die Schnurstärken
als solche für eine Maßbestimmung ganz ungeeignet, wie auch andererseits die Tragfähigkeit keinen Rückschluß auf das Volumen der
Leine gestattet.

Im allgemeinen kann man sagen, daß eine Schnur von 18 bis
20 Pfund Tragfähigkeit jedem Huchen gewachsen ist, vorausgesetzt,
daß sie sorgfältig behandelt wird und nicht aus falscher Sparsamkeit
zu lange in Gebrauch behalten wird. Da die dünneren Leinen billiger sind, wird man sich leichter zu einer Neuanschaffung in der
nächsten Saison entschließen. Einmal wird die Schnur durch die
vielen Würfe mit den schweren Ködern sowie das Arbeiten in
schärfster Strömung und womöglich noch bei Eisbildung sehr stark
in Anspruch genommen, so daß man zur Sicherheit immer große
Stücke ihres unteren Endes ausmerzen muß; ferner aber wird die
Leine mehr noch als durch alles andere überdehnt und vor der Zeit
verbraucht, wenn man viele und schwere Hänger zu lösen bzw. öfter
abzureißen hat. Der Bootfischer spart mehr Leinen, da er sie viel
schonender behandeln kann, besonders wenn es sich um Hänger
handelt, aber auch, weil er viele Stellen lediglich durch Rinnen-
lassen des Bootes abspinnen kann, an denen der vom Ufer angelnde
30 und 40 und mehr Würfe machen muß. Auch empfiehlt sich zur
gleichmäßigeren Ausnützung der Schnur, diese häufig umzukehren.
Daß eine Huchenschnur sehr sorgfältig mit Schwimmfett eingelassen
werden soll und dieses Einlassen hie und da während der Saison
zu wiederholen ist, möchte ich jedem ans Herz legen.

Unbedingt aber sehe man beim Einlauf auf möglichst enge
Klöppelung und auf größtmögliche Knotenfestigkeit. Auch vergesse
man nie, nach jedem Drill und erst recht nach einem schweren
Hänger die Einhängeschleife für den Wirbel neu zu binden. Ich emp=
fehle diese viel mehr als die verschiedenen Knoten; sie hat die wenigste
Neigung zum Abgeprelltwerden oder Durchscheuern, und bei ent=
sprechender Länge — mindestens 12—15 cm — ist sie ebenso un=
sichtig wie ein Knoten.

Bei Eisbildung an der Schnur und treibenden Eisstücken im
Wasser bzw. Eisbildung an den Uferrändern kontrolliere man wieder=
holt die Schnur auf größere Länge, ob sie nicht angeschnitten oder
ausgefranst ist; sonst kann es geschehen, daß man nur durch die Ge=
walt der Strömung allein ein Stück Schnur samt Köder und Vor=
fach verliert. Wollig oder filzig gewordene Schnüre stelle man
außer Dienst, schon allein wegen der durch sie leicht entstehenden
Wurfstörungen, aber auch wegen des raschen Verschleißes der
lädierten Seidenfaser, der zu einem unvorhergesehenen Bruch
führen kann.

Man beherzige immer, daß es keine Ersparnis ist, mit einer
minderwertigen Leine zu fischen, wohl aber stets eine Gefahr, Zeug
und Fisch zu verlieren, und daß wir heutzutage schon zu wenig
gute Huchen mehr haben, als daß wir uns den Luxus leisten könnten,
sie durch unangebrachte Sparsamkeit zu verlieren.

Die Wirbel dürfen zum Huchenfang etwas kräftiger sein, doch
braucht man im allgemeinen über die Größe 4 nicht hinauszugehen.
Dafür seien sie von allerbestem Material, jeder einzelne vor Ge=
brauch sorgfältig erprobt auf Haltbarkeit und guten Lauf. Es emp=
fiehlt sich, an die Rollschnur als Verbindungswirbel zum Vorfach
einen Doppelwirbel zu wählen. Mit Rücksicht auf das Angeln bei
tiefen Temperaturen und vielfach bei schlechtem Lichte nehme
man nur solche Einhänger, welche ein leichtes und doch absolut
sicheres Einschlaufen der Vorfachösen und Verbindungswirbel usw.
erlauben. Denn es ist kein Vergnügen, in der Abenddämmerung
eines Wintertages mit steifen Fingern ein Stück der Ausrüstung
ein= oder aushängen zu müssen und Einhänger zu haben, die sich
nicht leicht handhaben lassen.

Wenn man den vorerwähnten Doppelwirbel an der Roll=
schnur benutzt, braucht man nur noch einen Einhängewirbel unten
am Vorfach. Dieses selbst braucht nicht länger zu sein als 45—50 cm.
Heutzutage wird wohl nur noch gesponnener Stahldraht als Ma=
terial hierfür in Frage kommen, da dem einfachen doch zu viel
Mängel anhaften. Ein solches Vorfach mit einer Tragfähigkeit
von 25—30 Pfund ist trotzdem sehr fein und fast unsichtig. Stärkere
Vorfächer sind meiner Erfahrung nach überflüssig.

In den letzten Jahren sind auch Stahldrahtvorfächer aus sog.
„rostfreiem" Stahl auf den Markt gekommen. Trotzdem dürften
sie aber ebenso der Pflege und des Rostschutzes bedürfen wie die=
jenigen, welche aus gewöhnlichem Stahl hergestellt sind.

Nach dem Gebrauche gut getrocknet und dann in einer gut schließenden Blechbüchse zwischen „Ballistol" getränkte Flanell lappen gepackt, bleiben sie bestimmt vor Rost bewahrt, ebenso die Wirbel. Ganz besonderes Augenmerk richte man auf die Haken, sowohl hinsichtlich ihrer Rostfreiheit als auch ganz besonders auf die Unversehrtheit ihrer Spitzen. Diese leiden am meisten durch die Hänger, besonders bei felsigem Grunde, und man soll nach einem solchen, selbst wenn es nur ein leichter war, nie versäumen, die Spitzen nachzusehen und eventuell schadhafte oder stumpf gewordene nachzuschleifen, unter Umständen sogar den ganzen Haken oder die Flucht auszuwechseln. Wieviele gute Fische sind mir selbst schon abgekommen, weil ich diese goldene Regel außer acht gelassen und nach solchen Zwischenfällen unbedacht und unbesorgt weitergeangelt habe.

Die zur Huchenfischerei verwendeten Haken und Drillinge wer den allgemein aus etwas stärkerem Drahte hergestellt als die sonst gebräuchlichen und im Handel als „extrastark" bezeichneten. Ich gebe das als berechtigt zu in Anbetracht des meist schwierigen Wassers, in dem besonders Hänger häufiger und schlechter zu lösen sind als anderswo, wodurch schwachdrähtige Haken viel mehr gefährdet sind. Daß der Huchen einen guten Haken landläufiger Stärke durch die Kraft seiner Kiefer zerbrechen kann, bestreite ich nicht, allein dazu muß der Haken im Kieferwinkel an einer solchen Stelle sitzen, daß die volle Hebelkraft der Kiefer in Wirkung treten kann, und das ist doch nur äußerst selten der Fall. Und ist er es schon, dann bringt dies sogar ein mittelgroßer Hecht auch fertig, wie ich es selbst er= fahren habe.

Wer unbedingt sein Vertrauen in die „Ex=Ex"=starken oder Masheer=Drillinge setzt, der möge es ruhig tun; meines Erachtens sind sie nicht unbedingt nötig. Mir genügt der sog. extrastarke Drilling vollauf.

Viel größer ist die Gefahr, daß der Fisch aus dem Maule her= ausstehende Haken an Steinen und anderen Hindernissen abbricht, eventuell durch Verhängen fliegender Haken an solchen Hindernissen mitunter eine ganze Flucht abzusprengen vermag, was nicht nur mir allein passiert ist. Das ist mit ein Grund, weshalb ich zu den Anköderungen mit nur einem Drilling zurückgekehrt bin.

Von allen Systemen und Fluchten zur Köderung natürlicher Köder — abgesehen vom Neunaugenzopf — ist mir die liebste die früher ausführlich beschriebene „Wachauer Flucht", weil sie nicht nur ein perfektes Spinnen als solches, sondern auch ein Tauchen des Köders in Tiefen erlaubt, welche man nur noch mit dem Zopfe erreichen kann, wobei der Köder die verlockendsten Bewegungen ausführt.

Allerdings für steife Formalinköder taugt diese Flucht nicht, weil diese Köder nicht die geschmeidigen Bewegungen des frischen haben können, es sei denn, daß man nur Wert auf Rotieren und Wobbeln allein legt, in welchem Falle man als Notbehelf Formalin=

fiſche verwenden kann. Diejenigen, welche einerſeits nur auf das
exakte Spinnen Wert legen, andererſeits auf die Bewehrung mit
fliegenden Drillingen nicht verzichten wollen, müſſen zu den Fluchten
dieſer Art greifen, und je nachdem, ob ihnen das axiale Rotieren
oder die Wobbelbewegung ſympathiſcher iſt oder mehr Erfolg ver-
ſpricht, das Röhrchenſyſtem, den Zelluloidſpinner, den Krokodilſpinner oder aber die Pennell-Bromley-Flucht, den Ideal- oder
einen ſonſtigen Wobbler oder das Deeſyſtem wählen.

Der Zopf und das Angeln mit demſelben iſt ein ſtrittiges
Kapitel. Unzweifelhaft iſt der natürliche Neunaugenzopf unter
allen Verhältniſſen der beſte und ſicherſte Huchenköder; weniger
kann man das von ſeinen Imitationen behaupten, von denen noch
der „Lederzopf" die brauchbarſte zu ſein ſcheint.

In den großen Flüſſen und Strömen, wo man vielfach oder
beſſer meiſtens in ſehr großen Tiefen arbeiten muß, die man mit
den landläufigen Anköderungen, ausgenommen die Wachauer
Flucht, überhaupt nicht erreichen kann, iſt er unbedingt am Platze,
ja vielleicht oft das einzige Mittel, um überhaupt einen Fiſch zum
Anbiſſe zu verleiten.

Hinſichtlich ſeiner Anwendung an mittleren und kleinen Huchen-
wäſſern läßt ſich manches für und manches gegen ihn ſagen: wenigſtens was die letzteren anbelangt, welche meiſt nur eine beſchränkte
Zahl von ſicheren Standorten aufweiſen, die ſelten außergewöhnlich tief ſind und gewöhnlich in trockenen Herbſten und nach den
erſten Fröſten ſtarkes Niederwaſſer führen, wird man beſtimmt
in allen Fällen mit irgendeinem regulären Spinnköder auskommen;
daher ſollte man im Intereſſe der Schonung bzw. Erhaltung des
Beſtandes dort nicht mit dem Zopf angeln.

In den mittleren Gewäſſern liegen die Dinge ſchon anders.
Da wird man ſchon häufiger mit großen, langgeſtreckten und tiefen
Gumpen, eventuell ausgedehnten Wirbeln uſw. zu rechnen haben,
welche die Anwendung des Zopfes rechtfertigen, vielleicht ſogar
direkt erfordern. Schließlich kann man es einem Angler, der vielleicht eine weite und koſtſpielige Reiſe nach ſolchen Gewäſſern
machen muß, nicht verargen, wenn er zum Zopf greift, um wenigſtens einen guten Fiſch zu erbeuten.

Wie ich übrigens ſchon bei der Beſchreibung des Zopfes erwähnt habe, iſt es durchaus notwendig, den Zopf kunſtgerecht
zu führen, ſo daß er Bewegung und Leben zeigt, ihn durch alle
Waſſerſchichten zu leiten, tauchen zu fallen uſw. Ich bin ganz überzeugt, daß die meiſten der landläufigen „Nur"-Spinnangler ſich
raſch zu einer anderen Anſicht über das Fiſchen mit dem Zopf bekehren werden, wenn ſie erſt einmal Gelegenheit haben, ihn führen
zu ſollen, und dann ſehen, daß es doch keine ſo primitive und kunſt-
loſe Sache iſt, wie vielfach behauptet wird.

Auch möchte ich mich gegen die beſonders zum Zopfangeln
gerne benützte „Einring-Gerte" nicht ganz ablehnend verhalten.
Bei Eisbildung iſt es entſchieden angenehmer, wenn man bloß einen

Ring abzuklopfen hat statt einiger, und bloß mit der Vereisung
dieses einen zu rechnen hat statt der einer Reihe derselben. Daß
die Schnur auch weniger leidet, wenn sie nur einen vereisten Ring
zu durchlaufen hat, ist leicht einzusehen, und wenn die Gerte sonst
aus gutem Material hergestellt ist und allen Anforderungen an
korrekten Wurf und Drill entspricht, warum soll sie deshalb, weil
sie bloß einen Endring — eventuell noch einen Leitring am Hand=
teil — besitzt, atavistisch und primitiv sein?

Von den künstlichen Ködern sind es besonders die von Heintz
konstruierten Blinker, welche sich ungeteilter Gunst der Huchen=
angler erfreuen. Die in früheren Zeiten, besonders in der Zeit
vor der Einführung der Formalinkonservierung gerne verwendeten
Kunstköder, wie der noch von Heintz beschriebene Hartgummifisch
von Allcock und ähnliche Produkte aus Seide, Gummi oder Metall
sind heute ganz in Vergessenheit geraten.

Nicht zu leugnen ist aber, daß in Gewässern, welche häufig
oder fast ausschließlich mit Blinkern befischt werden, diese vielfach
an Wirkung nachlassen und man oft mit einem Löffel älterer Kon=
struktion bessere Erfolge erzielt.

Nach meinen Erfahrungen und denen vieler anderer Spinn=
angler werden die Blinker für die Huchenfischerei vielfach zu groß
genommen; ich halte 9 bis höchstens 10 cm für vollauf genügend.

Nach einem seinerzeit in englischen Sportblättern gemachten
Vorschlag versuchte ich Blinker, die mit transparenter Ölfarbe mit
Längsstreifen bemalt wurden, und zwar silberplattierte mit blauen
für klares, vergoldete mit roten für trüberes und höheres Wasser.
Besonders die letzteren schienen mir sehr wirksam, so daß ich es
empfehlen kann, auch so ausgestattete Blinker in den Bestand der
Ausrüstung aufzunehmen.

Die in den letzten Jahren stark in Aufnahme gekommenen
amerikanischen Holzköder scheinen sich auch auf Huchen zu bewähren,
wie mir viele Mitteilungen befreundeter Angler verraten; besonders
die größeren Modelle und jene mit Metallkopf, die auch eine ent=
sprechende Tauchtiefe erreichen. Die Meinungen der Angler sind
zwar darüber geteilt: die einen lehnen sie nach einigen Versuchen
ab, die anderen sind von ihnen begeistert. Tatsache ist, daß schon
sehr stattliche Fische an ihnen erbeutet wurden. Jedenfalls lohnt
es sich, ihre Verwendbarkeit eingehend zu erproben, wobei aller=
dings nicht außer acht gelassen werden darf, daß die jeweilige
Farbengebung dieser Köder nicht in jedem Wasser von gleicher
Wirksamkeit ist und man verschiedene Farben sorgfältig und lange
genug versuchen soll, um zu einem halbwegs sicheren Urteil zu
kommen, da ja bei uns die Sache immer noch zu neu ist. Daß man
auch diese Köder, welche zwar an sich schon durch ihre Konstruktion
viel Leben im Wasser entwickeln, trotzdem auch noch durch ver=
ständnisvolle Führung noch reizvoller zu machen bestrebt sein soll,
wäre eigentlich eine selbstverständliche Forderung, aber leider kann
man beobachten, daß viele sich damit begnügen, sie monoton durchs

Wasser zu ziehen und von dieser Tätigkeit sich die ungeahntesten Erfolge versprechen, deren Ausbleiben sie bitter enttäuscht, was auch
des öfteren mit ein Grund für die Ablehnung sein mag.

Wenn man nicht gerade ein reguliertes Wasser befischt, das
sich zwischen Steindämmen rinnsalartig und abwechslungslos bewegt und mit gleichbleibenden Würfen bedeckt werden muß, wird
man sich vor allem über die besten Plätze zu orientieren haben, an
welchen man wenigstens — wie es heutzutage ist — halbwegs mit
Sicherheit auf das Vorhandensein eines Fisches rechnen kann.

In Wildwassern, welche wenigstens zum größten Teile noch
in unberührtem Urzustande belassen sind, wird man diese Stellen
leichter finden. Da sind es vor allem größere oder kleinere, im Wasser
liegende Felsen oder felsige Vorsprünge des Ufers, die nasenartig
mehr oder weniger weit in den Fluß hineinragen. Hier bricht sich
das Wasser und bildet ausgedehntere oder kleinere Wirbel und
Rückläufe hinter dem Hindernis; bestimmt aber kann man eine
Grenze zwischen ruhigerem Wasser und der Hauptströmung erkennen. In solchen Stellen haben wir den Huchen zu suchen, zuerst
in den scharfen Rinnen vor dem Hindernis, dann in dessen nächster
Nähe und nachher in den verschiedenen Abschnitten des Hinter-
wassers. Dort, wo dieses wieder in die Hauptströmung übergeht,
ist ein besonders beliebter Stand des Huchens, namentlich in den
Morgen- und Abendstunden der vorgerückteren Jahreszeit, während
er bei Tage mehr in dem ruhigen Wasser, eventuell dicht an dem
Steine steht.

Mündungen von Seitenwässern, der Zusammenschlag der
Strömung hinter Inseln oder Schotterbänken, der Überfall von
diesen, Uferbauten, besonders jene mit Faschinenwerk oder Piloten,
Uferstellen, gegen die das Wasser in schwerem Schwalle anbrängt,
wie es besonders in scharfen Krümmungen der Fall ist, von denen
das Wasser in weiteren oder engeren Wirbeln wieder abströmt; die
Tümpel unter Wehren und Schleusenanlagen; und ganz besonders
die „Kugeln", das sind große unter Wasser liegende Steine, das
sind die Stellen, welchen man die größte Aufmerksamkeit schenken
muß. Die Abb. 109 gibt eine Vorstellung von der äußeren Beschaffenheit solcher Huchenstände.

Viel hängt beim Angeln auf Huchen von der Jahreszeit, vom
Wetter und Wasserstande ab, und fast auf jedem Wasser sind die Verhältnisse und die erfolgverheißenden Faktoren grundverschieden.
Im allgemeinen gilt es als Regel, daß der Huchen mit Eintritt
der kälteren Jahreszeit zu beißen anfange. Trotzdem tritt dieser
Zeitpunkt in dem einen Fluß erst im späten November, in einem
anderen noch später ein, während wieder in einem anderen die beste
Fangzeit der Oktober ist, vorausgesetzt, daß da nicht zu warmes Wetter
herrscht.

Die Zeit des Laubfalles gilt als ungünstig, viele behaupten,
daß der Huchen zu dieser Zeit nicht beiße. Es ist ja richtig, daß
das Laub, welches sich oft büschelweise an die Haken hängt und den

Winter, Spinnangeln.   12

Köder verdeckt, möglicherweise geeignet ist, den Huchen zu ver=
grämen, und doch habe ich selbst zu dieser Zeit wiederholt gute Fische
erbeutet.

Obzwar der Huchen ein ausgesprochener Standfisch ist, so
dehnt er seine Raubzüge ziemlich weit stromauf und stromab, von
seinem Standort weg, aus. An seinem Standorte selbst lebt er
mit dem Wechsel der Jahreszeiten in verschiedenen Tiefen, je nach
dem Stande der Futterfische und den Strömungsverhältnissen.
Darum ist es sehr wichtig, sich über alle diese Punkte orientieren zu

Abb. 109.

können, um sein Verhalten am Wasser danach einzurichten. Je
höher am Tage und je weiter vor in der Jahreszeit es ist,
desto mehr muß man die tiefsten Stellen befischen. Am Morgen
und Abend geht der Fisch auf Raub, dann wird man ihn an den
seichteren Stellen zu suchen haben, zum mindesten dort, wo Tiefe
und seichte Plätze ineinander übergehen, also am Ein= und Auslauf
der Gumpen und am Rande der Schotterbänke, wo diese steil ins
Wasser abfallen, ebenso in der Nähe des Steinwurfes und am Aus=
lauf der Buhnen.

Eine große Rolle spielt auch der Wasserstand. Es gibt Flüsse,
in welchen nur bei einem gewissen Höchst= bzw. Niederwasserstande
auf einen Erfolg zu rechnen ist. Kann man diese Periode ausnützen,
dann ist es gut; muß man aber eine weite Reise zu seinem Wasser
unternehmen, wie es bei vielen der Fall sein wird, dann kann man
es erleben, resultatlos heimkehren zu müssen. Darum sind die er=

folgreichsten Huchenangler jene, die entweder unmittelbar am oder in nächster Nähe ihres Wassers wohnen, oder jene, die Zeit genug haben, den Eintritt günstiger Verhältnisse abzuwarten.

Ein weiterer, den Erfolg bestimmender Faktor ist die Eisbildung. Im Gebirge, besonders in höheren Lagen, ist diese oft eine Frage von Stunden, und der von weitem zu seinem Wasser gereiste Angler, der seinen Platz vielleicht bei warmer Witterung verlassen hat, steht am Ufer und sieht den ganzen Fluß voll Treibeis schwimmen. Zwar kann man unter Umständen gerade dann einen guten Fang machen, wenn das Eis nicht zu dick kommt und man das Herz hat, unnachsichtlich jedes Stück nicht mehr einwandfreier Leine abzureißen. Ich erinnere mich eines solchen Tages an der unteren Drau, an dem ich verschiedene schwere Huchen fing, aber auch eine neue Schnur von 100 m vollständig aufbrauchte, weil stets die untersten Meter nach einigen Würfen vom Eis beschädigt waren.

Treibt das Eis so dick, daß der Köder nicht mehr einfallen oder sinken kann, und wird das Wasser so kalt, daß die Haken sich mit Eisklumpen überziehen, dann ist's mit dem Angeln vorbei.

Eigentümlich ist auch die Erscheinung, daß in manchen Wassern die Huchen nach dem Aufhören einer längeren Frostperiode mit nennenswerten Tieftemperaturen schlecht, wenn nicht überhaupt gar nicht mehr beißen.

Das beste Huchenwetter ist kühles Wetter in den Frühherbstmonaten, Nebel und Strichregen, eventuell leichtes Schneegestöber. In der vorgeschrittenen Saison sind Temperaturen um 0° herum die besten. Klarer Frost, helle Sonne und dazu schneidender Nordost sind wenig erfolgverheißend.

Gut dagegen sind nebelige Morgen und Abende, ja in einem Wasser, das nicht allzusehr durch versunkenes Holz u. dgl. verunreinigt ist, daher die Gefahr des Hängenbleibens nicht allzu groß ist, kann man bis tief in die Finsternis hinein fischen, wenn das Ufer halbwegs begehbar ist oder man im Boot besitzt. Tauwetter, Nebelbildung, Regenfall, warmer Wind und Schneegestöber sind das den meisten Erfolg versprechende Wetter.

Vielen Huchenanglern ist das Vereisen der Ringe und das Gefrieren der Schnur eine Qual; besonders jene, welche mit dicken Leinen angeln, leiden darunter. Es ist nicht zu leugnen, daß es nicht zu den Annehmlichkeiten gehört, alle Augenblicke das Eis von den Ringen entfernen zu müssen, was um so öfter geschehen muß, je enger diese sind.

Die Schnur kann man, besonders vom Boote aus fischend, leicht vor dem Frieren schützen, wenn man die Gertenspitze bis zum Wasserspiegel senkend, eventuell hie und da eintauchend einrollt und dabei die Leine zwischen Zeigefinger und dem senkrecht auf dessen Mittelglied aufgesetzten Daumennagel ausstreift. Die beginnende Eisbildung hat noch nicht die Form von Kristallen oder Nadeln angenommen, sondern ist noch sulzig und weich, breiartig, so daß sie sich in der beschriebenen Weise leicht und ohne die Haut

12*

der Finger zu beschädigen entfernen läßt. Unerläßlich ist aber, daß die Schnur gut eingelassen ist und eventuell noch vor dem Angeln mit Schwimmfett oder dergleichen gut abgerieben wurde, so daß sie keinen Tropfen Wasser ansaugen kann.

Das auch angeratene Tränken der Leine mit Alkohol ist nicht nur kostspielig, sondern verhindert auch auf die Dauer das Vereisen nicht, ganz abgesehen davon, daß eine auch nur teilweise gefettete Leine den Alkohol nicht annimmt, so daß diese Methode höchstens für nicht eingelassene Schnüre in Frage käme.

Das erwähnte Einrollen mit zum Wasser gehaltener Gerten= spitze ist natürlich auch vom Ufer aus und erst recht beim Waten durchführbar, wenn man so nahe zum Wasser treten kann; aber wenn man es nicht kann, — und dieser Fall wird nicht zu selten eintreten, ist sogar an jenen Flüssen, deren Ufer in hohe Stein= dämme gefaßt sind, die Regel —, dann wird bei einer halbwegs tiefen Frosttemperatur früher oder später ein Gefrieren der Schnur eintreten, das dem Weiterangeln ein Ende setzt, weil die Schnur auf dem langen Wege zwischen Wasserspiegel und Rolle gefriert. Hierbei ist es ganz gleichbleibend, ob man eine Holzrolle oder eine durchbrochene Speichen= oder Magnaliumrolle verwendet.

Will man bei gefrierender Schnur die Angelstelle wechseln, so sehe man darauf, daß vorher die Leine gut ausgestreift wurde, um ein Gefrieren auf der Rolle zu vermeiden, und befreie sorgfältigst die Ringe von jedem anhaftenden Eisbelag. Vor dem nächsten Wurfe empfiehlt es sich, die Schnur erst einmal auf eine gewisse Länge von der Rolle zu ziehen und dann wieder aufzuwinden. Es könnte ja doch möglich sein, daß die Schnur irgendwo angefroren ge= wesen wäre, was dann störend auf den Wurf gewirkt hätte. Man kann auch, wenn sich das Abrollen aus irgendeinem Grunde nicht machen ließe, einen kurzen Wurf machen und dann entweder die Leine durch Abrollen verlängern oder die Wurfweite schrittweise steigern.

Die meisten Öle haben die unangenehme Eigenschaft, in der Kälte starr zu werden, wodurch der Lauf der Rolle gehemmt wird. Ich verwende im Winter zum Schmieren meiner Rolle Graphit= pulver, das mit einem Tropfen Ballistol angerieben ist, und habe nicht über Starrwerden des Schmiermittels zu klagen. Viele Angler sind im unklaren darüber, wie sie eine Huchenstelle zu be= fischen haben, ja bei sehr vielen scheint der „Weitruf“ die Seele der Huchenfischerei zu sein. Um es vorweg zu sagen: in der über= wiegenden Mehrzahl der Fälle wird man mit Würfen von 15 bis 25 m sein Auskommen finden und Würfe über 30 m gehören auch im breitesten Strom zu den Ausnahmen. Abgesehen von dem immer unsicheren Anhieb auf so weite Strecken hat man auch noch mit der Verschiedenheit der Strömung in dem Raume zwischen Gertenspitze und Köder zu rechnen, welche oft derart ist, daß eine korrekte Spannung der Schnur, die nun einmal unerläßlich ist, um einen wirksamen Anhieb zu setzen, unmöglich wird. Das von Heinz hierfür erzählte eigene Erlebnis sollte stets beherzigt werden.

Sehr viele Angler machen den Fehler, auch die besten Stellen nicht gründlich genug abzufischen. Ich gebe zu, daß es monoton und auf die Dauer ermüdend ist, von einem glatten Ufer Wurf nach Wurf in gleichmäßig dahinströmendes Wasser zu machen, in dem man fast keinen Anhaltspunkt für die Beurteilung des Standes eines Huchens hat. Anders dagegen in einem richtigen Wildwasser, in dem die Stände sich scharf auszeichnen und man unter diesen die Wahl hat.

Ein alter Huchenangler, der meine Anfängerzeit durch gute Ratschläge und Lehren beeinflußte, prägte mir bei jedem Fischfang als Grundregel ein: „Zuerst muß der Huchen den Köder sehen, dann holt er sich ihn." Er verfocht die Ansicht, der Huchen stehe am Einlauf oder am Auslauf der Strömung auf der Lauer; ein ihm zum ersten Male vorgeführter Köder, der ihm nicht gerade ins Maul rinne, veranlasse ihn, auf denselben zu passen. Erfolgt daher bei korrektem Wurfe und tadelloser Führung der Biß nicht aufs erstemal, dann müssen wir eben zwei und auch drei Würfe über die Stelle machen.

Und ich hatte oft genug Gelegenheit, mich von der Wahrheit seiner Worte zu überzeugen. Wie oft habe ich als „Nachfischender" an demselben Fleck, den mein Vorgänger zuvor oberflächlich und darum erfolglos beangelt hatte, einen guten Fisch erbeutet, lediglich durch sorgfältiges Abfischen. Allerdings waren damals die Fischstände unleugbar besser und reichlicher.

Es ist aber auch ziemlich einleuchtend, daß ein Fisch wie der Huchen, welcher in einer so scharfen Strömung und womöglich noch recht tief steht, Zeit haben muß, erst einmal einen Köder zu erblicken, und dann nochmals Zeit, ihn zu erfassen. Wird ihm aber derselbe rasch entführt und nachher womöglich ein zweites Mal nicht mehr angeboten, so kann es nicht zum Anbiß kommen.

Darum soll man auch bemüht sein, den Köder so langsam als möglich zu führen und ihn alle Wasserschichten passieren lassen. Die exakte Durchfischung der letzteren, verbunden mit der langsamen Führung, scheinen nur der hauptsächlichste Grund für die auffallende Wirksamkeit der tauchenden Köderungen wie Zopf und Wachauerflucht zu sein. Wenigstens habe ich wiederholt die Beobachtung gemacht, daß ich zuerst einen Platz mit irgendeiner Spinnflucht erfolglos befischte und gleich darauf zu einer der ersteren Methoden übergehend den Anbiß hatte.

Darum, je ausgedehnter die Stellen, desto intensiver soll man sie absuchen.

Der Anbiß des Huchens ist ganz verschieden: manchmal ein scharfer Riß, oft nur ein gleichsam tastendes Zupfen und nicht ganz selten nur ein ganz unauffälliges Halten, das den Unerfahrenen verleiten kann, an einen Hänger zu denken; und meist sind es gerade die größten Exemplare, die sozusagen zaghaft den Köder ergreifen.

Heintz rät ganz richtig: „Wenn man auch nur den leisesten

Berhalt spürt, haue man, ohne auch nur einen Bruchteil einer Sekunde zu zögern oder nachzudenken, unbedenklich an, selbst auf die Gefahr hin, seinen Haken zu verlieren!" Ich kann diesen guten Rat nur wiederholen und seine Befolgung dringendst nahelegen.

Hat der Huchen den Köder zwar ergriffen, ohne aber von dem Haken gefaßt zu werden, so kann es — frische, unpräparierte Köderfische vorausgesetzt — gelingen, ihn nochmals durch einen sofort gesetzten Wurf zu einem nochmaligen Angriff zu verleiten. Ich halte es aber für besser, diese Stelle unauffällig zu verlassen und erst nach einiger Zeit mit aller Vorsicht von neuem abzusuchen, wenn der Fisch den Vorfall vergessen hat.

Bei Verwendung von Formalinfischen oder Kunstködern verzichte man unbedingt auf die Wiederholung am selben Tage, wenn anders man nicht einen frischen Fisch oder einen Zopf anbieten kann. Und selbst da ziehe ich es vor, wenn die Umstände es erlauben, erst am nächsten Tag oder sogar nach einer mehrtägigen Pause den Fisch von neuem anzugehen.

Ich möchte da ein eigenes Erlebnis als Beispiel erzählen.

Ich war einmal zu einem mehrtägigen Aufenthalte an das Fischwasser eines Angelfreundes geladen. Gleich an der oberen Grenze dieses Wassers mündete ein ziemlich starker Bach und dort vermutete ich einen guten Fisch. Ich warf meinen Blinker — diese waren damals noch recht neu — von oben her über den Strom und ließ ihn dem Zusammenschlag der beiden Wasserläufe zutreiben, als ich in dem klaren und nicht zu tiefen Wasser einen großen Schatten meinem Köder stets in gleichem Abstande folgen sah. Nach einer Weile gab der Fisch die Verfolgung auf und sank zur Tiefe. — Ich fischte den Wurf regelrecht zu Ende und verließ den Platz mit dem Bootsführer, der den Vorgang auch bemerkt hatte. Im Verlaufe der Diskussion des Falles erfuhr ich, daß am Vortage ein anderer, inzwischen abgereister Gast den Fisch, der ihm auf einen Formalinfisch gestiegen war, verfehlt und leider demselben nachher wiederholt einen solchen sowie Blinker angeboten hatte. Der alte Bootsmann meinte: „Der frißt heuer keine „eingelegten" Fische mehr und kein Blech auch nicht", — was ich nach dem Erlebten und Gehörten keinen Augenblick länger bezweifelte. Aber wenn es mir gelang, einen Zopf aufzutreiben, dann wäre es möglich, auf alle Fälle aber beschloß ich, die Stelle absolut in Ruhe zu lassen. Am dritten Tage kam ich in den Besitz von drei Neunaugen und am vierten Morgen war ich schon bei Tagesgrauen zur Stelle; auf den zweiten Wurf hatte der Fisch schon zugebissen und fiel mir nach einem längeren Drill auch glücklich zur Beute.

Ich bin überzeugt, ich hätte ihn nie bekommen, wenn ich ihn in der Zwischenzeit mit der Vorführung anderer Köder behelligt hätte.

Spätere, vielfach gleiche Beobachtungen und Erfahrungen bei anderen verprellten Fischen haben mich von der Richtigkeit meiner Annahme überzeugt.

Sehr verschieden ist das Verhalten des Huchens nach dem Anhieb.

Die kleinen Fische fangen gewöhnlich schnell an sich zu wehren, gehen gewöhnlich rasch zur Oberfläche und versuchen sich dort zu wälzen. Mit einem Huchen von 6—8 Pfund an dem starken Geräte wird man nicht viel Aufhebens machen und sich kaum in einen nennenswerten Kampf einlassen.

Der große Fisch dagegen bleibt fast immer im Momente des Anhiebes und auch einen Augenblick nach diesem stehen, gleichsam überrascht von dem unvermuteten Festgehaltenwerden. Diesen Augenblick muß der Angler ausnützen, die Rolle durch Vorlegen der Rolle sperren und die Gerte in Kampfstellung bringen. Im Anhieb hat der Angler das Gefühl, seine Haken in einen unbekannten Widerstand eingehauen zu haben, nur ein gleichmäßig schwerer Zug an der Leine gibt ihm kund, daß es kein Stein und kein Holz war, ab und zu ein Rütteln in der Tiefe zeigt, daß der Gegner sich zum Kampfe rüstet, und auf einmal geht dieser los, wild und unaufhaltsam zieht der Fisch mit der Leine ab, daß die Rolle singt und die Gerte sich zum Halbkreis biegt; hin und her gehen seine Fluchten, immer noch unter Wasser, bis auf einmal ein mächtiger, kupferig leuchtender Körper sich nach oben wälzt und eine mächtige Schweifflosse wütend das Wasser zu Schaum schlägt. Das Spiel kann sich wiederholen, bis der Widerstand des Recken gebrochen ist und er willig dem Zuge der Leine gehorchend sich uferwärts führen läßt.

Trotz allem, solange der Fisch den Angler nicht sieht, kämpft er nur gegen das Unbekannte, das seine Bewegungsfreiheit behindert, und gegen den Willen, welcher das Unbekannte beherrscht. Darum ist es ein weises Gebot, den Kampf recht weit draußen sich abspielen zu lassen, schon einmal, weil man mit langer Schnur deren Elastizität bis aufs äußerste ausnützen kann, ja auch schon ihr Gewicht auf den Fisch hemmend wirkt und ein Reißen oder Abprellen bei wütenden Fluchten, Schlagen oder Springen ausgeschlossen ist. Daß man trotzdem den Fisch stramm und die Leine gespannt hält, so daß die Führung und der Kontakt nie verlorengehen, ist selbstverständlich, wird auch durch noch soviel ausgelaufene Leine nicht alteriert. Kommt einem doch einmal draußen ein Fisch ab, so ist er sicherlich nicht vergrämt, wenn er den Angler nicht vorher sah. Vielfach hat er vielleicht gar nicht das Bewußtsein gehabt, gefangen gewesen zu sein und das Ungewohnte der Situation ist ihm gar nicht klar geworden. Daß ein solcher Fisch gern und unbesehen den gebotenen Köder früher oder später wieder nimmt, ist nicht zu verwundern, und das von Heinz wiedergegebene Erlebnis mit dem abgekommenen Huchen wird vielleicht mancher Angler aus seiner Praxis auch bestätigen können.

Ein Unsinn ist es, einen Fisch selbst nur mittlerer Größe bei ungebrochener Kraft in voller Fahrt „zu halten", statt ihm Leine zu geben, erst recht auf nahe Entfernung. Abgesehen von der ganz unnötigen Beanspruchung und Überanstrengung von Gerte und

Leine, nicht minder auch der Vergeudung der eigenen Körperkraft, riskiert man nicht nur einen unheilvollen Bruch am Geräte, sondern erreicht in vielen Fällen das Gegenteil seiner Absicht: statt den Fisch durch seine eigenen Abwehrbewegungen und Anstrengungen zu ermüden, reizt man ihn zum tollsten Kampfe, schon gar, wenn er, vorzeitig zur Oberfläche forciert, den Angler erblickt.

Bei den Huchenanglern der alten Ära spielt das „Halten" des Fisches eine große Rolle. Mit schweren, überstarken Gerten und dicksten Leinen angelnd, vielfach ohne Rolle, nur vom Aufschlag= brettchen Schnur gebend und einziehend, legen diese Angler, deren es auch heute noch genug gibt, keinen Wert auf seinen Drill, sondern trachten, den Fisch so rasch als möglich heraus oder wenigstens an den Gaff zubekommen.

Nun, Sport ist das nicht, und oft genug endet das „Halten" trotz dem überstarken Zeug mit dem Sieg des Fisches. Ich will damit nicht gesagt haben, daß ich allzu feinem Geräte das Wort geredet haben will und den Kampf, bis zur Unendlichkeit hinausgezogen, als besonders lobenswert oder sportmäßig hinstelle; weder das eine noch das andere liegt mir im Sinn.

Aber ich will meinen Fisch nicht durch rohe Gewalt bekämpfen, will auch die Freude an der eigenen Mitarbeit und an der Arbeit meiner Gerte und Schnur genießen und trotzdem den Verzweiflungs= kampf einer um ihr Leben fechtenden Kreatur so kurz wie möglich gestalten, indem ich ihn beende, sobald es die Umstände erlauben.

Es kann vorkommen, daß durch einen unglücklichen Zufall ein guter Fisch verloren geht, selbst bei der besten Ausrüstung des Ang= lers. Aber dieser Fall darf nicht künstlich herbeigeführt werden durch rohe gewalttätige Führung und nicht durch prinzipielle Ver= wendung von zu feinem Geräte, das mir keine Zwangsmaßnahmen gegen den widerstrebenden Fisch erlaubt. Wenn es schon bedauer= lich ist, daß wir unserem Wilde nicht wie der Jäger auf der Spur folgen können, wenn es nicht auf der Strecke bleibt, und selbst diesem passieren es trotz gewissenhafter Nachsuche, daß er ab und zu ein Wild verliert —, dann dürfen solche Fälle nicht auch noch durch eine mißverstandene Auffassung von Sport provoziert werden. Dazu ist unser Wild viel zu edel und — Gott sei's geklagt — nicht mehr zahlreich genug, als daß wir vor unserem Gewissen derartiges Tun verantworten könnten.

Den Huchen landen wir am besten mit dem Gaff. Es gibt zwar eine Anzahl Angler, welche ihn — am Ufer selbstredend — stranden und mit den Händen durch Eingreifen in die Kiemen und Fassen am Genick herausheben. Ich gebe zu, daß dieser Vorgang viel Geschick und Kaltblütigkeit erfordert, ich habe es auch selbst in einigen Fällen machen müssen, weil mein Gaff nicht zur Hand war, und der Fang hat mich doppelt gefreut; aber als „Methode der Wahl" möchte ich das Verfahren nicht empfehlen, am wenigsten nervösen und aufgeregten Leuten und ungeübten Anglern.

Vom Boot aus wird man wohl nur den Gaff in Anwendung

bringen können, höchstens noch ein außergewöhnlich starkes und groß dimensioniertes Unterfangnetz, wie es mancherorts auch üblich ist.

Den erbeuteten Huchen tötet man am besten durch den Stich ins Genick, nachdem man ihn vorher durch einen Schlag auf die Stirn oberhalb der Augen betäubt hat. Die Ausführung des Genickstiches habe ich im Kapitel über den Hecht ausführlich geschildert.

Der Wels (Waller oder Schaiden).

Bis in die letzten Jahre galt dieser Fisch als ein für die Spinnangel nicht in Betracht kommendes Fangobjekt. Wohl dürften hie und da vereinzelte Exemplare am Spinner erbeutet worden sein, doch verlautete nirgends etwas darüber. Ob es an der Aversion eines Großteiles der Anglerschaft liegt, überhaupt etwas zu publizieren, oder sonstwie mit anglerischen Fragen und Erfolgen in die Öffentlichkeit zu treten, oder an dem Egoismus der einzelnen, oder an der Mangelhaftigkeit unserer früheren Fachpresse, das will ich hier nicht entscheiden. Ich kann mich nur an eine Veröffentlichung eines einzigen Wallerfanges erinnern, das war, wenn ich nicht irre, gegen Kriegsende. Und dieser Fisch wurde gelegentlich einer Schleppangelfahrt auf irgendeinem Alpensee erbeutet.

Die Hinweise von Heintz auf die sportlichen Möglichkeiten beim Spinnen auf Welse in der speziellen Absicht, nur diese zu erbeuten, scheinen mir im allgemeinen unberücksichtigt geblieben zu sein, denn soweit ich die Mitteilungen aus Anglerkreisen der Nachkriegszeit verfolgen kann, fließen die Berichte über Fänge mehr als spärlich.

Es mag ja sein, daß die Erfahrung in diesem Zweige des Angelns noch zu gering ist, als daß sich Angler leichten Herzens entschließen könnten, einem sehr ungewissen Erfolge zuliebe Geld und Zeit zu opfern. Und nach alledem, was wir über die Fangmöglichkeiten wissen, sind diese örtlich und zeitlich recht beschränkt, so daß es keinem zu verargen ist, wenn er seine Freizeit oder seinen Urlaub aussichtsreicherem, wenn auch bescheidenerem Sport widmet.

Wie der Gewährsmann Heintz's, der an der oberen Donau zuhause ist, berichtet, sind zu einem aussichtsreichen Fang vor allem zwei Umstände maßgebend: Niederwasser und hohe Temperaturen, bzw. direkte Gewitterschwüle. Also ein heißer Sommer mit anhaltender Trockenheit, die den Wasserspiegel auch der größten Ströme ausgiebig senkt.

Diese Tatsache kann ich auch bestätigen, denn meine eigenen Fänge von Wallern erfolgten jeweils in den Jahren von ausgesprochener Trockenheit und im heißesten Hochsommer. Ich habe meine ersten Welse im Jahre 1898 in der Elbe gefangen, welche damals im August einen derart niederen Wasserstand hatte, daß fast die ganze Schiffahrt eingestellt werden mußte. Dann fing ich die nächsten erst wieder im Jahre 1904.

Allerdings fing ich sie alle an der Grundangel, bzw. der Pater=
nosterangel mit lebendem Fisch als Köder, und fast durchwegs bei
Nacht.

Auffallend ist, daß mir zu jener Zeit nie ein Wels auf die Spinn=
angel biß, trotzdem wir fleißig auf Hechte und Zander damit fischten.

Nun, sei dem wie es wolle, die Donau ist eben ein ganz
anderes Gewässer als die Elbe, und es bliebe abzuwarten, wie sich
die Erfahrungen des Anglers an der Donau, dessen Fangmethoden
und Beobachtungen Heintz wiedergegeben hat, an den so ganz
anders gearteten Flüssen und Strömen Norddeutschlands oder Polens
bewähren, wo besonders der Dnjestr als sehr reich an Welsen be=
kannt ist.

Jedenfalls steht das eine fest: Hochsommerliche Hitze, womög=
lich mit Gewitterbildung, und möglichst niedriger Wasserstand sind
die Vorbedingungen für einen Erfolg hier und dort. Von beson=
derem Vorteil wird es sein, Wallerstandplätze überhaupt zu kennen,
bzw. diese Fische, von deren Leben wir eigentlich nicht zuviel wissen,
beim Jagen ausmachen zu können.

Richtig gesagt: wir wissen überhaupt nicht einmal mit Sicher=
heit, ob der Wels ein ausgemachter Standfisch ist wie andere Raub=
fische. Und jagen sieht man ihn im allgemeinen auch nicht allzu
häufig, ebensowenig wie im Strom stehen, da ja die meisten großen
Wasserläufe selten klar genug sind und ebenso auch die Seen, in
denen er vorkommt.

Soweit ich beobachten konnte, jagt der Wels nicht wie Hechte
oder auch Huchen usw. über Wasser schlagend, sondern sein Vor=
handensein zeigt sich dadurch an, daß der Wasserspiegel sich wölbt,
als ob eine ungeheure Kochblase aufsteigen würde, ohne daß der
Fisch selbst oder Teile von ihm sichtbar würden. So habe ich die
Waller jagen sehen, will aber von den wenigen Malen, an denen
ich dieses Phänomen beobachten konnte, absolut nicht behaupten,
daß es nicht auch anders sein könnte, da ich diese Beobachtungen
nur an Gewässern der Ebene gemacht habe.

Das Geräte zum Fange unserer Fischriesen wird im allge=
meinen dasselbe sein wie zum Spinnen auf Hechte oder Huchen,
nur wird man auf beste Qualitäten von Schnur und Vorfach=
material achten müssen und in Anbetracht der eminenten Kampfkraft
des Fisches mindestens eine Vollänge von 100 m Leine auf die Rolle
nehmen.

Wenn Heintzens Gewährsmann kleine Hechtblinker von 6 bis
7 cm Länge als die richtige Größe empfiehlt, so pflichte ich dem
gerne bei, da nach meinen Erfahrungen die kleineren Blinkergrößen
auch bei anderen Fischen die wirkungsvolleren sind. Ob nicht auch
andere Köder, wie der „fliegende Löffel" usw., brauchbar sind, muß
erst erprobt werden, ebenso dürfte sich gegebenen Falles ein Ver=
such mit den amerikanischen Oreno= usw. Schwimm= und Tauch=
ködern empfehlen.

Die Verwendung von stärkeren Drillingen oder Haken als jene, mit denen die kleinen Blinker usw. gewöhnlich montiert sind, ist unbedingt anzuraten. Wenn auch die Haken in dem fleischigen Maule und Rachen des Welses ausgezeichnet eindringen und festhalten, so daß ein Ausschneiden kaum zu befürchten ist, so ist andererseits die Gefahr des Aufbiegens bzw. Brechens bei dünndrahtigen Haken sehr naheliegend, weshalb man unbedingt „extrastarke" Hakensorten wählen soll.

Des weiteren wäre die Frage diskutabel, ob sich unter gegebenen Verhältnissen in strömendem Wasser die „Harlingfischerei", über deren Technik ich im allgemeinen Teile dieses Buches eingehend gesprochen habe, nicht hervorragend zum Fange des Wallers eignen würde. Man hätte dabei schon den einen Vorteil, daß man selbst ein so gewaltiges Wasser wie Donau oder Elbe von einem Ufer zum andern gründlich befischen könnte, dabei jedem Fische innerhalb der Reichweite der ausgelaufenen Leine den Köder anbietend, und vor allem dies erreichen kann, ohne sich durch eine ununterbrochene und auf die Dauer monotone Wurftätigkeit vor der Zeit zu ermüden. Wenn diese Fahrt von zwei Anglern gemacht wird, kann man es versuchen, mit verschiedenen Ködern, z. B. einem Blinker und einem natürlichen Fisch, an einer Flucht zu fischen und so eventuell die Chancen zu verdoppeln.

Da der Wels im Kampfe lange und scharfe Fluchten macht, wird der vom Boote aus Angelnde im Vorteil sein, da er dem flüchtenden Fische besser folgen kann und weniger Gefahr läuft, unter Umständen seine ganze Schnur ausgeben zu müssen als der Uferfischer. Für das Angeln vom Boote aus dürfte sich die Überkopfgerte besonders eignen, schon deswegen, weil man sich bei ihrem Gebrauche weder beim Wurf noch beim Drill vom Sitze zu erheben braucht, was bei Verwendung einer längeren Gerte schier unerläßlich ist. Daß die persönliche Sicherheit für den sitzenden Angler namentlich auf einem großen Gewässer mit starker Strömung und Wirbeln eine unvergleichlich höhere ist als für den im schwankenden Boote stehenden, braucht nicht besonders betont zu werden; doppelt gilt das, wenn am anderen Ende der Leine ein mächtiger Fisch mit unheimlicher Kraft kämpfend hängt.

Der Wels reagiert gewöhnlich auf den Anhieb mit einer weiten, sausenden Flucht, je nachdem stromauf, stromab oder quer hinüber zum anderen Ufer, und dann beginnt er sich mit seinem ganzen Gewicht in das Zeug zu legen, so daß dem Uferfischer nichts übrig bleibt als zu folgen. Nicht selten bohrt er in den Grund und bei schweren Fischen, sagen wir von 20 und mehr kg ist es fast unmöglich, ihn zu heben. In vielen Fällen muß man unweigerlich warten, bis er wieder zu gehen beginnt.

Ebenso unmöglich ist es, den Fisch zu „halten" bzw. zu wenden. Letzteres wenigstens solange nicht, als er noch halbwegs bei Kraft ist. Der Drill eines schweren Welses ist nicht nur aufregend und wegen des ungewissen Ausganges spannend, sondern auch langdauernd und sowohl an die Güte des Angelzeuges als auch an die

Muskelkraft und Ausdauer des Anglers selbst mitunter die höchsten Anforderungen stellend. Ich erinnere mich eines Drills, der fast eine Stunde dauerte, trotzdem der Fisch nur wenig über 20 kg wog; ich war nach demselben aber effektiv ausgepumpt, da ich mit dem Fische eine Strecke von fast einem Kilometer wiederholt strom=auf, stromab, zuweilen sogar laufend zurücklegen mußte.

Der Angler im Boote hat die besseren Chancen, ja unter Um=ständen kann er sogar das Boot selbst als Kampfmittel ins Gefecht stellen; unter allen Bedingungen aber schont er seine Körperkraft und auch seine Geräte, welche durch das Folgen im Boote viel weniger Beanspruchung auszuhalten haben.

Hat man den Fisch müde gekämpft, dann darf man an die Landung denken, aber auch erst dann.

Nicht immer und nicht überall liegen die Uferverhältnisse so günstig, daß man den ermüdeten Fisch mit dem Unterkiefer stranden bzw. ihn auf den Sand oder sonst einen flachen und ebenen Grund herausschleifen kann. In solchen Fällen kann man die endgültige Bergung des Fisches dann in der Weise durchführen, daß man sich mit gespannter Schnur an ihn heranhandelt und mit dem Daumen in seinen Mundwinkel eingehend und mit der Hand den Unterkiefer umfassend ihn vollends ans Land schleppt. Mit den kurzen Hechel=zähnen ist der Wels nicht imstande, den Angler zu verletzen.

Nicht immer aber liegen die Verhältnisse so günstig. Dann wird sich die Anwendung eines Landungsgerätes als beinahe un=abweisliche Notwendigkeit ergeben.

So wenig ich ein Freund der Harpune bin, wenigstens soweit die Fischerei im Süßwasser in Betracht kommt, für den letzten Kampf mit dem Waller lasse ich sie unbestritten gelten.

Ich denke immer noch daran, wie ich dem Fische, dessen Drill ich vorhin erwähnte, förmlich hilflos mit meinem Gaff gewöhnlicher Größe gegenüberstand, weil der enge Bogen zwar für das Ein=schlagen in den Leib eines stattlichen Hechtes oder Huchens genügte, aber nicht für den drehrunden Leib meiner Beute. Vielleicht hätte ich den Fisch nach aller Anstrengung noch verloren, wenn nicht mein Begleiter eine Harpune zu holen Gelegenheit gehabt hätte. Nach dem Einstechen derselben machte der Waller noch einige wütende Tauchbewegungen, aber der Harpunenschaft wirkte ihnen kraftvoll entgegen und beschleunigte das Ende des Widerstandes. Besonders beim Fischen vom Boote erscheint mir das Harpunieren wertvoll. Ein Gaff für den Waller muß schon gehörig groß dimensioniert sein, etwa von der Größe jener, welche man zur schweren Seefischerei verwendet. Trotzdem ziehe ich da wie dort die Harpune vor, denn wenn diese einmal im Leib des Fisches sitzt, dann hält sie ihn un=weigerlich fest, gestattet auch unter schwierigen Verhältnissen ein besseres Einholen, da sie nicht aus dem Körper herausgleiten kann, wie ein Gaff es mitunter trotz eines Widerhakens tut, ganz abge=sehen davon, daß ein senkrechter Stoß von oben nach unten immer sicherer und kräftiger geführt werden kann und die Waffe viel besser einbringen läßt als das seitliche Einschlagen eines Hakens, schon gar, wenn die Eindringungsfläche rund und glatt ist.

Der Wels wird auch an der Schleppangel gefangen und Heinß hat den Vorschlag gemacht, seinen Fang mit dieser und kleinen Blinkern zu versuchen — ob es geschehen ist? Bisher konnte ich es nicht in Erfahrung bringen, leider durch die Ungunst der Verhältnisse auch nicht selbst erproben. Aber doch ist die Sache dort, wo Waller verhältnismäßig häufig vorkommen, unter günstigen Bedingungen zu versuchen.

Jedenfalls bedeutet das Spinnangeln auf Welse eine Bereicherung unseres sportlichen Programmes und sollte von jenen, welche die Möglichkeit hierzu haben, intensiver ausgenützt werden, wenn Wasserstand und Jahreszeit günstig sind.

Die Seeforelle.

Das geographische Verbreitungsgebiet der Trutta lacustris beschränkt sich ausschließlich auf die Seen der Alpen, sowohl der Nord- wie der Südalpen. Sie fehlt den Gewässern der nordwärts daran gelegenen Länder und vor allem in England. Das zu wissen ist wichtig, um von vornherein Verwechslungen zu vermeiden mit jenem Fisch, welchen die Engländer mit „Lake Trout" oder „Great Lake Trout" bezeichnen.

Das Äußere unseres Fisches zeigt einen gedrungenen Leib, der infolge des gering ausgesprochenen seitlichen Zusammengedrücktseins beinahe den Eindruck der Plumpheit macht. Die Farbe des Rückens ist ein dunkles Graublau oder auch Grüngrau, die der Seiten zeigt helle leuchtende Silberfarbe, die am Bauche in stumpfes, kreidiges Weiß übergeht. An den Seiten sowohl des Kopfes wie des Rumpfes sieht man verschieden zahlreiche schwarze Flecke, selten rund, meisteckig, x-förmig, auch sternförmig.

Diese Färbung und Zeichnung macht die Seeforelle sowohl dem Lachse (Salmo salas) als auch der Meerforelle (Trutta trutta) ziemlich ähnlich. Ja sogar die gewöhnliche Bachforelle gleicht zuweilen in manchen Gegenden der Seeforelle derart, daß eine exakte Unterscheidung sehr schwierig ist. Eine sichere Unterscheidung gewährleistet nur die Bezahnung des Vomer. Am Vomerstiel der Seeforelle stehen die Zähne vorn meist in einfacher, hinten in doppelter Reihe. Selten stehen die Vorderzähne durchwegs einreihig, aber noch seltener zweireihig.

Letztere Anordnung ist aber die Anordnung bei der Bachforelle. In unseren Gegenden wird man sicher nicht in die Lage versetzt werden, eine Unterscheidungsdiagnose zwischen der Seeforelle und der Meerforelle machen zu müssen, da hierfür alle geographischen und zoologischen Vorbedingungen entfallen, weshalb ich dem Leser die ihn vielleicht verwirrenden Bezahnungsunterschiede und die Verschiedenheiten in der Bildung des Stirnfortsatzes zu erörtern erübrige.

Die sog. „Schwebforelle" oder „Maiforelle", in manchen Gegenden auch „kleiner Silberlachs" oder ganz falsch geradezu „Lachs" benannt, wird als eine besondere Form der Seeforelle angesehen, welche angeblich steril sein soll, wofür jedoch kein Beweis vorliegt. Die Annahme, daß es Jugendformen der Seeforelle sind, welche das Stadium der Laichreife noch nicht erreichten, ist viel wahrscheinlicher. Es sind das Fische, die einen leuchtenden Silberglanz an den Seiten zeigen, mit nur wenig, mitunter auch gar keinen Flecken. Ich habe solche wiederholt in der Traun in verschiedenen Größen gefangen. Es ist nur zu verwundern, daß es noch niemand der Interessenten für wert gefunden hat, diesen Fisch bzw. seine Entwicklung in geeigneten Behältern zu beobachten. Denn wenn der Fisch wirklich steril wäre, so wäre die Frage naheliegend: erstens, warum ist er steril, und zweitens, woher kommen die verschiedenen Größen der erbeuteten Exemplare?

Es ist doch nicht gut anzunehmen, daß die Natur von einer Rasse sterile Individuen produziert. Es müßte sich doch gerade nur um pathologische Formen handeln, deren möglicherweise vereinzeltes Vorkommen man ja zugeben kann, für deren Auftreten in Menge man aber eine Erklärung finden müßte, die begründeter wäre als die bloße Annahme: Es ist eben eine sterile Form.

Die Seeforelle ist ein ausgesprochener Raubfisch, dessen Hauptnahrung die Renken und Lauben bilden. Sie ist sehr rasch- und großwüchsig, denn sie wird bis 50 Pfund schwer.

Ihre Laichzeit fällt in die Monate November und Dezember. Zu dieser Zeit steigt sie in die Neben- und Zuflüsse auf, um dort zu laichen; wo diese aber fehlen, laicht sie in ihrem See an den Grundquellen derselben.

Es ist beklagenswert, daß ihr gerade bei ihrem Aufstieg zu den Laichplätzen in den Flüssen so stark und leider nicht immer in der guten Absicht, bloß ihre Laichprodukte behufs gesicherter Aufzucht zu gewinnen, nachgestellt wird, wodurch auch sie sichtlich an Zahl abnimmt. Sportlich wird sie wegen ihrer Kampfesfreude und kraftvollen Gegenwehr dem Lachse gleichgestellt.

Für den Spinnangler kommt sie allerdings nur in Frage, solange sie hoch steht, das sind in den Seen der Nordalpen die Monate April bis etwa Mitte Juni, in jenen der Südalpen Dezember bis März, ferner noch in jenen Flüssen, in welchen sie zum Laichen aufsteigt, nach Beendigung desselben durch etwa 14 Tage, wenn sie wieder an ihre Standorte im See zurückwandert.

Die Ausrüstung zum Spinnangeln wird je nachdem eine leichtere ein- oder zweihändige Spinngerte sein; für das Angeln vom Boote aus dürfte die Überkopfgerte den Vorzug verdienen. Schnur und Vorfach seien so fein, aber auch so haltbar wie möglich. Dieser Forderung wird der feine gesponnene Stahldraht oder die Stahlseide am besten entsprechen. Auch die Köder wähle man, besonders in Seen, nicht allzu groß und montiere sie an möglichst unauffällige Fluchten und mit den möglichst feinsten Haken mit haarscharfen Spitzen.

Angelt man mit künstlichen Ködern, so gilt von ihnen dasselbe. Nur in den Flüssen darf man etwas größere und schwerere Köder verwenden, von denen einer, der sog. „Reußspinner", wegen seiner Schwere und guten Rotierens sehr beliebt ist. Überhaupt vermeide man auffällige Bleibeschwerungen, weshalb es besser ist, diese im Leibe des Köders zu verbergen oder, wenn man künstliche verwendet, diese entsprechend schwer zu nehmen.

Über das Spinnen im strömenden Wasser ist nicht viel zu sagen. Im See dagegen wird man schwerlich aufs Geratewohl ausfahren und werfen, sondern trachten auszumachen, wo eine Seeforelle jagt, diesen Ort dann vorsichtig anzufahren und sorgfältig nach allen Richtungen hin abzufischen. Pfrillen oder kleine Lauben an einem Röhrchensystem oder Zelluloidturbinenspinner, Idealwobbler u. ä. dürften das Empfehlenswerteste sein.

Eine jagende Seeforelle schlägt mehrere Male hintereinander auf, wobei man den Rücken und die Schwanzflosse über Wasser sehen kann.

Sie kommt außer in den vorgenannten Monaten auch später noch zur Oberfläche, besonders frühmorgens bis zu Sonnenaufgang, am späten Abend, nach länger anhaltenden Regenperioden, am sichersten aber vor und nach Gewittern.

Im großen und ganzen kann man aber sagen, daß die Chancen, sie zu solchen Zeiten und auf diese Art zu erbeuten, keine allzu großen sind, wenigstens in den meisten Alpenseen des Nordens.

Bessere Aussichten bietet die Schleppangel mit der Handleine, welche man übrigens mit der von der Gerte aus verbinden kann, Jedenfalls ist die Schleppangel dann vorzuziehen, wenn die Seeforelle sich aus dem ihr zu warm gewordenen Wasser der Oberfläche in die Tiefe zurückzieht, wo sie dann hauptsächlich von Coregonen lebt. Da diese wieder in jenen Schichten leben, in denen das Plankton am reichsten ist, hat man einen Anhaltspunkt für die jeweils zu erreichende Tiefe. Wer ein Planktonnetz zu handhaben versteht, der kann sich selbst die Tiefe bestimmen, andernfalls muß man sich an die Angabe der Berufsfischer halten, wo dieselben ihre Renken fangen.

Allerdings ist die Aussicht auf große Fänge in der warmen Jahreszeit durch verschiedene Faktoren beeinträchtigt: Vor allem steht die Seeforelle, die sich von den Anstrengungen der Laichzeit völlig erholt hat, förmlich in der Mast, so daß sie bei dem Futterreichtum nicht mehr so leicht an die Angel geht. Hauptsächlich aber steht dem Fang die Trübung der meisten Alpenseen zur Sommerszeit im Wege, was sich besonders beim Fischen in größerer Tiefe unangenehm auswirkt, da die Köder vom Fische nicht oder wenigstens nicht gut gesehen werden können.

An den Seen der Nordalpen herrschen zur besten Zeit, d. i. März bis April, nicht immer die angenehmsten Wetterverhältnisse, und daß Sitzen und Fahren im Boote gehört zu dieser Zeit nicht zu den vergnüglichsten Sachen. Anders liegen die Verhältnisse in den südlichen Alpenseen, in welchen die Fangzeit schon Mitte Dezember beginnt und im März die Höhe erreicht.

Zum Schleppen in höheren Wasserschichten bedient man sich, wie schon erwähnt, mit Vorteil der Gerte, mit Zuhilfenahme eines in die Schnur eingefügten Gleitbleies oder aber der Handleine, mitunter beider gleichzeitig.

Die von Heintz empfohlene, mit 10 m Drahtschnur und zwei Seitenangeln nebst einem Senker von 30—250 g Gewicht an einer separaten, 2 m langen Drahtschnur hat sich mir hervorragend bewährt. Man beginnt am besten mit einem 100—120 g schweren Senker zu schleppen. Hat man die Bisse an der unteren Seitenangel, dann kann man das Senkergewicht erhöhen, umgekehrt vermindern, wenn die obere Seitenangel die begehrtere ist. Die Handleine soll ca. 70 m lang sein; 50 m annähernd läßt man sie mit der Drahtschnur auslaufen, den Rest behält man als Reserveschnur im Boote. Die Seitenangeln bestehen entweder ganz aus Lachsgut bester Qualität oder aber aus doppelt gedrehtem Gut bis auf die untersten 1—1½ m, die unbedingt aus einfachem Gut zu knüpfen sind. Da es nicht ausgeschlossen ist, daß auf diese höchstens 10—12 m tief laufende Angel auch ein Hecht beißt, ist es ratsam, die Haken der Fluchten an gesponnenem Stahbraht zu befestigen. Ich halte es für einen Vorteil, noch zwischen Köder und Gut ein ca. 10 cm langes Stück eines einfachen feinen Stahbrahtes einzuschalten, um jede Beschädigung des Gutes durch das Gebiß des Hechtes auszuschließen.

Die untere Seitenangel kann bis zu 10 m, muß aber mindestens 8 m lang sein, für die obere ist eine Länge von 6 m genügend.

Zum Fange der in der wärmeren Jahreszeit tiefstehenden Seeforellen bedient man sich der von Heintz angegebenen Tiefseeangel mit 3 Seitenangeln und fischt in der Tiefe, in welcher die Renken stehen.

Wenn der See von einem Fluß durchströmt wird, behält dieser erfahrungsgemäß sein Bett im Seegrunde bei. Den Verlauf desselben genau zu kennen, ist von großem Vorteil für den Schleppangler, da die Seeforellen sehr gerne hier ihre Stände haben.

Außer den vorher schon angeführten natürlichen Ködern eignen sich auch die verschiedenen Blinker hervorragend. Fangen doch die Berufsfischer an den italienischen Seen die Seeforellen zentnerweise ausschließlich mit solchen. Daß diese Blinker aus leichtem Bleche hergestellt sein müssen, ist wohl selbstverständlich, ebenso daß sie tabellos funktionieren müssen.

Bezüglich der Bewehrung mit Haken sind die Meinungen geteilt. Die einen verfechten leidenschaftlich die Ansicht, daß zum Fange der Seeforelle seitliche Drillinge eine unerläßliche Notwendigkeit seien; die anderen verzichten darauf. Heintz sagt, daß er eigentlich nie diese Notwendigkeit empfunden habe, und verweist auf die oberitalienischen Fischer, die auch nur mit einem Drilling ihr Auskommen finden. Auch ich stehe auf dem Standpunkte, daß

ein Drilling genügt, mag auch vielleicht einmal ein Fehlbiß vorkommen; es ist dann immer noch kein Beweis dafür, daß er nicht
vielleicht auch bei Verwendung des Seitendrillings passiert wäre.
Andererseits ist und bleibt ein Drilling am Blinker oder an der
Flucht entschieden immer unsichtlicher als eine Vielzahl derselben,
welche für einen so scheuen Fisch wie die Seeforelle immer etwas
Auffallendes sein muß.

Der Drill einer Seeforelle ist ungemein aufregend; ihre scharfen
Fluchten, ihr Bestreben zu springen, halten den Angler stets in
Atem. Mit der Gerte pariert man ihre Kampfmethoden bei einiger
Erfahrung und Kaltblütigkeit leichter als mit der Handleine. Bei
Verwendung letzterer ziehe man stets so tief wie möglich ein, damit
die Leine und der Senker ihr Gewicht möglichst zur Wirkung bringen
können und der Fisch vor allem am Springen aus dem Wasser
gehindert wird. Um die scharfen, oft unberechenbaren Fluchten zu
parieren, ist es angezeigt, stets weite Kreise zu fahren, um die
Schnur vor einer plötzlichen gewaltsamen Zerrung zu bewahren.
Beim Einziehen, das man erst vornehmen soll, wenn der Fisch
sichtlich abgekämpft ist — aufkommende leere Seitenangeln hängt
man am besten aus. Das schützt am sichersten vor Verwirrungen
und anderen unliebsamen Störungen. Zum Boote führt man den
Fisch erst nach vollständiger Erschöpfung und leite ihn vorsichtig ins
Netz oder zum Gaff. Zur Schonung des edlen Fisches ist der von
den Gardaseefischern verwendete dreizinkige Gaff empfehlenswert.
Manche Fischer werfen den Fisch lebend ins Boot, indem sie mit
der Hand seine Schweifwurzel umklammern, was aber viel Übung
und Sicherheit voraussetzt.

Der Saibling.

Sein Verbreitungsgebiet beschränkt sich in Mitteleuropa auf
die in den Nordalpen und deren Abhängen und Vorlagen gelegenen
kalten Seen. Dann findet man ihn erst wieder in den Seen Schott-
lands, Finnlands, Skandinaviens, in Island und in Rußland. Der
Saibling hat ein typisches Äußere. Junge Fische sind von mehr
gestrecktem, seitlich zusammengedrücktem Körper, die älteren, besonders die der großwüchsigen Rasse, sind breit, besonders wird es
der Bauch, der sich oft so stark entwickelt, daß der Fisch beinahe un-
förmig aussieht. Das ist die Form des sog. „Wildfangsaiblings".

Der Rücken zeigt graublaue Färbung, oft nach den Seiten
ins Smaragdgrüne übergehend, während der Bauch durch seine
orangerote Farbe auffällt. An den Seiten sieht man blaßrote, aber
auch weißliche Flecken und Tupfen. Die Flossen sind gelblich oder
orangerot, die paarigen weiß gerändert; hinter dem weißen Rand
verläuft ein weißer Streifen.

Heintz beschreibt einen dem Saibling eigenen Parasiten, ein
Krebschen, das in seinen Kiemenblättchen eingehakt lebt und

Lenaeopoda Heintzii benannt wurde. Ich habe mich diesbezüglich an englische Ichthyologen und Fischkenner gewandt, ob dieser Parasit auch bei den schottischen Saiblingen vorkomme, was aber von diesen verneint wurde.

Der Saibling ist ein ausgesprochener Raubfisch, dessen Hauptnahrung in Renken und Lauben besteht. In kleinen Seen, die arm an Futterfischen sind, frißt er auch Würmer und Schnecken, ja in ganz armen Gewässern wird er zum Planktonfresser. In einzelnen Seen bildet sich aber eine Zwergrasse aus, die kaum 100 g schwer wird, welche lokal „Schwarzreiter" genannt wird. Die Laichzeit fällt in die Monate November-Dezember, in manchen Gewässern zieht sie sich aber bis zur Eisschmelze hinaus.

In den letzten Jahren wird über eine auffallende Abnahme der großen Saiblinge Klage geführt. Man beschuldigt vor allem und nicht mit Unrecht das Fangen an den Laichplätzen mit Stellnetzen, wodurch die Fische einerseits vor Erledigung des Fortpflanzungsgeschäftes dem Wasser entnommen werden, während andererseits die nicht gefangenen von den gewohnten Laichstätten vertrieben werden und gezwungen sind, neue Laichgründe von vielleicht ungünstiger Beschaffenheit aufzusuchen, was natürlich für die Vermehrung nicht von Vorteil ist.

Weiterhin wird in manchen Gewässern das Auftreten von Bandwürmern für die Abnahme des Fischreichtums verantwortlich gemacht. Heinz erwähnt eine eigene diesbezügliche Beobachtung, und es ist leicht zu glauben, daß diese Parasiten den Fischen recht gefährlich werden können.

Zu bedauern ist sowohl in diesem Falle wie auch hinsichtlich der meisten edleren Fischarten, daß wir zu wenig strenge Gesetze haben, welche den Fang von solchen Fischen während der Laichzeit zu anderen Zwecken als ausschließlich zur Gewinnung von Laichprodukten kategorisch verbieten, und ebenso auch, daß alle unsere Schonzeiten viel zu knapp bemessen sind.

Für die Spinnangel kommen nur die kleineren und hochgelegenen Seen in Frage, und nur solange, als die Temperatur der oberen Wasserschichten nicht 10 Grad erreicht. Man kann wohl auch in solchen Gewässern vom Ufer aus spinnen; vorteilhafter ist es, ein Boot zu haben. Die beste Zeit ist das Frühjahr, nach der Eisschmelze, wenn die Fische hungrig und das Wasser noch entsprechend kalt ist, bzw. man mit dem Köder noch in die kalten Schichten des Wassers kommt, wenn dieses mit fortschreitender Jahreszeit wärmer geworden ist.

Als Ausrüstung kommt die leichte Spinnausrüstung in Frage, wie wir sie für Forellen verwenden; jedenfalls wird heute auch die Überkopfgerte ihre Vorzüge geltend machen. Als Köder werden dementsprechend kleine Lauben oder Pfrillen oder kleine Blinker in Frage kommen und diese sowie die Fluchten nur mit einem Schweifdrilling bewehrt.

Mit der fortschreitenden Erwärmung der Wasseroberfläche geht der Saibling in die Tiefe, weil er, an und für sich ein Bewohner derselben, außerdem nur in Wasserschichten lebt, welche Quellwassertemperatur besitzen. In ganz hochgelegenen Alpenseen wird man diese selbst im Hochsommer kaum tiefer finden als 10 m, hingegen in den Seen der tieferen Lagen und jenen des Vorlandes wird man schon im Beginn des Frühsommers auf 30, ja 40 m Tiefe hinuntergehen müssen, um den Saibling zu finden. Daß dazu das Wasser hell und sichtig sein muß, ist nach dem, was im allgemeinen Teil über das Angeln in der Tiefe ausgeführt wurde, unerläßlich, wenn man auf Erfolg rechnen will.

Die großen „Wildfangsaiblinge" leben nur in der Tiefe auf steinigem oder felsigem Untergrund, selten in geringeren Tiefen als 15—20 m. Zufälligerweise erbeutet man in geringerer Tiefe gelegentlich einen an der Hechtangel, aber dann kann man beobachten, daß dies stets am Rande der Schar geschieht, dort wo diese steil zur Tiefe abfällt und der Fisch in der Nähe davon seinen Stand hatte.

Die kleinen Fische, welche infolge Nahrungsmangels und hieraus folgender Degeneration Planktonfresser wurden, leben in allen jenen Wasserschichten, wo außer der entsprechend niederen Temperatur Plankton am reichsten treibt. Wir werden sie daher an der Schleppangel in verschiedenen Schichten erbeuten, während wir dem Wildfangsaibling nur mit der Tieffeeangel beikommen können, welche uns die unmittelbare Fühlung mit dem Seegrund ermöglicht. Da man nur mit einem Anbiß in der nächsten Nähe des Grundes zu rechnen hat, braucht man nicht mehr als höchstens 3 Seitenangeln zu führen. Je intimer die Lokalkenntnis ist, welche man von seinem Wasser besitzt, je mehr Gelegenheit man hat, zu verschiedenen Zeiten in demselben zu fischen und das Verhalten und die Stände der Fische in den verschiedenen Jahresabschnitten kennenzulernen, desto mehr Erfolge wird man unzweifelhaft haben.

An einem fremden Wasser muß man sich vor allem darüber unterrichten, wo die besten Laichplätze sind und wo die besten Fänge gemacht werden. Ferner muß man sich Kenntnis von den Planktonverhältnissen verschaffen, weil in diesem die Lauben und Renken leben und man seine Angeln in diesen Schichten führen muß. Die Orientierung über Bodenverhältnisse, Hindernisse am Grunde usw. verschafft man sich durch eine Probefahrt ohne Angeln, wobei man mit dem Blei vor allem den steinigen Grund zu suchen hat, der wiederum meist auf Laichplätze hindeutet, also auf günstige Standplätze.

Als bester Köder bewährt sich die Laube, an einer Flucht geködert, welche auch bei langsamster Fahrt noch rotiert, mit nur einem einzigen Drilling bewehrt; als solche Anköderungen kommen in Betracht der Röhrchenspinner, wie ihn Heinz für diesen Zweck speziell angibt, und mein Zelluloidturbinensystem, das vielleicht noch unsichtlicher ist.

Von künstlichen Ködern sind es die Blinker, der Gardasee-

Blinker und der Heinz-Blinker, beide auch nur mit einem Schweif-drilling versehen. Bei diesen kommt es außer auf starke Leucht-kraft ebenfalls auf tabelloses Spinnen selbst bei langsamster Fahrt an, denn langsam muß man rudern, um stets in der Tiefe bleiben zu können.

Jedenfalls aber ist es unstreitig, daß die frische Laube unter allen Umständen besser und vertrauter genommen werden wird als der verlockendste Kunstköder.

Die Stellen, an welchen man Saiblinge vermutet oder wo man einen Biß bekommen hat, befährt man am besten in Touren von der Form einer 8, denn so hat man Aussicht, dort, wo man einen gefangen hat, mehrere zu erbeuten, da er gesellig lebt.

Als Fisch der Tiefe kämpft der Saibling auch in dieser und drängt zu ihr hinab, statt Fluchten zu machen oder über Wasser zu springen. Er sträubt sich und schüttelt sich oft minutenlang, um dann plötzlich nach vorn zu schießen, was man durch rasches Rudern parieren muß; dann wiederholt sich dieser Vorgang je nach der Größe des Fisches verschiedene Male, und es dauert mitunter ganz geraume Zeit, bis man den Fisch soweit abgekämpft hat, daß man ihn heranholen kann. Besonders aufregend ist es, wenn man eine Doublette gefangen hat, was nicht gerade selten vorkommt, wenn das Wasser guten Bestand hat.

In der wärmeren Jahreszeit ist es besonders stark windiges, eventuell sogar stürmisches Wetter, welches für den Erfolg günstig ist. Nach Heinz's Ansicht dürfte es auch in den anderen Jahres-abschnitten der Fall sein, auch in der kalten, doch wird der Angler, der ruhig im Kahn sitzen muß, wahrscheinlich zu stark unter der Ein-wirkung der Kälte zu leiden haben, was unbestreitbar ist.

Wer das Glück hat, am Wasser selbst oder wenigstens in erreich-barer Nähe desselben zu wohnen, der mag wohl den Versuch wagen; ich glaube aber nicht, daß jemand, der die Unsicherheit und Rauhig-keit des Alpenklimas kennt, so leicht zu dieser Zeit die Begeisterung aufbringt, eine weite Reise zu machen und sich dann der Unbill der Witterung auszusetzen.

Der Rapfen oder Schied (Bolent).

Obzwar nicht ein Angehöriger der Edelrassen, ist der Schied für den Spinnangler ein interessanter und begehrenswerter Fisch. Abgesehen davon, daß er dort, wo er halbwegs zusagende Lebens-bedingungen findet, eine ganz respektable Größe erreicht, ist er auch durchaus kein zu verachtender Bissen; besonders in der kälteren Jahreszeit ist sein Fleisch recht schmackhaft, wenn auch etwas grätig.

Unsere Literatur behandelt ihn recht stiefmütterlich, und wenn ich auch zugebe, daß Huchenfischen unter Umständen der höhere Sport ist, so muß man andererseits bedenken, daß es doch nur ver-hältnismäßig wenigen gegönnt ist, ihm zu huldigen, während der

Fang des Schiedes vielen eine Quelle sportlicher Befriedigung er-
schließen kann, die vielleicht gar nicht daran denken, was für schönen
Sport er bietet.

Vor allem einmal geht er das ganze Jahr an die Angel, im
heißesten Hochsommer und bis tief in den Winter hinein, und wieder
nach dem Eisgang bis zur Laichzeit. Und wie mancher passionierte
Spinnfischer hat in seinem Wasser Rapfen genug und von respek-
tabler Größe und packt trotzdem im Winter resigniert sein Spinnzeug
in den Kasten, von unerreichbarem winterlichen Angeln auf Huchen
träumend, während er Ebensogutes daheim hat.

Als eigentlicher Bewohner der Mitteltiefe und der Oberfläche
hat der Schied zu verschiedenen Jahreszeiten verschiedene Standplätze. Obzwar seinem Benehmen und auch seinem Körperbau nach
ein Raubfisch, ist er mehr oder weniger ein Allesfresser, und das
bedingt die Wahl seiner Standorte.

Im Frühjahr, sobald das Wasser warm wird, sucht er die
Mitteltiefen und später die Oberfläche auf, immer hinter den Lauben
her, die er laut über Wasser aufschlagend jagt. Man wird ihn daher
dort zu suchen haben, wo Laubenschwärme ziehen, also am Rande
von zwei Strömungen, in stillen Kehren und Wirbeln, hinter Steinwurf, an der Mündung von Kanälen und Seitenwässern, am Auslauf von Buhnen und Altwässern und sehr oft im Überfall von
Wehren, wenn die Strömung dort nicht zu schwer ist; überhaupt
überall dort, wo nebenbei noch andere Nahrung treibt und ange-
schwemmt wird.

Es gibt kaum einen zweiten Fisch, der einen dargebotenen Köder
mit einer derartigen Gier angeht und packt wie er, vorausgesetzt,
daß ihm derselbe unverdächtig und irgendwie Leben zeigend vorgeführt wird. Wenn man ihn rauben sieht, dann ist es beinahe tot-
sicher, ihn mit dem nächsten Wurfe dingfest zu machen. Im Spät-
herbste und Winter geht er allerdings seiner Hauptnahrung, den
kleineren Fischen, in tiefere Stellen nach; dann muß man ihn dort
suchen, wo das Wasser ruhig strömt, in langen Kehren, an Steindämmen, in Staugerinnen u. dgl., mitunter auch in den Altwässern
selbst, welche aber durchströmt sein müssen; stagnierendes Wasser
meidet er.

Es ist eigentlich zu verwundern, wie fremd dieser Fisch einem
Großteil der Angler noch ist, woran Vorurteil und unberechtigt
abfällige Beurteilung seines Wertes sowohl als anglerisches Beuteobjekt als auch als Speisefisch bestimmt die Schuld tragen.

Eine besondere Spinnausrüstung benötigt man für ihn nicht.
Alles, was man zum Spinnen auf Hechte oder eventuell auch nur
Forellen besitzt, genügt vollauf. Vielleicht, daß in einem sehr großen
Wasser eine längere, sagen wir 4—4½ m lange Gerte angezeigt
ist, wenn man ungünstige Ufer zu begehen hat. Sonst sind auch
Rolle und Schnur die gleichen. Als Vorfach genügt eines der feinen
aus gesponnenem Stahldraht.

Von den künstlichen Ködern haben sich Blinker aller Art in

der Größe von 7—8 cm sowie lange, schmale Löffel am besten
bewehrt. Ich ziehe aber, wenn es möglich ist, eine frische oder even=
tuell gesalzene Laube allem anderen vor. Die beste Anköderung
ist die nach dem Deesystem mit nur einem etwas größeren Drilling;
ich habe damit weitaus meine meisten Rapfen gefangen. Im Som=
mer braucht man nur eine ganz kleine Bleikappe oder ein eben=
solches Schlundblei, im Winter dagegen, wo man dem Fische in
die Tiefe folgen muß, ist eine größere Beschwerung angezeigt, da
es ratsam ist, den Köder mitunter bis zum Grunde tauchen zu lassen.

Im Sommer ist mitunter die Art nach Henshall, mit dem
lebenden Fischchen nur am Einhaken durch die Lippen geködert
zu angeln, hervorragend wirksam, wenn man den Rapfen jagen
sieht. In Ermangelung von Lauben kann man auch kleine Gründ=
linge als Köderfische verwenden, doch soll man sich zur Regel machen,
keine zu großen Fische zu nehmen; solche von 6—7 cm Länge haben
gerade die richtige Größe.

Nicht unerwähnt darf ich die amerikanischen Holzköder von der
Type „Dreno" usw. lassen, welche sich besonders zur Sommerszeit
hervorragend bewähren dürften. Solche in den Farben der Laube
oder der silberfarbigen mit schwarzem oder rotem Kopfe dürften
als besonders verführerisch anzusehen sein und die Lebendigkeit der
Bewegung dürfte einen weiteren Anziehungspunkt darstellen.
Meines Erachtens brauchte man zum Fange des Rapfens die Kopf=
und Mitteldrillinge nicht. Ich hatte leider selbst keine Gelegenheit,
diese Köder in der Praxis auf Schiede zu versuchen, da in meiner
Gegend weit und breit kein Wasser ist, das eine weitere Angelfahrt
zu diesem Zwecke lohnen würde; aber nach meinen günstigen Er=
fahrungen, welche ich mit ihrer Verwendbarkeit für andere Fisch=
arten gemacht habe, glaube ich sie auch für diesen Zweck mit gutem
Gewissen empfehlen zu dürfen.

Im Sommer und überhaupt solange die Schiede hochstehen,
kann man sich zwei Arten des Angelns auf sie zurechtlegen. Ent=
weder das Warten, bis man einen Fisch rauben sieht, oder das Suchen
an den Plätzen, wo man ihn vermutet. Wenn der Bestand ein guter
ist, ziehe ich das erstere vor. In der Sommerhitze ist es entschieden
weniger echauffierend und hinsichtlich des Erfolges mindestens ebenso
lohnend.

Das wichtigste ist der sichere Wurf und die lebendige Führung
des Köders. Ich lasse nach dem Wurf erst den Köder vom Strome zu
seinem mutmaßlichen Standort hintreiben, und wenn der Fisch nicht
gleich zubeißt, ziehe ich das Fischchen in allen Richtungen kreuz und
quer durchs Wasser, langsamer, schneller, höher oder tiefer. Sobald
er es erblickt hat, fährt er hin und verschlingt es gierig, so daß sich
in manchen Fällen der Anhieb erübrigt, weil er sich beim Rauben
schon den Haken ins Maul gerissen hat.

Im Winter muß man dagegen den Fisch an seinem Standorte
suchen und die Stellen etwas gründlicher befischen, auch den Köder
etwas langsamer führen und hie und da tauchen lassen.

Angeln kann man bei jedem Wetter, wenn es nicht gerade allzu kalt ist, Treibeis hat oder schneidender Nordost bläst. Auch rasch und stark steigendes Wasser ist nicht günstig, wohl aber fallendes und klärendes, womöglich bei Nebelwetter und Föhn.

Ein halbwegs großer Rapfen an der Angel wehrt sich ganz ausgiebig und will an feinem Zeuge ganz regelrecht gedrillt sein. Scharfe Risse und Fluchten und hie und da auch ein Sprung übers Wasser sind Momente, welche den Drill ganz reizvoll machen und uns eine ganz andere Ansicht von dem Fische beibringen.

So anspruchslos der Rapfen ansonst hinsichtlich seiner Lebensbedingungen ist, so scheint er sich doch mit den Flußregulierungen nicht zu befreunden, denn wie ich erfahren habe, nimmt seine Zahl und Größe in scharf regulierten Flüssen gegen früher stark ab. So kenne ich einen Fluß, in dem es früher von Rapfen geradezu wimmelte und in welchem ich hervorragende Strecken erzielte; seit der Regulierung, durch welche das Flußbett stark verengt und die Stromgeschwindigkeit gegen früher fast verdoppelt wurde, sollen die Rapfen direkt aus dem ganzen Bereich der regulierten Strecke — ungefähr 20 km — verschwunden sein. Auch in der Donau beobachtete man von Jahr zu Jahr ein auffallendes Geringerwerden sowohl des Bestandes als auch der Größe der Rapfen, so daß zurzeit der Fang eines Acht- oder Zehnpfünders als etwas Außerordentliches angesehen wird.

Der Döbel oder Aitel.

Es wird kaum einen Wasserlauf geben, — ausgenommen die ganz kalten typischen Forellengewässer —, in dem man den Döbel nicht antreffen würde. Den meisten Anglern ist er nur als Beutestück für die Grundangel, eventuell noch für die Fluggerte geläufig, aber in der Tat gibt es nur verhältnismäßig wenige, denen er vollwertig genug erscheint, eigens ihm zuliebe mit der Spinngerte auszuziehen. Und doch ist es gerade diese Art zu angeln, welche meist die größten und schwersten Exemplare zur Strecke bringt. Allerdings darf man sich dazu nicht einen windstillen Hochsommertag mit klarem Niederwasser aussuchen, wenn man auf Döbel spinnen will; und gar zu kleine Wasserläufe eignen sich auch nicht hervorragend zu diesem Zwecke.

Ansonst aber kann man das ganze Jahr hindurch das Vergnügen haben, auf Döbel zu spinnen. Die beste Zeit dazu ist wohl das Frühjahr, gleich nachdem das Eis abgegangen ist und das Hochwasser unter gleichzeitiger Klärung abzusinken beginnt. Nicht minder gut ist der Herbst und Frühwinter, besonders der letztere, an milden Tagen. Mitunter kann man es auch an solchen erleben, daß man statt des erwarteten Hechtes einen schweren Döbel hakt und am Ende des Tages die Strecke der letzteren die Beute an Hechten weitaus übertrifft.

Überhaupt gibt es heutzutage eine ganze Menge von Gewässern, in denen die Hechte aus dem oder jenem Grunde klein und spärlich sind, dagegen Döbel in reichlicher Zahl und ansehnlicher Größe vorkommen, so daß ihr Fang bzw. die Spezialisierung desselben mehr Sport und Befriedigung gewährt als jener armseliger Junghechte. Und selbst was den Tafelwert anbelangt, ziehe ich einen wenigstens fleischigen, saftigen Döbel im Herbste oder im zeitlichen Frühjahr einem kleinen Hechtchen vor, das entschieden ebensoviel Gräten, dafür aber weniger Fleisch hat als der zu Unrecht gering geschätzte Döbel.

Bei der Anspruchslosigkeit dieses Fisches hinsichtlich der Beschaffenheit des Wassers und der Nahrung und bei seiner reichlichen Vermehrung ist sein Bestand viel weniger gefährdet als der anderer Fische, und da er wirklich das ganze Jahr hindurch vielseitigen Sport gewährt, verdiente er von Seiten der Angler viel mehr Beachtung und Schätzung als bisher. Ich betrachte es als Unrecht, wenn er bisher immer nur als „Wasserpest" oder etwas sportlich Minderwertiges geschildert wurde. Mag er auch in dem oder jenem Wasser unwillkommen sein, dann kann man ihn durch geeignete Maßnahmen kurz halten und seinem Überhandnehmen steuern; vom anglerischen Standpunkte aus ist er aber als der Fisch anzusehen, welcher dem Durchschnittsangler das ganze Jahr hindurch guten Sport bietet, was in meinen Augen durchaus kein Kriterium von Minderwertigkeit ist.

Im Sommer, besonders vor und nach der Laichzeit, suchen die Döbel gerne das seichtere, rasch strömende Wasser auf; wenn jedoch eine stärkere Abkühlung eintritt oder starker Wind bläst, dann gehen sie nach dem tieferen Wasser und an solchen Tagen kann man geradezu erstaunliche Fänge machen, sowohl hinsichtlich der Zahl als auch hinsichtlich des Gewichtes der erbeuteten Fische.

Im allgemeinen halten die Döbel die gleichen Standorte ein: größere Gumpen, Stauwasser oder Wehren, die Tümpel und Rückläufe unter solchen, Altwässer und stille Seitenarme; überhaupt Stellen mit ruhiger oder wenig Strömung ziehen sie vor, außer den kleinen Exemplaren, die man auch in der Strömung findet. Die großen lieben ruhigere Plätze. Wo Kraut und Schilf steht, steht auch der Döbel gerne, ebenso dort, wo Kanäle und Gräben in den Fluß münden, in der kalten Jahreszeit an den tiefsten Punkten der ruhigen Stellen.

Zu seinem Fange braucht man feines, aber widerstandsfähiges Gerät. Eine leichte Hecht- oder stärkere Forellen-Spinngerte, feine Leine, kleine Wirbel und feine Vorfächer. Auch die Köder wähle man nicht allzu groß, wenigstens im Sommer nicht. Im Spätherbst und im zeitlichen Frühjahr darf man ihm schon größere Brocken anbieten. Um diese Zeit habe ich wiederholt Döbel — allerdings kapitale Burschen — an großen Blinkern oder ebenso großen Fischchen gefangen.

Der Döbel ist kein guter Schwimmer und raubt weder mit dem Elan des Hechtes noch mit der Angriffslust anderer Raubfische.

Vor allem sucht er stets seine Beute vom Schweife her zu erfassen, so daß ein einziger Schweifdrilling vollauf genügt, sowohl zur Bewehrung von Fluchten als auch von Blinkern.

Da der Döbel, was Mißtrauen und Scheu anlangt, in der vordersten Reihe steht, ist alles möglichst unauffällig zu montieren. Ich verwende für die Anköderung frischer, höchstens noch gesalzener Köderfische nur das Deesystem und im Sommer oder bei sehr sichtigem Wasser bloß ein Einhakensystem wie für Forellen, welches ich aber mit der Ködernadel derart in den Fischleib einführe, daß der Hakenbogen an der Schweifwurzel heraussteht. In diesem Falle nehme ich auch das Vorfach von Gut — es genügt die Stärke Padron II — und nur dort, wo ich auch auf den Biß eines Hechtes rechnen darf, schalte ich zwischen dieses und den Köder ein 6—10 cm langes Stückchen einfachen Stahldrahtes von 0,25 mm Durchmesser ein.

Die besten Köderfische sind Lauben, Gründlinge, Pfrillen oder Koppen, eventuell, wo sie vorkommen, auch Bartgrundeln oder Schlammbeißer. Breitleibige Köderfische sind unverwendbar.

Was ich für sehr wichtig halte, ist, das Blei in dem Leib des Köderfisches zu verbergen. Da man ohnehin mit feinem Zeug fischt, das dem Wasser wenig Widerstand entgegensetzt, und wenn auch mitunter in ziemlicher Tiefe, so doch langsam und in ruhigem Wasser spinnt, braucht die Beschwerung nicht zu groß zu sein.

Von den künstlichen Spinnern sind die besten die verschiedenen Blinker bis zu 7 cm Länge, schmale Löffel-, Otter- oder Haugspinner, alle je nachdem silberfarbig oder auch vergoldet. Auch mit dem Behmschen Kugelspinner hatte ich zuzeiten gute Erfolge und in letzter Zeit mit kleinen, laubenfarbigen und silberbronzierten Orenos; mit letzteren im Sommer, wenn ich sie von der Strömung den Döbeln unter überhängenden Bäumen und Stauden von weither zutragen ließ.

Mit Rücksicht auf das ruhigere Wasser, in dem die Döbel meist stehen, ist es von Vorteil, wenn man sich so wenig wie möglich bemerkbar macht, jede Erschütterung des Ufers vermeidet und leise und weiche Würfe macht. Zu keiner anderen Art des feinen Spinnfischens leistet die Wenderolle so hervorragende Dienste wie zum Döbelfange, weil sie eben wie keine andere Rolle den leisen Weitwurf mit nahezu unbeschwerten Ködern erlaubt. Von ganz besonderer Wichtigkeit ist es aber — und darauf hat bisher niemand hingewiesen, sofern überhaupt das Spinnen auf den Döbel als eigenes Kapitel behandelt wurde — daß der Köder sehr, sehr langsam geführt werde; die natürlichen Köder noch viel langsamer als die künstlichen, denn die taumelnde Tauchbewegung eines Köderfisches, der ein Schlundblei im vorderen Drittel seines Körpers trägt, reizt vielleicht den Döbel noch mehr zum Anbisse als das exakte Spinnen, eben nur deshalb, weil er trotz seiner Freßgier ein schlechter, langsamer Schwimmer ist und andererseits gewohnt ist, einen großen Teil seiner Nahrung vom Boden aufzunehmen.

Aus diesem Grunde ziehe ich den natürlichen Köder dem künstlichen unter allen Bedingungen vor. Auch die Anköderung nach dem Prinzip des Wobbelns, das einen kranken oder sonst an seiner Schwimmfähigkeit geschädigten Fisch darstellen soll, scheint mir auf den Döbel mehr Reiz auszuüben als auf irgendeinen anderen Fisch, weshalb eben die Taumelbewegungen recht ausdrucksvoll und langsam erfolgen sollen.

Der Döbel beißt auch nicht in der Weise der anderen Raubfische mit dem gewissen typischen Ruck oder Zucken, sogar nicht einmal, wenn er ganz große Köder faßt, sondern man hat in der Hand das Gefühl eines Stoßes oder eines leisen Verhaltens am Köder. Das resultiert aus der Art des Döbels, der Beute von hinten stoßartig nachschwimmend, sie am Schweif zu fassen. In diesem Moment ist auch dann der Anhieb zu setzen.

Der Döbel hat auch nicht die Angriffslust anderer Raubfische, einen ihm entkommenen Köder ein zweites Mal anzugreifen; im Gegenteil, seine angeborene Scheu läßt ihn davon zurückstehen, und es ist gut und ratsam, einen Platz, an dem man einen Anhieb verfehlte, rasch zu verlassen und erst nach einiger Zeit wieder zu besuchen. Schon deswegen, weil der Döbel gesellig lebt und man sich durch wiederholte fruchtlose Würfe auch die anderen vergrämen würde.

Große Döbel wehren sich ganz energisch und wollen richtig gedrillt sein. Wenn auch bei der Spinnangel das Zeug kräftiger ist als bei der Grund- oder Flugangel und mehr Druck gegen den gefangenen Fisch erlaubt, so muß man doch einen Döbel von einigen Pfund Gewicht müde kämpfen, ehe man an seine Landung schreitet. Die ersten Befreiungsversuche sind stets heftige Risse und Fluchten, bei denen der Fisch gerne die Strömung zu gewinnen sucht, in welcher er durch Spreizen diese und sein eigenes Gewicht zur Wirkung bringen will.

Allerdings hält das nicht lange an und bald ergibt er sich in sein Schicksal, besonders dann, wenn man ihn bald wenden und rasch stromab führen kann.

Zu seiner Landung empfiehlt sich der Gebrauch eines geräumigen Landungsnetzes, das zusammengeklappt leicht mitzuführen ist und selbst die Bergung mehrpfündiger Fische erlaubt.

III. Schlußwort.

In dem vorliegenden Bande habe ich dem Leser die Früchte eigener jahrelanger Studien, Versuche und Erfahrungen, sowie die der erfahrensten Autoren und Angler der Gegenwart gesammelt niedergelegt, dem Grundsatze folgend: Prüfet alles, und das Beste behaltet, wobei nicht zu übersehen ist, daß das Allerneueste nicht immer auch das Beste ist, wenn es auch mit viel Reklame heraus- gebracht wird.

Jedes Jahr bringt eine Menge neuer Dinge, Rollen, Spinner usw., deren Wert oder Unwert zu prüfen, die Kräfte eines einzelnen übersteigt. Meist handelt es sich um unwichtige Variationen bereits bestehender Modelle, deren anerkannte Güte durch Phantasienamen nicht gesteigert wird, wie auch kardinale Mängel hierdurch nicht beseitigt werden.

Man kann von einem Autor nicht verlangen, daß er alle Ein- tagsfliegenprodukte in seinem Buche schildere, denn dann würde aus diesem nicht ein Belehrungs- und Nachschlagewerk, sondern eine Preisliste.

Aber selbst das Neueste und Beste muß erst seine Probezeit be- stehen und darf nicht kritiklos hingenommen werden. So muß es späteren Auflagen vorbehalten bleiben, die in der Zwischenzeit er- schienenen Neuheiten zu bringen und zu besprechen. Der erfahrene Angler weiß in den meisten Fällen, wozu er sich entschließen wird, wenn es sich darum handelt, eine Neuerscheinung am Markte in Ge- brauch zu nehmen, aber der Anfänger und der weniger Erfahrene wird viel mehr Nutzen haben, wenn er sich zunächst mit dem erprobten Alten und den Grundformen in Stil und Geräte vertraut macht und erst auf dieser Unterlage sein Wissen und Können durch Ver- suche mit unbekanntem Neuem zu erweitern trachtet.

Nur verhältnismäßig wenige Angler haben die Möglichkeit, sich vielseitig zu betätigen, die meisten werden den Angelsport und seine Bedürfnisse den bestehenden, meist beschränkten Verhältnissen anpassen müssen. Diesem Umstande habe ich weitgehendst Rech- nung getragen. Einerlei, ob einer nur Hechte, der andere nur Huchen, der dritte dagegen alles zu angeln hat, Grundbedingung für Erfolg und Freude am Werke ist eine gründliche Anleitung und Ausbildung in der Technik des Angelns selbst. Alles andere lernt man dann von selbst hinzu, und der Erfolg wächst mit zu- nehmender Erfahrung.

Aus diesem Grunde habe ich dem schulmäßigen Erlernen der Technik den breitesten Raum angewiesen und hoffe, daß mir vor- urteilsfreie Leser dafür Dank wissen werden. Was den speziellen Teil des Buches anbelangt, so wird es vielleicht manchen Leser befremden, daß ich von einer Besprechung des Angelns auf Lachs und Schwarzbarsch Abstand genommen habe.

Ich tat es mit Absicht. In unseren deutschen Gewässern ist der Fang von Lachsen heutzutage nur noch eine reine Zufallssache, wenn es sich überhaupt um Lachse und nicht um Meerforellen handelt. Wenn jemand in der glücklichen Lage ist, im Ausland auf Lachse angeln zu können, so wird er bestimmt Erfolg haben, wenn er daheim ein guter Spinnangler gewesen ist; denn Geräte und deren Anwendung sind die gleichen, nur der Drill ist beim Lachse länger und mitunter aufregender.

Der Schwarzbarsch ist bei uns als Sportobjekt lediglich ein schöner Traum geblieben, so daß ich es für zwecklos erachte, über ihn überhaupt zu schreiben oder die in Amerika üblichen Methoden zu schildern. Letztere schon am wenigsten, da mein Buch speziell auf kontinentale, unter besonderer Berücksichtigung unserer heimischen Verhältnisse zugeschnitten ist.

Darum hoffe ich, daß mir niemand diese Unterlassung übel deuten werde, dafür aber unserem lieben Sport, und besonders dem reizenden und kunstvollen Spinnangeln, eine Schar neuer Jünger und Verehrer gewonnen werden.

ANGELSPORT

VON DR. A. WINTER

BAND **I** GRUNDANGELN 2. Aufl.

BAND **II** SPINNANGELN   2. Aufl.

BAND **III** FLUGANGELN

Jeder Band ist reich illustriert und kostet in Ganzleinen gebunden je M. 5.80. Teil I/III in einem Ganzleinenband gebunden M. 15.—

R. OLDENBOURG, MÜNCHEN 32 UND BERLIN W 10

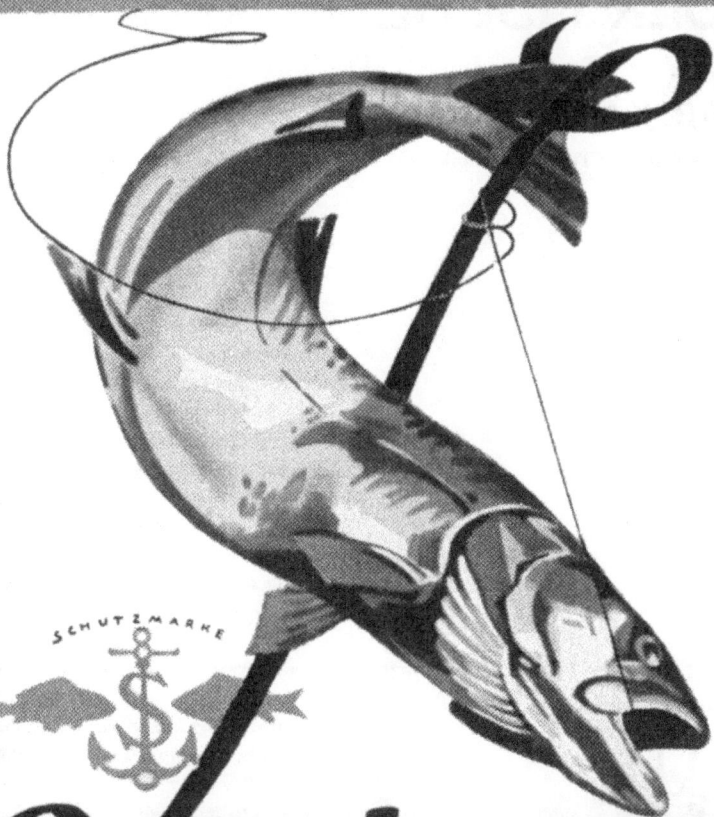

Springer
Schnüre

SCHUTZMARKE

LUDWIG
HOHLWEIN
MÜNCHEN

DAS SEELENLEBEN DER FISCHE

VON

DR. KARL JARMER

140 Seiten, 8 Tafeln, 5 Abbildungen. 8⁰. 1928. In Leinen gebunden M. 6.50

Hessische Anglerzeitung: Nicht nur ein neues, sondern auch ein neuartiges Buch - tiefgründig und geistvoll - eines philosophischen Naturforschers. In den ersten Abschnitten des Werkes setzt sich Jarmer mit den verschiedenen Arten der Tierseelenkunde im allgemeinen auseinander, erläutert und verteidigt weitgehend und außerordentlich feinsinnig seine Betrachtungsweise, die er dann praktisch im Reiche der Fische betätigt ... Es werden uns nach einer Reihe allgemeiner fischbiologischer Darlegungen mit Musterbeispielen wundervoll geschaute Einzelbilder aus der Fischwelt und ihren Seelen in dem Abschnitt „Die Symbolik der Wasserwelt" vorgeführt. Hier geht der Verfasser nach seinem Plane weit über die bloße trocken-zoologische Darstellung hinaus und gibt Neues, statt Nüchternheit Seele, gibt seine Anschauungswelt, sein Eigenstes und Bestes. Das schöne Buch verdient es, unter den Angelsportlern viele Freunde zu finden. *(Horst Arendt)*

R. Oldenbourg ● München 32 und Berlin W 10

Der Zeller See.

Winter, Angelsport, Bd. II, Spinnangeln.
Verlag von R. Oldenbourg, München und Berlin.

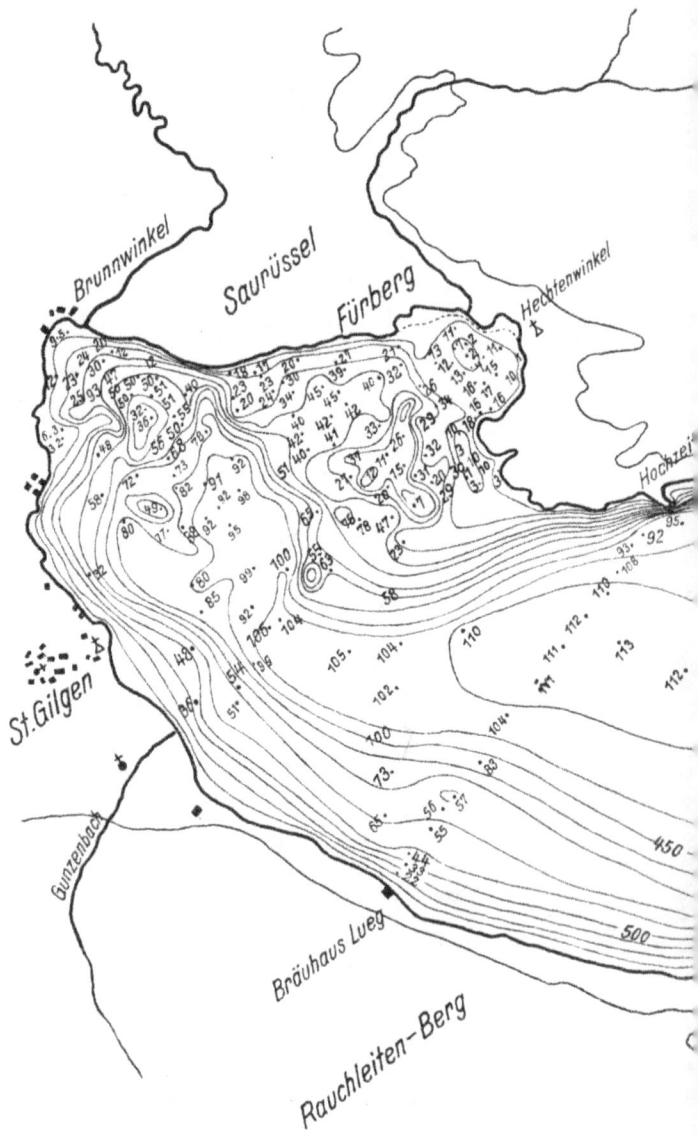

Brunnwinkel

Saurüssel

Fürberg

Hechtenwinkel

Hochzei

St. Gilgen

Gunzenbach

Bräuhaus Lueg

Rauchleiten-Berg

Winter, Angelsport Bd. II. Spinnangeln
Verlag von R. Oldenbourg, München und Berlin.

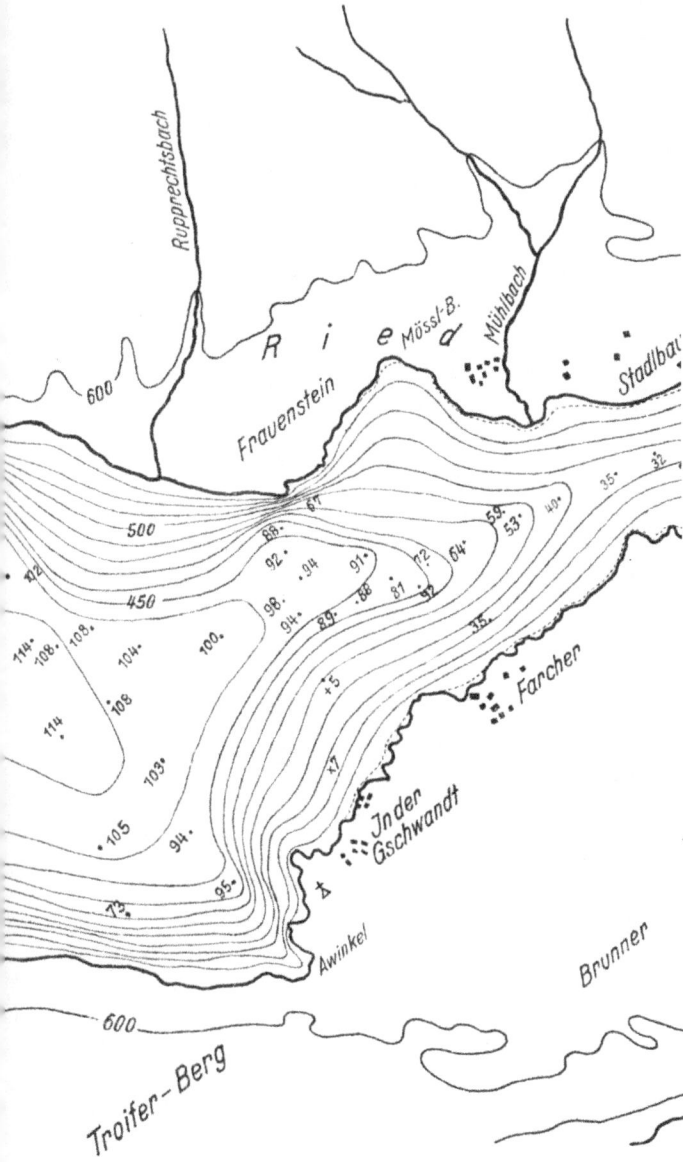

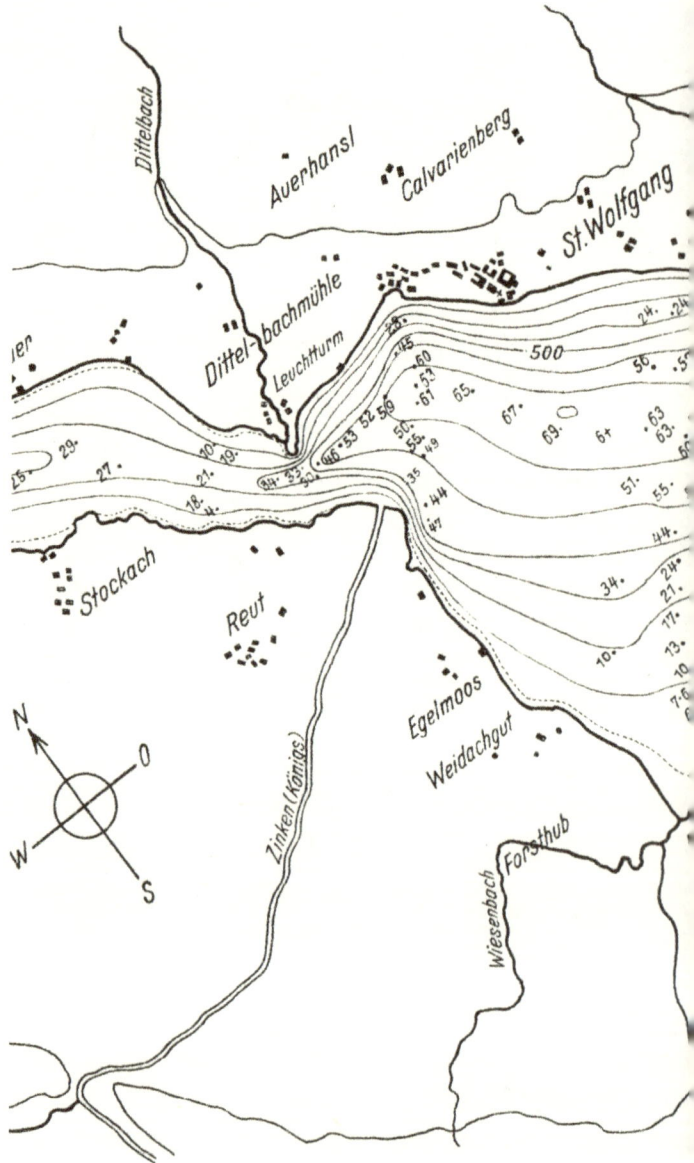

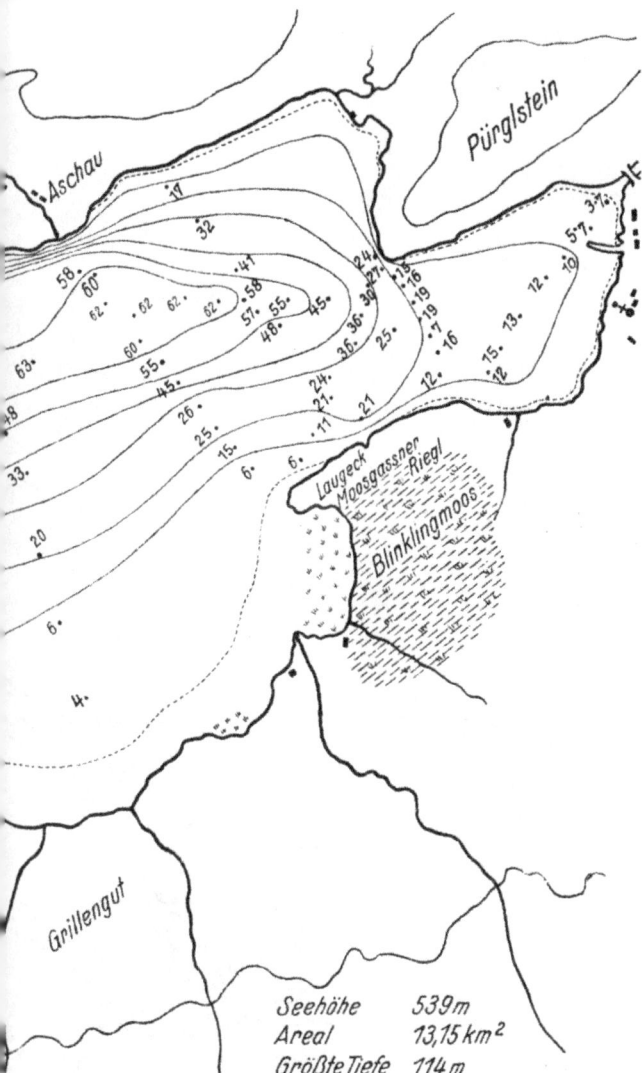

Seehöhe	539 m
Areal	13,15 km²
Größte Tiefe	114 m
Mittlere "	47,1 m
Volumen	619,2 Mill. m³

0   0,5   1

Steinwandl

Schramml

Hopfgarten

·16·6
·24·4   32·5
13·9   32·3
·29·4   32·2
11·1   24·5
37·6·
·30
28·8
9·2
10·7
12·3   17·1   24·5
8·5
6·6

Traun

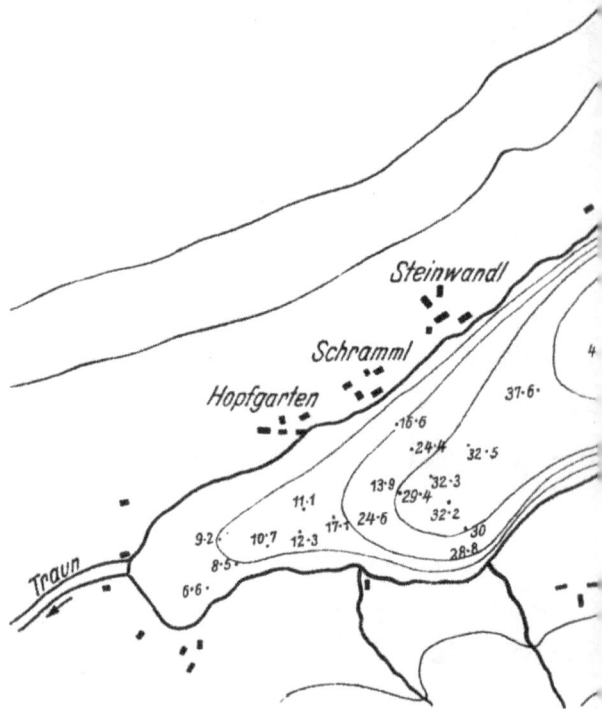

Winter, Angelsport Bd. II. Spinnangeln
Verlag von R. Oldenbourg, München und Berlin.

Der Grun...

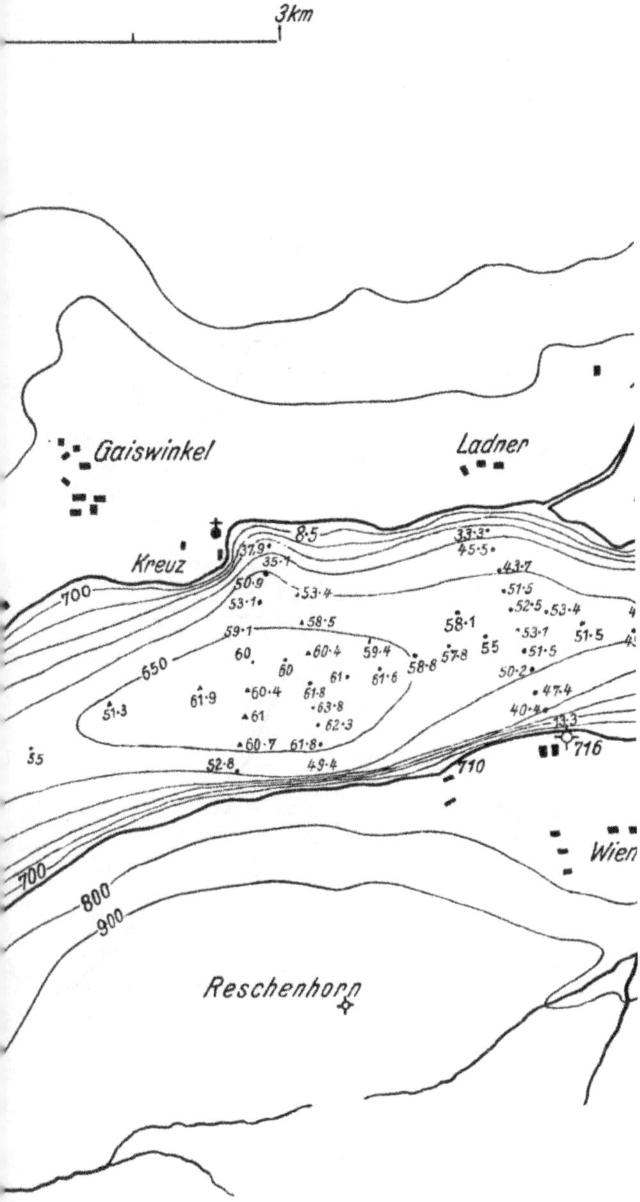

3km

Gaiswinkel

Ladner

Kreuz

8·5

37·9·
35·7
45·5·
33·2·
43·7
700
50·9
53·1·
53·4
51·5
52·5
53·4
58·5
59·1
58·1
53·7
51·5
650
60
60·4
59·4
57·8
55
51·5
60
61·
51·3
61·9
60·4
61·8
58·8
61·6
50·2
47·4
61
63·8
40·4
13·3
62·3
716
55
60·7
61·8·
52·8
49·4
710

Wien

700
800
900

Reschenhorn

ll – und Toplitzsee.

Schwaiber

Bach

Zimitz

Schachner

Gössl

Gössl Bach

21·2
26·5
30·3
31·9
·32·2

32·2   26·2
35·1 30·1
28·8
46·1 43·9   37·6   34·2 31·6 26·9 22
·9·9   40·4
9·3   43·9   38·0   32·5

700

er

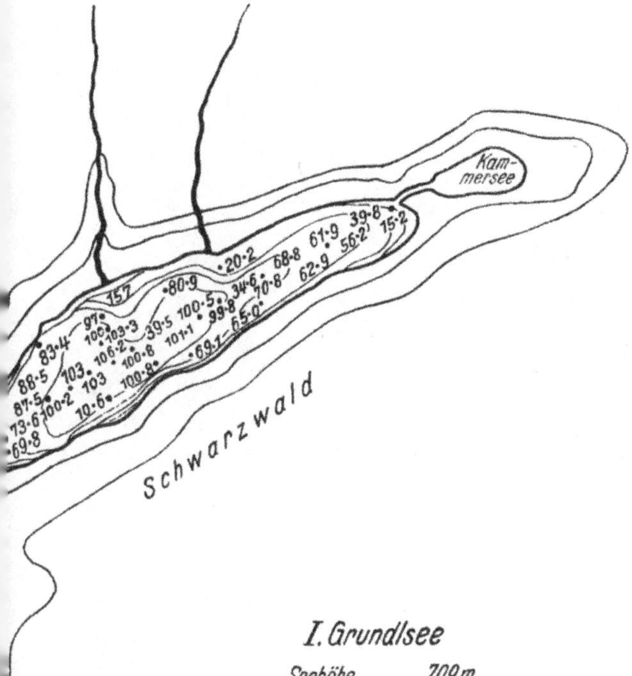

Kam-
mersee

Schwarzwald

157

I. Grundlsee

Seehöhe	709 m
Areal	4,14 km²
größte Tiefe	63,8 m
mittlere "	33,2 m
Volumen	137,5 Mill. m³

II. Toplitzsee

Seehöhe	716 m
Areal	0,54 km²
größte Tiefe	106,2 m
mittlere "	62,4 m
Volumen	33,7 Mill. m³

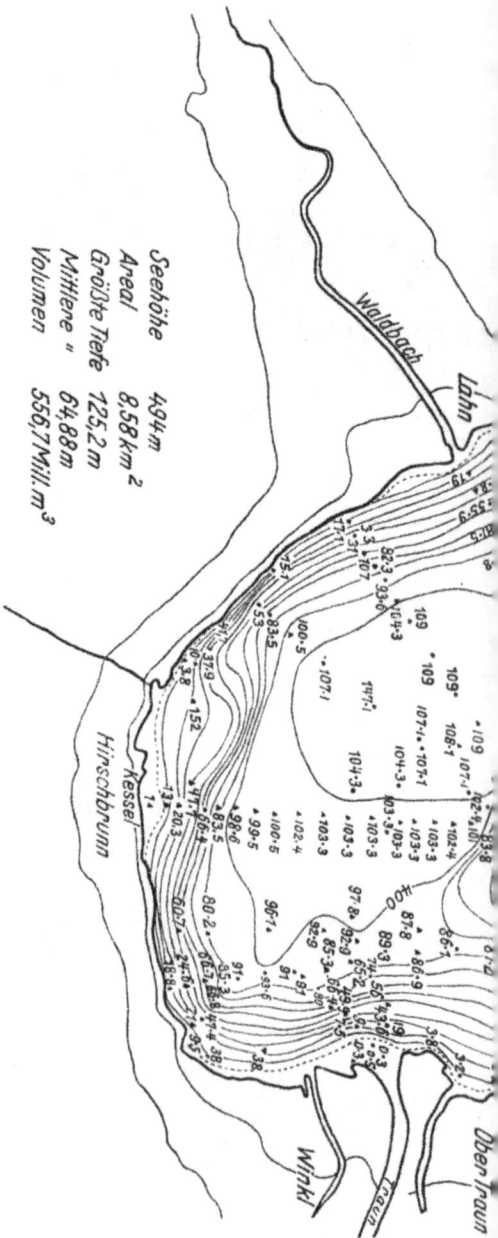

Seehöhe 494 m
Areal 8.58 km²
Größte Tiefe 125.2 m
Mittlere " 64.88 m
Volumen 556.7 Mill. m³

Winter, Angelsport Bd. II. Spinnangeln
Verlag von R. Oldenbourg, München und Berlin.

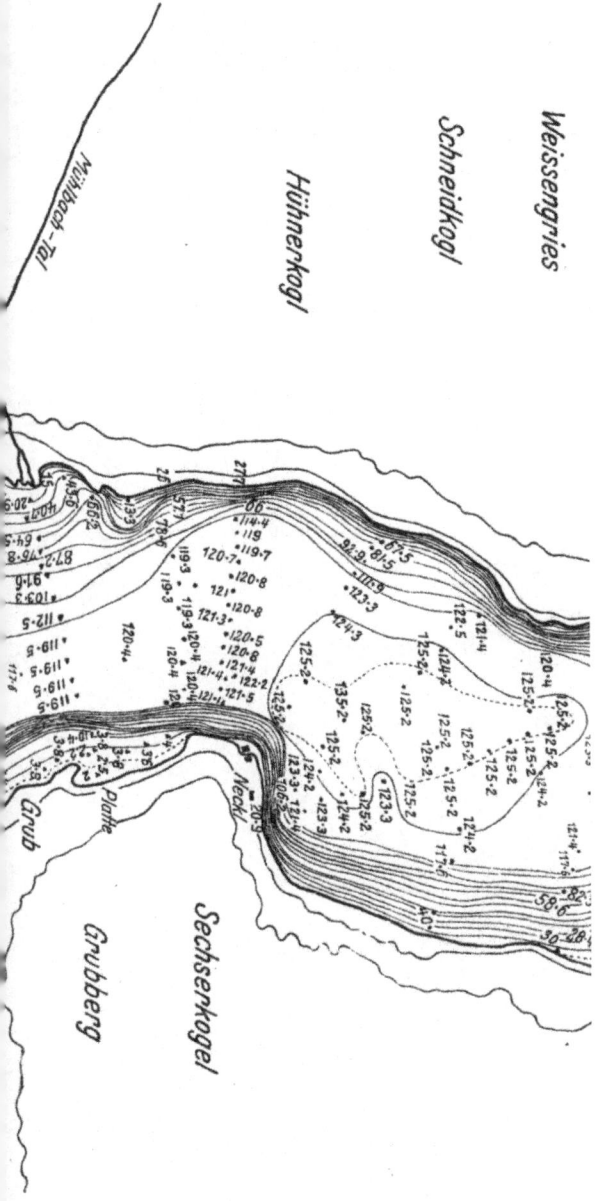

Gosauhals

Gosau-Bach

Gosaumühle

Rastisepp

Der Hallstättersee.

Steg

Arikogl

Untersee

Zlambach

Föhrenkogl

Rothengraben

Krautmaten –

0   0.5   1   2   3 km

www.ingramcontent.com/pod-product-compliance
Lightning Source LLC
Chambersburg PA
CBHW031438180326
41458CB00002B/582